ロッキード・マーティン
巨大軍需企業の内幕

ウィリアム・D・ハートゥング
WILLIAM D.HARTUNG
玉置悟［訳］

草思社

PROPHETS OF WAR

LOCKHEED MARTIN AND THE MAKING OF THE MILITARY-INDUSTRIAL COMPLE

PROPHETS OF WAR:Lockheed Martin and the Making
of the Military–Industrial Complex
by
William D. Hartung

ロッキード・マーティン　巨大軍需企業の内幕　❖　目次

第1章　ラプターとF-35をめぐる騒動　7

戦闘機の新聞広告／ロビー活動の焦点は〝雇用〟／必ず予算オーバーになるからくり／すべてを変えた9・11同時多発テロ／ゲイツ長官のペンタゴン改革／政治家と業界の勝手な都合／軍事委員会の攻防／上院本会議の攻防／マケインの〝軍産議会複合体〟批判／F-35受注をめぐるドタバタ劇／F-35計画は「40年続くマラソン」／揺るがないロッキード・マーティンの土台／次期大統領専用ヘリをめぐる暗闘／発注する側の問題／年間260ドルの〝ロッキード・マーティン税〟

第2章　ログヘッドからロッキードへ　51

「飛ぶのがやっと」からのスタート／航空機産業の夜明け／単葉機〝ベガ〟の成功／乗っ取られたロッキード／大恐慌時代の倒産と再生／資本家ロバート・グロウスの戦略／〝敵国〟日本への輸出／アメリカの良心〝ナイ委員会〟／法の盲点を突いてイギリスに大量輸出／1944年「過去最高の財務状態」に

第3章　終戦から冷戦へ　86

戦後の大幅な落ち込み／「第三次世界大戦に対する準備」／朝鮮戦争で息を吹き返した軍需産業／U-2偵察機と〝スカンク・ワークス〟／インテリジェンスの価値を決めるもの／撃墜されたU-2／冷戦前期のアメリカ核戦略の中核〝ポラリス〟計画／なおも経営は不安定

第4章　C-5Aスキャンダル　118

空飛ぶ軍事基地C-5A／ボーイングを逆転したロッキード／マクナマラ長官の「トータルパッケージ契約」／空軍調達局の内部告発者／ハラスメントとの闘い／ニクソンが指示した内部告発者潰し／ロッキード首脳陣のインサイダー取引疑惑／次々に起こる事故・トラブル／ロッキード社内からも告発者が／なおも膨れあがる損失／ペンタゴンの支払いでトライスターの赤字を穴埋め

第5章　大きすぎて潰せない？　156

上院議員プロクスマイアーの闘い／ペンタゴンを恐喝したロッキード／なおも政府の融資保証を要求／新攻撃ヘリでの大失敗／〝回転ドア〟から生まれる癒着／ロールス・ロイスの経営破綻／ロッキード救済を推進したニクソン政権／「なぜロッキードだけ救うのか」

第6章　賄賂作戦　187

日本の二つのロッキード事件／ドイツのロッキード事件／オランダのロッキード事件／イタリアのロ

ッキード事件／インドネシアのケース／サウジアラビアのケース／コーチャン社長の弁明

第7章　レーガンの軍備大増強　218
右派勢力の巻き返し／国防予算の大盤振る舞い／過剰請求スキャンダル／「〝反防衛産業の陰謀団〟の不当な非難」／尾を引く欠陥機C-5Aのトラブル／次期輸送機受注をめぐる謎／民主主義システム下の〝鉄の三角形〟／レーガンが夢見た〝スターウォーズ計画〟／全米で高まった反核兵器運動／〝スターウォーズ計画〟の真の狙い／八百長だった実験

第8章　聖アウグスティヌスの法則　260
ノーマン・オーガスティンという男／GEの兵器部門を買収／華麗なる政界コネクション／〝スーパー・カンパニー〟の誕生／合併に政府補助金を出す理由／社員を整理して役員にボーナス／ノースロップ・グラマンの買収に失敗／軍用機輸出に政府補助金を出す理由／社会福祉事業の民営化戦争／〝オスプレイ〟の開発／〝パトリオット〟ミサイル実効性への疑惑

第9章　唱道者たち　301
NATOの東方拡大とイラク戦争の関係／ネオコンのシンクタンクとロッキード・マーティンの関係／〝ラムズフェルド委員会〟とミサイル防衛計画／ブッシュ政権への巨大な影響力／核兵器の〝柔軟な使用能力〟／イラク戦争における最大の受益者／政権党が代われば乗り換える

第10章　世界制覇を目指す　337

捕虜・テロ容疑者の尋問ビジネス／世界最大のインテリジェンス企業／アメリカ国民を監視する／NSA（国家安全保障局）との関係／パキスタンとアフガニスタンでスパイ組織を運営／ソフトパワー市場へも積極進出／国連と契約してアフリカで活動／兵器輸出拡大の最大の受益者／イスラエルが使ったクラスター弾／アメリカが使ったクラスター弾／ミサイル防衛システムで大きな役割／宇宙開発でも大きなシェア／沿岸警備隊の再建では大失敗／拡大しつづける他分野のプロジェクト／政府機能へのコミット／ロッキード・マーティンが〝ビッグ・ブラザー〟になる日

■訳者あとがき　388

■索引　399

・著者による注は、本文中に〔原注：〕として示した。
・訳者による注は、〔　〕内の小さな字、および〔　〕内の割注2行で示し、さらに＊印・番号で項目の最後に【**訳注**】として示した。

第1章

ラプターとF-35[*1]をめぐる騒動

戦闘機の新聞広告

あの広告には驚いた。背景には恐ろしげな戦闘機が空に舞う姿が描かれ、正面には大きく太文字で〃3億人〔アメリカの人口を意味する〕を守り、9万5000人の雇用を確保〃の文字。それはなんと、ロッキード・マーティン社の新鋭戦闘機F-22ラプター[*2]の広告だったのだ。2009年2月から3月にかけて行なわれたこのキャンペーンは、予算を削減されて生産打ち切りに追い込まれそうな形勢を逆転しようとするロッキード・マーティンの最後のあがきの表われだった。似たような広告はさまざまな出版物やウェブサイトに何度も掲載され、ワシントンの地下鉄の駅構内にまでポスターが貼り出された。『ワシントン・ポスト』紙のある記者は、「不景気で多くの企業が新聞広告をカットしている今日、ロッキード・マーティンの全面広告が新聞社を倒産から救っている」と皮肉った。

だが、「自分たちはいかに雇用を創り出しているか」と兵器メーカーが自慢しはじめたら、国民はサイフのひもを締めたほうがよい。なぜなら、それはその兵器メーカーが、カネがかかりすぎるうえほとんど使われることがなく、しかもそもそもはじめから必要なかったかもしれない兵器のために、何十億ドルもの国民の税金を頂戴しようとしていることを意味する場合が多いからだ。

ラプターはその典型的なケースだった。1機3億5000万ドル〔当時のレートでおよそ335億円〕もするラプターは、史上最も高価な戦闘機だ〔原注：『ワシントン・ポスト』紙、2009年7月10日付のジェフレイ・スミスの記事より〕。ロバート・ゲイツ国防長官〔当時〕は「ラプターは削減すべし」との考えを示していたが、その理由として、イラクやアフガニスタンの戦争で最も戦闘が激しかったときですら、一度も実戦に使われたことがないことをあげていた。実際、ラプターの最初の〝任務〟は、日本の米軍基地への派遣だった。だがそのときも、途中で故障してハワイで足止めされるというトラブルに見舞われた。

だがロッキード・マーティンは、ラプターの能力はその巨額の値段に値するものだと主張している。たとえば、「世界で初めてかつ唯一の、一年じゅう出動できる全天候ステルス戦闘機」で、「敵のレーダーには蜂くらいの大きさにしか映らない」うえ、「敵に発見される前に敵を発見して撃墜する」ことができる「制空権を維持する能力」などだ。しかし、ロッキード・マーティンはその最も儲けが大きい戦闘機の売込みに躍起になっていたが、ラプターのウェブサイトに載せられた「敵と遭遇したら100対0のスコアで勝つ」などといった宣伝文句を鵜呑みにすることはできない。なぜなら、ラプターは実戦で使われたことが一度もなく、今後もその機会はないかもしれないのだ。

というのは、そもそもラプターは旧ソ連の新鋭戦闘機[*3]に対抗するために開発が始まったのだが、ソ連が崩壊したためにそれらのソ連の戦闘機は生産されなかった。実際に戦ったことがないのだから、スコアは0対0である。

もっとも、ロッキード・マーティンのウェブサイトには少しばかり本当のことが書かれていた。それは彼らのロビー活動[*4]についてだ。そちらのほうがラプターの予想勝率よりはるかに正確である。

【訳注】

＊1　**F-35**　おもに米空軍、海軍、海兵隊、イギリス空軍、海軍が使用する予定の次期多目的戦闘機で、数カ国が生産に参加することになっている。性能はF-22より劣るが、そのぶん価格も安いというふれこみで航空自衛隊にも猛烈な売込みがかけられ、2011年12月に空自の採用が決まったが、技術的な問題を抱えており、実用化が遅れている。空自の予定調達数は少なく、様子見といったところ。

＊2　**F-22ラプター**　世界最強と言われる米空軍のステルス戦闘機。迎撃・格闘戦闘をおもな任務とし、日本の航空自衛隊も次期主力戦闘機として喉から手が出るほど欲しかったが、最新技術の流出を恐れるアメリカ政府が輸出やライセンス生産を禁じたため実現しなかった。

＊3　**旧ソ連の新鋭戦闘機**　ソ連崩壊ののち、財政難のため開発・生産が止まっていたが、最近では生産が進み輸出も始まっている。今後、他国に供給されたものがラプターと遭遇する事件が起きる可能性がまったくないとは言えないかもしれない。

＊4　**ロビー活動**　特定の利権集団が自分たちの利益になる法案を通させることを目的に、議会の外で議員に働きかける陳情活動。はじめ、会議場の外のロビーや控え室で議員と接触したことからこの名がある。利権団体や企業から雇われて、この活動を職業としている人をロビイストと呼ぶ。

ロビー活動の焦点は〝雇用〟

ラプターの生産が〝わずか〟183機で中止されるかもしれないという噂を聞いたロッキード・マーティンは、ただちに行動を開始した。ペンタゴン（アメリカ国防総省）の首脳が決めたその数は、空軍とロッキード・マーティンが勝ち取ろうとしていた数の半分だったからだ。

2009年はじめ、オバマ大統領が年次予算案を議会に提出する数カ月も前のこと、ロッキード・マーティンは、F-22計画におけるパートナーであるプラット・アンド・ホイットニー社[*5]とボーイング社[*6]とともに、ラプターの生産を中止しないよう要求する手紙に44人の上院議員と200人の下院議員〔上院の定数は100人、下院の定数は435人だから、これはほぼ半数に近い数である〕の署名を並べてホワイトハウスに送った。この予算折衝で予算が取れるかどうかでラプターの運命が決まるからだ。似たような手紙は12人の州知事と「国際機械工組合」[*7]議長からも送られた。彼らの手紙はまるでロッキード・マーティンが草稿を書いたような文面だったが、おそらくそうだったのだろう。アメリカの防衛産業にラプターが不可欠であることや、生産を継続すれば9万5000人の雇用が維持できることが強調され、国の経済に及ぼす影響を考慮するよう強く促していた〔原注：オバマ大統領への書簡、2009年2月20日付〕。

このことからもわかるように、彼らのロビー活動の中心は、この戦闘機の性能や戦略的な意味ではなく、あくまでも〝雇用〟だった。国防に関する議論も背景にはあったにせよ、キャンペーンの中心ではなかったのだ。時間とともに宣伝はさらに具体的になってゆき、この戦闘機のさまざまな部位を作っている全米各地の人たちを紹介する広告が次々に登場した。「コネチカットに２２０５人」「モンタナには熟練機械工が１２５人」「オハイオにはチタニウムの生産に50人」「ミシシッピーには油圧システムの専門家が30人」などといった具合だ。宣伝されなかったのは、ワシントンにいる１３２人のロビイストのことだけだった。

だが雇用に関する彼らの主張は、大きく誇張されていた。彼らの言う９万５０００人という数字は、「産業連関表」〔特定の産業の生産による経済への波及効果を見るために総合的な収支を示した指標〕と呼ばれるものをもとにはじき出されたもので、この飛行機の生産に直接関係のない二次的、三次的にかかわる人たちがたくさん含まれていたのだ。つまり、彼らが言う９万５０００人という数字には、工場で機体やパーツを生産している人たちだけでなく、たとえば工場の向かいにある、彼らがランチを食べるレストランの従業員まで含まれていたのだ。ラプターのためにアメリカ政府は毎年40億ドルもの資金を拠出していたが、本当の雇用数は彼らの主張の半分にも満たなかった。

しかもロッキード・マーティンは、ラプターの生産が44の州で行なわれていると主張していたが、新聞がその詳細を具体的に示すよう求めたところ、企業秘密を理由に回答を拒否した〔原注：『USAトゥデイ』紙、２００９年2月25日付のケン・ディラニアンとトム・ヴァンデンブルックの記事より〕。売上げと利潤のほとんどすべてを国の予算から得ているにもかかわらず、納税者のカネをどう使っているのかと訊かれれば、「おまえらの知ったことではない」となるわけだ。

それはともかく、雇用が重要なことは確かだ。そして政府が出資している他の多くのプログラムでは効果が分散しているのに対して、軍需はたくさんの雇用を、はっきり特定できる場所で、大統領と議会の決定が直接反映する形で創り出す。加えて、ロッキード・マーティンのように資金力とロビイストの力が結びついている巨大軍需企業は、非常に大きな政治力を持っている。議員たちは、地元の州や選挙区で「あいつはワシントンで、地元の雇用に反対する議決に投票した」とか「地元の雇用を守るためにちゃんと仕事をしていない」などと言われたくない。地元で工場が縮小されたり閉鎖されるようなことになれば大騒ぎになる。

だが事実を言えば、教育から医療から公共交通機関からビルの耐寒工事から、そしてそう、減税に至るまで、軍需以外のほぼすべての政府支出は、軍需よりたくさんの雇用を創り出すことができるのだ。だが、それらの雇用のほとんどは新型戦闘機のようには目立たないうえ、全米各地に広く分散しているので人々の目につきにくい。さらに重要なことは、それらの雇用の推進者たちはロッキード・マーティンのように政治に影響を与えるロビイスト集団を抱えていないということだ。

実は、ラプターの将来が脅かされたのはこの時が初めてではなかった。それより10年以上も前の1999年、今では故人となったペンシルベニア州選出のジョン・マーサ下院議員（民主党）とカリフォルニア州選出のジェリー・ルイス下院議員（共和党）という変わった組み合わせの二人が、ラプターの開発における巨額の予算超過を問題視し、資金の支払いを停止させようと手を組んだ。彼らは生産を中止せよと主張したのではなく、予算超過についてロッキード・マーティンと空軍に注意を促すことが目的だった。

だが、その動きが拡大することを恐れたロッキード・マーティンは、支払い停止の阻止に全力をあげた。まずジョージア州とミシシッピー州の元議員数名をロビイストとして雇い入れ、さまざまな機会をとらえては上下両院の議員たちに「たとえ２、３カ月の生産停止でも、アメリカの安全保障と経済に深刻な打撃を与える」と働きかけた〔原注：『ワシントン・ポスト』紙、１９９９年９月23日付のジュリエット・エイルペリンの記事より〕。さらにＣＥＯヴァンス・コフマン〔当時〕みずから、マーサ議員とルイス議員の事務所に直談判に乗り込んだ。ルイス議員を訪れたコフマンは、「あんたはよくも我々の後ろに回って不意打ちを食らわせてくれたな。前もって話が何もなかったじゃないか」と苦々しく言った。コフマンはそのあとでマーサ議員の事務所にもやって来たが、マーサは海兵隊出身の荒っぽい大男で、コフマンがルイス議員にねじ込んできたことをすでに聞いて激怒していた。マーサはやって来たコフマンに「ウチの議長に二度とちょっかいを出すな。帰ってくれ」とぶちかましたという。だがマーサはまもなく態度を和らげ、しぶしぶコフマンの話を聞いた〔原注：『ワシントン・ポスト』紙、１９９９年９月12日付のジョン・ミンツの記事より〕。

ロッキード・マーティンはその後も引き続き大勢のロビイストを動員し、議員たちに活発に働きかけた。ある元上院議員はそのときの様子について、彼が知るかぎり最大級のロビー活動だったと語っている。さらに、全米に57万人のメンバー〔当時〕を持つ「国際機械工組合」は、各地の支部を通じて地元上院議員に圧力をかけた。議員たちを動かすには、〝雇用〟をからませるのが最も手っ取り早い〔原注：『ダラス・モーニングスター』紙、１９９９年９月９日付のリチャード・ホイットルの記事より〕。

一方、空軍も手をこまねいていたわけではない。軍が議会に対して直接ロビー活動をすることは法律で禁じられているが、それはザル法だ。空軍は「ラプター復活チーム」と呼ばれる外部団体を作り、ある高官の言葉を借りれば〝幹部総出で〟議会に働きかけた。空軍はこの圧力戦術を〝情報伝達活動〟と呼んだ。外部団体を使えば、軍がロビー活動をすることを禁じた法に触れないというわけだ。

【訳注】
＊5　**プラット・アンド・ホイットニー社**　世界の3大ジェットエンジンメーカーの一つで、コネチカット州にあり、ラプターに搭載するエンジンを生産している。あとの二つはGE（ジェネラル・エレクトリック）とイギリスのロールス・ロイス。
＊6　**ボーイング社**　ロッキード・マーティンの最大のライバルだが、大きなプロジェクトでは、さまざまな企業が仕事の一部を分けあうことがよく行なわれる。
＊7　**国際機械工組合**　機械工や航空宇宙産業に従事する人たちの労働組合。「国際」の名がついているが、アメリカとカナダのみの組織で、現在65万人ほどの組合員がいる。労働組合ではあるが、この団体は保守系右派である。

必ず予算オーバーになるからくり

一方、「ラプターは軍事的な意味から絶対に必要である」というロッキード・マーティンの主張は、この戦闘機が最新技術のたまものであることを認める人たちからも手厳しい批判を呼んだ。その一例として、アメリカ陸軍大学のある教授はこう述べている。

「F-22が世界一の戦闘機であることは疑う余地がない。だが問題は、戦う相手がどこにもいないということだ。これはまるで、高校のボクシング大会にマイク・タイソン〔元ヘビー級チャンピオン〕を連れてくるようなものだ」

膨れあがる開発費は、空軍にとってもしだいに頭痛のタネになりはじめた。あまりに高いので、ほかの飛行機を調達する予算を圧迫しはじめたのだ。つまり問題は、これといって明確な任務がない戦闘機に何百億ドルものカネを注ぎ込みつづけるのか、それとも一部を節約して、将来役に立つ機材のために使うのか、どちらがよいのかということだ。

この時点〔１９９９年〕で、ラプターの予定調達数は３３９機で、見積もり総額は６２０億ドル〔当時のレートでおよそ7兆円〕以上だった。最初の計画では２５０億ドルの予算で７５０機を調達する予定だったのだから、数を半分以上減らしたのにコストが２倍半にも膨らんだことになる。なぜそんなことになったのか？

答えは簡単だ。まず第一に、空軍の計画がスタートしたときに、ロッキード・マーティンは実際にはそれよりはるかに多くかかることを充分に知りながら、見積もりを低くして入札した。これはアメリカの防衛産業で〝バイ・イン〟〔「将来に備えて買い込む」「買いだめ」の意〕と呼ばれて知られる方法だ。こうしてまず先に契約を取っておいて、あとで値段をつり上げるのである〔当然、契約違反になるが、それについては第4章で詳述〕。次に空軍が、やはりこの業界で〝金メッキ〟と呼ばれることをやった。それはどういうことかというと、ラプターの開発がすでに始まったあとになって、最初はなかったさまざまな、より実現が難しい要求を次々に追加してきたのだ。そして三つ目として、これはもう単純にロッキード・マーティンが、ペンタゴンにさんざん過剰請求しておきながら技術的な大失敗をやらかして、問題を解決するのにさらにカネがかかったのだ。本書の第４章や第５章に何度も出てくるように、この三つは昔から繰り返されてきたことで、確実に巨額の予算超過を引き起こす要因なのである。

ルイス議員とマーサ議員にとって、これらはすべて同意しかねることだった。二人は「ラプター に使われる予算は、むしろパイロットの訓練や、空中給油機や偵察機の開発・生産や、F-15戦闘機〔アメリカや日本の現在の主力戦闘機〕の改良などに使ったほうがよい」と主張した。

二人の主張には、アメリカ陸軍も静かに、しかし断固として同意した。陸軍の高官は、「ラプター1機分の予算で、1個師団の1万5000人もの兵士の装備がまかなえる」と述べた。ラプターをめぐる空軍と陸軍の内輪もめは、空軍、海軍、陸軍、海兵隊の4軍が、ペンタゴンの予算というパイの奪い合いをして激しく対立することを示すよい例だ。このバトルはたいてい水面下で行なわれ、外部からは見えないが、このときのように詳細がリークされることが時々ある。これは軍産複合体の内情の複雑さを示す一例だ。軍産複合体の「軍」の部分は、ペンタゴンの予算を「いくら使うか」ではなく「何に使うか」でしばしば分裂する。

すったもんだのすえ、1999年の争いは10月になってようやくケリがついた。ラプターは僅差で生産再開を勝ち取り、翌年分の25億ドルの予算を獲得した。クリントン政権が最初に決めた予算よりはずっと少なかったが、ルイス議員とマーサ議員が求めた額よりは多かった。議会はその予算を承認するにあたって、「生産を本格的に始める前に充分な運用試験を行なう」という注文をつけた。

すべてを変えた９・11同時多発テロ

予算超過の懸念はブッシュ政権〔2001年1月発足〕になっても尾を引き、大統領補佐官のなかには「ラプターは生産を打ち切るか大幅に縮小するかして、予算をほかの兵器にまわしたほうがよい」と言いだす人も現われはじめた。だがまもなく、そういう動きに対抗してロッキード・マーティンが再びロビイストを動員する必要はない状況が訪れる。2001年9月11日に同時多発テロが起きて、軍事予算に関する議論の流れが急に変わったのだ。

9・11以降、ペンタゴンの予算は急激に膨張しはじめ、安全保障に関する議会の態度が大きく変わるとともに、ラプターその他の兵器の削減の話も消えてしまった。この時期における変化の凄まじさは、たとえば2001年から2003年にかけてのアメリカの国防予算の増加分だけで、イギリスや中国を含む世界のほとんどの主要国の国防予算の総額を上回っていたことを見ればよくわかる〔原注：安全保障政策作業部会による「9・11後の安全保障：戦略と予算」他のレポート（2003年1月）、および国際戦略研究所「軍事バランス2002〜2003」、オックスフォード大学出版局、2002年10月〕。この新しい状況のもとでは、たとえアル・カイダとの〝テロとの戦争〟にどれほど無関係であろうが、いかなる兵器計画も予算が削られることは考えられなかった。そのころ、ロッキード・マーティンの最大の競争相手であるボーイングの副社長は、『ウォールストリート・ジャーナル』紙のインタビューに応じて「今や（国の）サイフは開かれた」と言い放ち、こう述べている。

「国を守るために必要な予算に反対する議員は、次の11月を過ぎたら新しい仕事を探すことになる」〔アメリカの下院は2年ごとに11月に総選挙がある〕

ゲイツ長官のペンタゴン改革

そういうわけで、2009年にオバマ政権が誕生したときも、「クリントン政権やブッシュ政権のときの前例を思えば、たとえ予算カットの心配があっても、ラプターの生産計画はたぶん生き残るだろう」とみなが感じていたかもしれない。ゲイツ国防長官は整備計画の見直しを明言していたが、ラプターはロッキード・マーティンのロビー活動の力で削減から除外されるだろうというのが関係者の一般的な見方だった。

だがまもなく、その見方は間違いだったことがわかる。ゲイツ長官はラプターの追加生産をあっさり葬り去ったばかりか、「決断するのは簡単だった」とまで言った。本章の冒頭で述べた、ロッキード・マーティンによるラプターの広告キャンペーンが始まったのはそのころのことだ。

ゲイツは2009年4月6日の記者会見で、「現在わが国が戦っている戦争と、近い将来に直面する可能性のあるシナリオに備え、ペンタゴンは国防計画のバランスを変える必要がある」と述べ、その考えのもとに、新兵のサラリーからヘルスケア、子供手当て、託児所、住宅、教育に至る、全軍の兵士の待遇改善に130億ドルの増加を発表し、さらに〝プレデター〟などの無人偵察・攻撃機への予算を20億ドル増額した。そのころオバマ政権は、アフガニスタンにおける作戦強化の一環として、プレデターをパキスタンの領空に侵入させ、国境近くの地域でミサイル攻撃を行なったことが論議を呼んでいた。ゲイツはまた、米軍特殊部隊の予算も5パーセント増額した。

このときの発表で注目されたのは、JSF（統合打撃戦闘機）計画によるF-35戦闘機への予算を40億ドル追加したことだった。F-35もF-22ラプターと同様、ロッキード・マーティンが開発したものだ。予算の削減と増額を混ぜあわせたゲイツの戦略は、その10年前にルイス議員とマーサ議員がしようとしたことに近かった。ゲイツは「かなり良い案だと思うよ。産業界のこともよく考えてあるし」と自賛した。*8

ラプターの生産を187機で打ち切るとしたのも、その流れに沿ったものだった。その数字は、すでに決まっている183機に、2009会計年度のイラクとアフガニスタン向け緊急支出から4機を加えたものだ。それまでゲイツが「イラクでもアフガニスタンでも、F-22は一度も使われたことがない」と繰り返し強調していたことを考えれば、緊急支出から4機を追加したのは、事実上、生産打ち切りの埋め合わせにロッキード・マーティンに与えたプレゼントだった。これでロッキード・マーティンは、2011年末で終了するはずだったラプターの生産を、2012年半ばまで延長できることになった。

だが、ゲイツのこの決定はちょっとした騒ぎを引き起こした。ジョージア州とコネチカット州選出の議員たちが超党派で、2010年度にさらに20機を追加するよう主張しはじめたのだ。それはもちろん、彼らの選挙区にラプターの機体やパーツの生産拠点があったからだ。ラプターの最終組み立て工場があるジョージア州のある議員は、「豚インフルエンザのワクチンの開発に予算を浪費するかわりに、ラプターの生産に充てるべきだ」と訳のわからぬことを言った〔そのワクチンの開発は国防総省の予算とは無関係〕。ラプター支持者による攻撃は、議会の外ではもっと激しかった。「空軍協会」のメンバーの退役将校は、「ゲイツの決定はわが国の人命にかかわる戦略的な選択肢を狭くする」と嚙みついた。空軍協会というのは、おもに退役した空軍の元将校や元下士官・兵士を中心とする強力なロビー団体で、12万人近い会員を擁している〔組織としては民間のNPO〕。

だが、議会の元事務職員ですら「醜いエサの奪い合い」と呼んだこの争いをさらに繰り広げようとしていたラプター推進派は、ロッキード・マーティンみずからこのバトルから撤退することを決めたと聞いて面食らった。ゲイツの発表からわずか2週間ほどのちのこと、複数の業界アナリストと電話会談をしていたロッキード・マーティンのCFO〔最高財務責任者〕が、「もうラプターの予算を復活させる努力はしない」と明言したのだ。彼はアナリストたちに「ペンタゴンの決定には落胆したが、我々はそれを受け入れて先に進む」と述べた。それには理由があった。ある事情通によれば、ゲイツがロッキード・マーティンのCEOロバート・スティーブンスを長官室に呼びつけ、抵抗をやめるように迫ったのだという。彼らにとって国防総省は唯一最大のお得意様である。やむなくロッキード・マーティン首脳陣は撤退する決定を下した。

【訳注】

＊8　**JSF（統合打撃戦闘機）計画**　アメリカ、イギリス、カナダなどの空海軍・海兵隊が現在使用中の戦闘機、攻撃機、多目的戦闘機など幅広い機種を、1機種で置き換えようという計画。最終的にロッキード・マーティンの案が採用されてF-35となった。

政治家と業界の勝手な都合

だが、話はそれで終わらないから厄介だ。ロッキード・マーティン自身がペンタゴンの決定に従う姿勢を見せたにもかかわらず、利害がからむ議員たちが引き下がらなかったのだ。コネチカット州選出の二人の上院議員の選挙区には、プラット・アンド・ホイットニーがある。「国際機械工組合」のジョージア州マリエッタ支部長も徹底抗戦を宣言した〔マリエッタ市にはロッキード・マーティンのF-22組み立て工場がある〕。同組合本部の政治部ディレクターは、「我々は、予算案が議会に提出される２００９年の6月か7月まで、全米の組合員を総動員して、ゲイツの削減案を撤回するよう促す手紙を議会に何千通でも送りつける」と述べた〔原注：『ワシントン・ポスト』紙、２００９年4月28日付のダン・エッゲンの記事より〕。

だが、オバマ政権はペンタゴンの八つの大型プロジェクトを中止させたものの、国防予算の総額ではブッシュ政権の最終年度より増加させていた。先述したように、変化したのは予算の配分の仕方なのだ。オバマ政権は、兵員の装備や福利により多くの予算を割り当て、かつての冷戦時代に旧ソ連の軍事力に対抗して計画された高価な兵器を調達するための資金の一部を、今日起きている地域的な衝突にただちに使える兵器、たとえば無人偵察攻撃機などへ転換した。ゲイツが行なったのは防衛予算の削減ではなく、用途の転換だったが、かつてのような重厚壮大な兵器システムの多くを廃止したのはやはり大改革と呼ぶにふさわしかった。

ゲイツは雇用の問題についてもよく考えていた。ＪＳＦ（統合打撃戦闘機）計画によるF-35の生産計画は、ラプターの生産打ち切りで失われる雇用を埋め合わせて余りあるものだった。計画によれば、ラプターの生産に直接かかわる人の数は、2009年から2011年にかけて2万4000人から1万3000人へと減少して、1万1000人の職が失われるが、その同じ期間に、F-35の開発・生産で4万4000人分の仕事が生まれるというのだ。ロッキード・マーティンはF-35計画でも主契約者であり、下請けの多くもラプターのときと同じだった。したがって、ゲイツの主張は雇用についても理屈が通っていた〔原注：ゲイツ長官との国防総省ニュース・ブリーフィング、2009年4月6日〕。

だがそれにもかかわらず、議会の〝醜いエサの奪い合い〟は終わらなかった。ラプターの生産打ち切りに利権がらみで反対する勢力は超党派で存在した。その中心は、最大の利権がからむジョージア州とコネチカット州選出の二人の議員だった。

軍事委員会の攻防

最初の小ぜり合いは上院軍事委員会〔軍事委員会は上院・下院の両方にあり、国防、安全保障、エネルギーなどの事案を討議する〕*9で起きた。投票の結果、13対11で7機の追加を認める決議がなされたが、それは工場の生産ラインを閉ざさないようにするための策だった。生産ラインを維持できれば、翌年さらに多くの予算を獲得して生産を続けることに希望がつなげる。彼らの最終目標は、最低でも空軍の最初の案だった243機を獲得することだった。その数はゲイツの決定より56機の増加だ。だがそうなれば納税者のカネが、さらに100億ドルやそこらは軽く吹っ飛ぶことになる。

上院軍事委員会における委員たちの投票は、すべて彼らの地元の事情を反映していた。たとえばマサチューセッツ州選出の民主党リベラル派ジョン・ケリー〔２００４年の大統領選で共和党のブッシュと争った人物〕や、テッド・ケネディ〔エドワード・ケネディ。故ジョン・F・ケネディ大統領の弟。２００９年没。アイルランド系〕もラプターの生産継続に賛成投票をしたが、それは彼らの選挙地盤であるマサチューセッツ州にも関係する企業があったからだ。もっとも、ラプターとマサチューセッツの経済的な関係はごく限られている。マサチューセッツ州にはラプターに搭載される電子機器の主要部分を製作しているレイセオン社の本社があるが、実際の生産はほとんどがカリフォルニアで行なわれているからだ。二人がラプターの生産継続に賛成したのは、具体的な利権のためというよりは、とにかくレイセオン社の顔を立てることが習慣になっていたためのようだった。

それと対照的だったのが、２００８年の大統領選をオバマと争った共和党のジョン・マケイン*10（アリゾナ州選出）〔アイルランド系〕と、上院軍事委員長の民主党カール・レヴィン（ミシガン州選出）〔ユダヤ系〕の二人だ。彼らはラプターの生産打ち切りを支持する投票をした。のちにラプターをめぐる争いが軍事委員会から上院本会議に移ると、マケインはカギを握る中心人物となる。

一方、下院の軍事委員会では、騒動は上院よりはるかに劇的だった。会議は紛糾し、投票が始まったのは夜中の2時半だった。そして、生産を維持するための3億６９００万ドルの予算が31対30の僅差で支持された〔下院の軍事委員会は、おもに予算の額に関する討議をする〕。ここでも、どちらに投票するかはそれぞれの議員の地元の利害が大きくものを言った。

【訳注】

＊9　**生産ライン**　航空機の生産では、ひとたび工場の生産ラインを閉じてしまうと、再開するのに非常に大きな資金、人手、時間がかかる。

＊10　**ジョン・マケイン**　元海軍パイロット。ベトナム戦争で北ベトナム爆撃に出撃して撃墜され、捕虜として長らく収容所に入れられていた経験がある。

上院本会議の攻防

こうしてバトルは上院本会議に持ち込まれた。そこでペンタゴンの全予算が審議され、その過程でラプターの運命も決まるのだ。レヴィンとマケインの二人は、軍事委員会で認められたラプターの予算を剝奪しようとする上院の勢力に合流した。こうして生産継続派と反対派の輪郭がはっきり見えてきた。ロッキード・マーティンは「ラプターの生産続行は、全米44の州で行なわれている」と主張していたが、それらの州から選出されている上院議員の数は、上院の定数100人のうち88人にものぼる。大がかりなロビー活動をしなくても、ゲイツが決めた生産打ち切りの決定を覆すのはたやすいように見えた。

だが、生産継続派には大きな誤算があった。レヴィンとマケインには強い味方がいたのだ。ゲイツ長官は前もってオバマ大統領に、「もし上院がラプターの生産を続行させるような法案を通したら拒否権を発動すると明言して、継続派議員に圧力をかけてほしい」と要請していたのだ。だが、大統領がそのような拒否権を発動したことは前例がなかった。ある軍需産業アナリストはのちに、「そんなことが実際に起きたら前代未聞だった。そんなことは今まで聞いたことがない」と述べている。

だが、オバマがとった行動はそれ以上だった。副大統領や大統領主席補佐官〔実質的にホワイトハウスの行動のすべてを取り仕切る権限を持つ〕を筆頭に、ホワイトハウスの総力をあげて、態度を決めかねている議員たちにペンタゴンの案に賛成するよう圧力をかけ、さらに生産継続派議員の切り崩しを図ったのだ。ゲイツはオバマに「もしラプターの生産継続派が勝つようなことがあれば、ペンタゴン改革など何一つできないだろう」と伝えてあり、オバマはそれを充分理解していた。

上院軍事委員会が生産継続を採決してからまもない２００９年7月半ば、生産継続派の筆頭であるコネチカット州選出の議員は、上院本会議でも予算案は余裕をもって、おそらく18票ほどの差で勝つだろうと楽観していた。彼らは、ホワイトハウスがゲイツ長官を支援してあそこまでやるとは思っていなかった。

一方、オバマ政権の努力には、決定的に重要な支援がさまざまなところから集まった。軍縮を目指す民間のネットワーク、さまざまな政府系や民間のＮＰＯ、政策シンクタンク、事業家や納税者の団体、それに女性運動家や平和運動のグループまで加わり、手紙、電話、メールを拡散させる草の根運動を進めるとともに、レヴィンとマケインが提出したラプターの生産を中止させる法案を支持するよう議会に働きかけたのだ。

だが、おそらく状況を動かした最も大きな出来事は、投票のわずか数日前にゲイツ長官がシカゴの経済人の集まりで行なったスピーチだった。ゲイツはそのスピーチで、「すでに冷戦はとうの昔に終わり、米軍は当時とはまったく違う種類の装備を必要としている。そのことはイラクやアフガニスタンの戦争で証明されているにもかかわらず、ペンタゴンは相変わらず冷戦時代に計画された兵器を調達している」「雇用の論争ばかりしているのでなく、戦場の兵士の安全と戦果を高める観点から考えなくてはならない」と説き、「予算を奇怪なまでにオーバーし、さらに現実的なシナリオからますます乖離しつつあるような兵器計画は、キャンセルしなければならない」と述べて、ラプター生産継続派を批判した。

さらにゲイツは「F-22の数を減らしても、F-35を増やすことで補える」との持論を展開し、敵の防空システムを破壊するにはF-35のほうがより優れた兵器を搭載していることや、これまで有人機で行なってきた空爆の多くは無人機で行なうことができることなどを強調した。また最近増強が著しい中国の軍事力の脅威については、2025年までは、ラプターの数を増やさなくてもアメリカ軍は充分すぎるほど勝る航空兵力を持っていると述べた。

ゲイツの最も厳しい言葉は議員たちに向けられた。ゲイツはオバマ政権の国防予算がブッシュ政権の最後の年より多いことに触れ、「あるデータによれば、わが国の国防予算は、世界の他のすべての国の国防予算を合計したものと同じほどある。世界広しと言えども、これを〝国防が骨抜きだ〟と呼ぶのはワシントンの議員たちだけだ」と語気を強めた。

このときのゲイツの演説が2009年7月21日の上院本会議の流れを作り、のちにラプターの運命を決めることになったのだ。

一方、共和党のマケイン議員は、もともと大きな防衛予算に反対ではなかったが、自分の選挙区に連邦政府のカネを引っ張っていこうとする利権屋の議員が推進するプロジェクトには昔から反対していた。彼にとって、ペンタゴンが求めてもいない兵器をそういう議員の力で議会が押しつけるなど、もってのほかだった。レヴィンとマケインの修正案は、ラプターに追加されようとしている17億ドルの予算を、空軍だけでなく陸軍や海軍のすべてが現実に必要としているメンテナンスやその他の活動のために使えるよう変更するという内容だった。

レヴィンは「空軍長官、空軍参謀総長、統合参謀本部議長の全員に加え、国防長官もこれ以上のラプターを望んでいない」と述べ、今後の20～30年間に起こりうる紛争には「おそらくF－35と無人機で対応できる」と強調した。さらにレヴィンは、起きる可能性はずっと低いが、もし中国のような国と航空戦が発生し、敵機を撃墜しなければならない状況が生じた場合については、「すでに調達が決定している１８７機で充分おつりがくる」とした。

こうしてラプター生産継続派の主張は現実味を失った。なぜなら、彼らの主張の中心は自分の選挙区への経済効果のことしかなかったため、彼らは「ラプターを中止するかわりにF－35を大量に生産することで、むしろラプターの生産を続けるより多くの雇用が生まれる」という議論に勝てなかったのだ。劣勢に立たされたジョージア州選出議員は、「レヴィンはミシガン州選出で、デトロイトのＧＭとクライスラーが倒産の危機に陥ったときには、連邦政府のカネを６３０億ドルも注入したではないか。私はそれと同じことを要求しているのだ」と突っかかった。彼らが自動車産業にしたのと同じことを、今度はラプターにもしてくれというわけだ。

その後は、両サイドのさまざまな議員が似たような議論を展開した。民主党のリベラル派でも、地元に生産拠点がある議員は、地元で非難されないように賛成にまわった。興味深い幕間を演じたのが、ハワイ州選出のダニエル・イノウエ議員[*11]（民主党）だ。イノウエ議員は、上院歳出委員会の国防費歳出小委員会で20年間にわたって指導的な役割を果たしてきたベテランだが、要請されてもいない国防関連事業を地元に引っ張ってくることで知られる伝説的な人物もあった。彼は自分でもその役割を誇りに思っており、ハワイの事業家グループの集まりでのスピーチで「私は政府から予算をぶんどってくることにかけてはナンバー・ワンだ」と自慢している〔原注：『ホノルル・アドバイザー』紙、２００９年8月23日付の記事より〕。

　実際、アメリカ政府が納税者のカネをどう使っているかを調査している民間ＮＰＯの調べでは、イノウエ議員は２００９年の1年間だけでも連邦政府から2億６０００万ドル以上の事業をハワイに持ち帰っている。またイノウエ議員は、持ち帰った事業を請け負った業者からその見返りとして、２００７年1月以降だけで選挙キャンペーン費用として11万７０００ドル以上の寄付を受けているが、その半分以上がロッキード・マーティンから支払われている。

　イノウエ議員がラプターを強く支持し、それ以前の25年間に中止された事実上すべての兵器配備計画のことを残念がっているのは、この流れからきている。おそらく彼にとっては、ラプターでなくても兵器計画ならなんでもよかったのだろう。だが、彼は利害関係からラプターを支持しているのではないことを強調して、次のように述べている。

「私が知るかぎり、ハワイにはＦ-22の生産に仕事が依存している労働者は一人もおりません。（中略）……私は純粋に、ラプターは生産を続ける価値があると信じているのです」

だがそのスピーチで、イノウエ議員は事実を半分しか語っていない。彼がそのとき言わなかったのは、ラプターとは関係がなくてもハワイにはロッキード・マーティン社から請け負っている仕事が山のようにあるということだ。たとえば、カウアイ島にある「太平洋ミサイル試射場」[＊12]の、「最終高々度ミサイル防衛システム」[＊13]（略称ＴＨＡＡＤ）のテスト施設や、海洋温度差発電の実験施設〔ハワイ島コナにある〕が代表的だ。またハワイ空港の近くには、同社の全ハワイ諸島における活動を統括コーディネートするための施設もある。

【訳注】

＊11　**ダニエル・イノウエ**　第二次世界大戦中、ヨーロッパ戦線で活躍した有名な日系人部隊である442連隊に従軍した英雄。戦闘で片腕を失っている。現在は民主党の最古参議員。

＊12　**太平洋ミサイル試射場**　世界最大の規模を持つミサイル試射場で、日本のイージス艦によるミサイル迎撃ミサイル発射実験もその沖合で行なわれた。

＊13　**最終高々度ミサイル防衛システム**　敵の弾道ミサイルが目標近くの上空で大気圏に再突入しつつあるところを捕捉して破壊する迎撃ミサイルで、主契約者がロッキード・マーティン。弾道の最終段階にあるところで迎撃することからこの名がある。〝終末高々度〟と直訳されることが多いが、意味のうえから言えば〝最終高々度〟のほうが日本語として近い。

マケインの〝軍産議会複合体〟批判

ラプターの問題に最終的な決着をつけたのは、２００８年の大統領選をオバマと戦った共和党のジョン・マケインだった。大統領選ではさんざんやりあった二人だが、この件では考えが完全に一致していた。マケインは、今危機に瀕しているのは何なのかを明確に示してこう述べた。

「この議論を突きつめれば、この国ではひとたび兵器システムの生産がフル回転を始めたらもう誰にも止められないという、これまでのやり方のままでいくのか、それとも必要な手段を講じて（ペンタゴンの）兵器調達のやり方を変えるのか、ということだ」

マケインは、「今最も必要とされているのは、兵士たちにより良い装備品を与えることだ」と繰り返し、「選挙地盤に巨額の利益をもたらすことが目的の政治こそ、腐敗の温床になる。今刑務所に入っている元議員たちを見れば、そのことはよくおわかりになるでしょう」と述べた。さらにマケインは、アイゼンハワーが昔行なった有名な〝軍産複合体の危険性に警鐘を鳴らした演説〟から言葉を引用し、「いまや軍産複合体は〝軍産議会複合体〟になっており、F-22のように不必要な兵器システムに議会が予算をつけている」と述べた〔原注：議会議事録による〕。

最終的に、予想を上回る58票対40票の大差でラプターの生産打ち切りが可決された。このときの投票では、それまでオバマ路線に強硬に対立してきたサウス・カロライナ州選出の共和党保守派議員が生産中止に賛成票を投じた一方で、民主党のリベラル派で知られるカリフォルニア州選出の古参女性議員二人が生産中止に反対する投票を行なったのが印象的だった。カリフォルニアにはラプターの大きな生産拠点があるのだ。

おそらくこの日の票決が示した最も重要な教訓は、兵器の調達に関するかぎり、雇用の議論だけでは必ずしも大勢《たいせい》を制することにはならないということだろう。大統領、国防長官、統合参謀本部議長がみな生産打ち切りを公言している状況では、継続派に勝ち目はなかった。最初は生産継続に賛成していたジョン・ケリーなど民主党の一部の議員も、最終投票では生産中止にまわった。ヘルスケアなど他の重要法案とのからみで、ここは大統領に勝たせることが大事と判断したことが理由の一部だった。

Ｆ-35受注をめぐるドタバタ劇

Ｆ-22ラプターをめぐるこの一連の騒動で最も驚くべきことは、ロッキード・マーティンはあまりに大きく、かかわっている兵器システムもあまりに多いため、ラプターが生産中止になってもほとんどダメージを受けていないということだ。実際、ゲイツ国防長官が進めたペンタゴン改革の結果、ＪＳＦ（統合打撃戦闘機）計画によるＦ-35の主契約者ロッキード・マーティンは、軍用機の歴史始まって以来最大規模の生産体制に入ることになった。

ボーイングを破ってＪＳＦ計画の競争試作にロッキード・マーティンの案が採用されたのは、同時多発テロからまもない２００１年10月のことだ。最初の計画では、アメリカとイギリスが計3000機以上を調達することが求められていた。この数を見れば、アメリカ空軍のみに１８７機を生産するラプターとの規模の違いは歴然だ。その少し前の９月中旬にダウ平均株価が７００ポイントも下げていたとき、ロッキード・マーティンの株価はすでに上がりはじめていた。ＪＳＦの受注を勝ち取ったことにより、ロッキード・マーティンは同時多発テロ以後急激に膨らんだアメリカ国防予算の、主要な受益者の地位を確固たるものにしたのだ。

Ｆ-35の価格はラプターの３分の１から半分とされていたが、３０００機という数はラプターの15倍以上だ。またＦ-35の生産計画には、イギリス、イタリア、オランダ、ノルウェー、トルコ、カナダ、オーストラリア、デンマークの計８カ国が、40億ドル以上を投資することと引き換えにパートナーとして設計と生産の一部に参加することになっている。とはいえ、前部胴体と主翼など生産の大部分はアメリカとイギリスで行なわれ〔イギリスの生産分は10パーセント程度と言われる〕、最終組み立てはテキサス州フォートワースにあるロッキード・マーティンの工場で行なわれる。胴体中央部はノースロップ・グラマン社〔90年代にノースロップ社とグラマン社が合併して生まれた軍需企業〕[*15]のカリフォルニア州パームデールとエル・セグンド[*14]の施設で製作され、イギリスのＢＡＥシステムズ社が後部胴体と尾翼、電子機器を受け持つ。他のパートナー国が生産にどの程度参加するかは決まっていないが、いずれにしてもそれらの国は将来計６００〜７００機程度を購入すると見られている。

このように初回生産量を大きくしたのは、製造コストを下げることが狙いだった。またＦ-35がずば抜けて高い性能を要求されていないのも、価格がとんでもない額になるのを防ぐためだ。[*16]そうすることで、開発中に〝金メッキ〟〔15ページ参照〕がたくさんつくのを防ぎ、高い能力を持ちつつも、ラプターをはじめ過去の多くの高性能機で起きたように、技術的な困難や故障が続出して開発が遅れることのないようにするためでもあった。

ロッキード・マーティンの元ＣＥＯノーム・オーガスティン[*17]は、「コスト管理をきちんとやらなければ、ペンタゴンの予算では２０５４年までに戦闘機を一機しか作れない」と言ったことがある〔原注：著書『オーガスティンの法則』Norman Augustine, *"Augustine's Laws"*（１９８３年）の記述による〕。Ｆ-35の開発は、このような状況を変えようという考えのもとに進められた。それは第二次世界大戦後初めての、前の代の戦闘機より安いものを作ろうという野心的な試みだった。

ＪＳＦの契約までの道のりは長かった。まず90年代前半に予備調査が行なわれ、空軍は同年代半ばにようやく競争試作をロッキード・マーティンとボーイングの２社に絞り込んだ。ＪＳＦの契約競争に賭けられた利権は膨大で、書類審査で敗れたマクダネル・ダグラス[*18]は、その時点で将来の戦闘機製造事業からほぼ完全に撤退することになった。それはなぜか？　まず、現在のアメリカ空軍の主力戦闘機であるＦ-15イーグル〔日本の航空自衛隊の現在の主力戦闘機でもある〕はマクダネル・ダグラス製だが、今後はその座をラプターとＪＳＦに奪われる。さらに、海軍の主力であるＦ-18ホーネット艦上戦闘攻撃機もマクダネル・ダグラス製〔現ボーイング〕で、これも海軍仕様のＪＳＦに入れ替えられることになるからだ。

試作競争に敗れてからわずか1カ月もたたないうちに、マクダネル・ダグラスはボーイングに吸収合併されることに合意した。こうして、マクダネル・ダグラスを取り込んだボーイングは、ロッキード・マーティンの恐るべき競争相手となったのだ。もっとも、ロッキード・マーティン自身、90年代のアメリカ航空宇宙産業の合併・買収ブームで、十数社が一緒になった結果の産物だ〔詳しくは第8章〕。ある意味で、ボーイングはマクダネル・ダグラスを丸呑みすることで、ロッキード・マーティンのあとを追ったのだと言える。ボーイングは、競争力を維持するためにマクダネル・ダグラスを必要としていたのだ。[*19]

こうしてJSF受注競争は、ボーイングとロッキード・マーティンの一騎打ちとなった。ボーイングはマクダネル・ダグラスを吸収することで力を増したが、状況はロッキード・マーティン有利に動いていった。そのいきさつは少しややこしい。

まず第一に、マクダネル・ダグラスは最初に入札に参加したとき、イギリスのブリティッシュ・エアロスペース社（のちに「BAEシステムズ」となる）とチームを組んでいたが、そのブリティッシュ・エアロスペースは、マクダネル・ダグラスが敗れてボーイングに吸収されると、態度を変えてロッキード・マーティンにすり寄った。この動きは、ロッキード・マーティンにとってイギリスを味方につけるうえで願ってもないことだった。兵器メーカーにとって、どこかの州やその州選出の上院議員を巻き込むのも重要だが、イギリスのように古くからの同盟国を味方につけるのは、それとはまったく次元が異なる大きな意味を持っている。

次にロッキード・マーティンは立場をさらに強化すべく、ダメ押しに出た。アメリカ第三の主要兵器メーカーであるノースロップ・グラマン社に、主要パートナーになるよう持ちかけたのだ。F‐35生産の少なくとも20パーセントの仕事をノースロップ・グラマンに振るという提案だった。この協定により、ロッキード・マーティンはノースロップ・グラマンの生産施設がある州にも仕事をもたらすことになり、それらの州やその選出議員から政治的バックアップが得られるようになった。

こうしてロッキード・マーティンとボーイングは、その後5年に及ぶ長い闘いに突入した。試作機の製造は、両社ともにモハーヴィ砂漠〔ロサンゼルスの北東に広がる大砂漠地帯〕にある高いフェンスに囲まれて武装警備員が警備する施設で進められた。そして最終的に、〝チーム・ロッキード〟と呼ばれたロッキード・マーティンを中心とするグループがボーイングを破った。同社はテキサス州フォートワースの施設に、数百名の社員や関係者を招いて祝賀会を開いた。

【訳注】

＊14　**パームデールとエル・セグンド**　ともにロサンゼルス近郊に位置する。パームデールにはロッキード・マーティンやボーイングの施設もある。

＊15　**BAEシステムズ社**　かつていくつもあったイギリスの航空機メーカーが合体してできた巨大企業で、現在世界で1、2を争う兵器メーカー。

＊16　それにもかかわらず、はじめは4000万ドルほどと言われていたものが今では1億5000万ドルとも言われ、4倍近くに跳ねあがっている。

＊17　**ノーム・オーガスティン**　90年代にロッキード社をマーティン・マリエッタ社と合併させて巨大企業ロッキード・マーティンを誕生させた人物。第8章に登場。

＊18　**マクダネル・ダグラス**　戦闘機の専門メーカーだったマクダネルが旅客機の名門ダグラスを60年代末近くに吸収合併してできた航空宇宙企業。当時はベトナム戦争が激しさを増しつつあり、航空機の機体を作る主材料であるジュラルミン（アルミ合金）の供給が軍用機メーカーに優先されたため、ダグラスは旅客機の注文を充分に抱えていたにもかかわらず生産が間に合わず、さらに新型旅客機DC-10の開発で資金難に陥ったことから、戦闘機メーカーのマクダネルに吸収された。マクダネル・ダグラスとなったのちも旅客機の生産を続けていたが、90年代に同社がボーイングに吸

収されたことで、かつて旅客機の製造でボーイングと争った名門ダグラスは消滅し、世界の大型旅客機のシェア争いはその後ボーイングとヨーロッパのエアバスの2社に移っていく。

＊19　企業の規模としてはボーイングのほうがロッキード・マーティンより大きいが、ボーイングは大型機の製造を得意とし、戦闘機製造のノウハウを持っていなかったためマクダネル・ダグラスを必要とした。

F-35計画は「40年続くマラソン」

だが、表向きは華やかだった祝賀会の会場には、大きな不安が影を落としていた。それは、JSFに求められている性能をすべて満たす飛行機をどうやって作ったらよいのかという不安だ。ロッキード・マーティンのJSF担当責任者は、「お楽しみはこれからだ」「やるべき仕事はいっぱいある」と述べた。だが事情をよく知るある業界アナリストはもう少しはっきりと、もっと怖い言い方をした。

「F-35のプロジェクトは、これから40年は続くマラソンと考えるべきだ。終着点ははるか彼方だよ」

まったくそのとおりだ。JSF計画ははじめから、政治的、技術的、コスト的なトラブルに見舞われつづけてきた。これらのトラブルはみな、今ではペンタゴンが結ぶ契約に必ずついてくる特有の病気になっている。JSF計画はその巨大な経済的規模、飛び抜けて高い性能を求めていないこと、最初から多国間のパートナーシップを考えて計画されていること、などの理由から、「今回だけは別」と言われていたが、やはりそうはいかなかったことが判明するのに時間はかからなかった。アメリカ海兵隊とイギリス海軍向け仕様の試作では、すでに重量が1トンもオーバーしていた[*20]うえ、パートナー諸国からは、生産の分担に関する不平が噴出しはじめていた。ノルウェーは、自国企業の生産分担をもっと増やさなければ参加を取り消すと迫り、イタリアは生産に必要なカギとなる技術にもっとアクセスできるようにしてほしいと要求してきた。

だがロッキード・マーティンは、「生産をあまり分散させると最終価格が予定の1機4000万ドルに収まらず、5000万ドルにもなってしまう」と譲らなかった〔現在ではすでに1億5000万ドルにもなっていると言われる〕。同社のF-35担当責任者は、「みな仕事を欲しがるが、F-35は雇用のためのプロジェクトではない。我々の目標は、将来の航空戦力を手頃な値段で提供することだ」と述べた。

彼らがそう言うのはもちろん簡単だろう。すでに資金のほとんどを集め、仕事も大部分を自分たちが取っているのだから〔原注：『ニューヨーク・タイムズ』紙、2004年7月22日付のレズリー・ウェインの記事より〕。

だがロッキード・マーティンは、2007年のパリ航空ショー[*21]で恥をさらすことになった。開発が遅れに遅れたため、実用機はおろか、完成したのは試作機がわずか1機のみで、しかも地上展示しただけだったのだ。本来なら、パリ航空ショーの目玉であるデモ飛行に参加するはずだったが、それができず、代わりにそれぞれのパートナー国の空を飛んでいる想像図を描いたパネルを展示しただけだった。F-35のブースにはメディアもそれなりに来たが、生産型の実機もなければデモ飛行もなしとあっては、大きな注目は得られなかった。

F-35開発の技術的なトラブルは、ゲイツ長官が「F-35はラプターの補助として充分使える」と保証したのちの2009年末近くになってもまだ続いていた。そして、議会がF-22ラプターの生産中止を決めてから5カ月後の同年11月末、「F-35の開発は予定よりはるかに遅れており、そのため次の5年間にさらに166億ドルが必要になる可能性がある」というペンタゴンの内部レポートがリークされた。充分に飛行試験を行なわずに急いで生産に入ったため、将来、完成機の改修が必要になった場合に備えて、今後も長期にわたって大勢の技術者を抱えておかなければならなくなったというのが理由だった。だが、その問題が起きる可能性はすでにわかっていたことだった。政府の会計監査院が、すべての飛行試験を完全に終える前に最初の360機を生産することに懸念を表明していたのだ。「納入前にすべての飛行試験を終える」という原則がまたも破られ、予算を大幅にオーバーしたうえ、性能の面でもやはり問題が生じたのだ。

そして2010年はじめになると、F-35の諸問題がついに次々と表面化しはじめる。まず、ペンタゴンの「独立試験局」の調査で、ロッキード・マーティンは2009年に168回行なわれることになっていた飛行試験をわずか16回しかやっていなかったことが判明した。しかも数十億ドルにものぼる予算オーバーのため、生産コストが総額3000億ドルにも達しそうな見通しだという［原注：『ニューヨーク・タイムズ』紙、2010年2月2日付のクリストファー・ドリューとトム・シャンカーの記事より］。それはペンタゴンの兵器調達の歴史始まって以来の最高額だ。この事態を受けて、ゲイツ長官はやむなく2011〜2015年期の生産数を削り、生産のための予算のうちおよそ30億ドルを開発に振り替え、ペンタゴンのF-35担当責任者を解任した。さらにゲイツは「少なくともロッキード・マーティンは巨額の予算超過の一部をかぶるべきだ」として、同社への報償費6億1400万ドルの支払いを拒否した。

するとロッキード・マーティンはただちに対抗してPR攻勢をかけ、ある保守系のシンクタンクのアナリストが「F-35に生産コストの問題はなく、現行のF-16戦闘機[*22]ほどもかからない」と、驚くようなことを発表すると、その分析がよほど気に入ったのか、その記事を同社のウェブサイトの1面に大きく掲載した。[*23]

【訳注】

＊20　航空機の開発では、重量オーバーは性能低下に直結するため致命的である。とりわけ戦闘機や攻撃機の場合は重大で、しかもアメリカ海兵隊向けのF-35は短距離離陸・垂直着陸型の予定だから事態は深刻である。イギリス海軍ははじめ同タイプを使用する予定だったが、通常の艦載機型に変更した。

＊21　**パリ航空ショー**　2年に1度開かれる世界最大規模の航空ショーで、民間機、軍用機の見本市でもある。最近ではイギリスのファーンボロ航空ショーに大きく水を開けてリードしている。

＊22　**F-16戦闘機**　もともとジェネラル・ダイナミックス社が開発・生産したが、同社の航空機部門が90年代はじめにロッキードに売却されたため、現在はロッキード・マーティン製となっている。冷戦後最も多く生産された多目的戦闘機で、多くの国に輸出された。日本のF-2戦闘機はこれをベースに三菱重工が開発したもの。アメリカの圧力になんとか抵抗したといったところだ。

＊23　このシンクタンクは常に防衛産業をスポンサーにしており、本書の著者は、この人物がロッキード・マーティンに御用学者として雇われたことを暗示している。

揺るがないロッキード・マーティンの土台

だが、これら数々のトラブルにもかかわらず、ロッキード・マーティンはすでにペンタゴンから充分すぎるほどの仕事を受注していた。このアナリストは『ニューヨーク・タイムズ』紙の取材に対して、「防衛産業は喜ぶと同時にあっけにとられているよ。彼らはこれまで長いあいだ、民主党が政権を取ると困ったことになると思っていたが、実際には（民主党政権下で）防衛予算は増えつづけているんだからね」と述べている。

F-22ラプターの最大の競争相手が同じロッキード・マーティンのF-35だったというのは皮肉な話だ。問題山積にもかかわらず、F-35の予算は2009年にゲイツ長官が確約したとおりの膨大な額が維持されることになっている。そのほかにもC-130J輸送機、*24 C-5輸送機〔第4章に登場〕の発展型、「沿岸海域戦闘艦」という新しい概念による水上戦力の開発〔第10章に登場〕など数々のプロジェクトを抱えており、それらの契約金も滞りなく支払われるはずだ。

さらに、F-35に核兵器を搭載できるようにする計画も進められている。この核爆弾は現行のB-61型と呼ばれるものの性能向上型で、その開発の一部はおそらく「サンディア国立研究所」で行なわれる公算が高い。この研究所は国営で、年間20億ドルの予算を持っているが、実際の運営は「サンディア株式会社」という民間会社が請け負っている。同社はロッキード・マーティンの完全子会社である。

ラプターの生産がまもなく打ち切りになるジョージア州マリエッタの工場ですら、F-35の一部のほかC-130JやC-5の仕事もたくさんあるので、仕事には困っていないようだ。ラプター推進派の急先鋒だった同州選出の上院議員も、「F-22がどうなろうが、マリエッタに仕事は充分ある。おそらく雇用はもはや大きな問題ではない」と認めている。

だが、ラプター推進派もまだあきらめたわけではない。もしペンタゴンがもう買わないなら、日本かオーストラリアかイスラエルが買うかもしれないというのだ。上院が生産中止を決める前ですら、ダニエル・イノウエ上院議員は駐米日本大使に書簡を送り、ラプターの禁輸措置を撤回させると伝えている。最高機密の部分を取り除いて、グレードを下げればよいというのだ。だがそれでもなお、1機につき2億5000万ドルかかるという。現在のところ、空軍は輸出禁止を解くことに反対しているが、イノウエ議員は少なくとも輸出型ラプターの研究を行なうよう空軍に義務づける法案を通すことに成功している。さまざまな障害にもめげず、イノウエ議員は今後もロッキード・マーティンのために輸出型ラプターをプッシュしつづけるだろう［原注：ロイター通信、2009年6月5日・11日の配信］。

だが、たとえ輸出が実現しなくても、ラプターの生産が復活する可能性はある。防衛産業のアナリストはこう言っている。

「もしF-35の問題がさらに悪化して、トラブル続出ということになれば、F-22生産中止の決定を白紙に戻すのにまだ遅くはない」［原注：著書によるデービッド・バーテューへのインタビュー］

【訳注】

＊24　C-130J輸送機　現行のC-130輸送機の性能向上型。C-130は日本の航空自衛隊でも使用されている。

次期大統領専用ヘリをめぐる暗闘

オバマ政権最初の年にロッキード・マーティンが闘った予算獲得バトルは、ラプターをめぐる闘いだけではなかった。もう一つは、VH71と呼ばれる次期大統領専用ヘリコプターに関するものだ。ゲイツ国防長官は2009年7月にシカゴの経済人の集まりでラプターの生産打ち切りを力説したときに、返す刀で次期大統領専用ヘリコプターも切り捨ててこう述べている。

「また私たちは、ある一つの機材にいつのまにか新しい機能や能力がつけ加えられて、それがバカバカしいレベルにまで膨らんでしまうような事態をなんとかしなくてはなりません。その甚だしい例が、今進められている次期大統領専用ヘリコプター開発計画です。仕様の要求と分析が終わってみたら、なんと1機5億ドル近くもかかるというのです。いったい、核攻撃を受けても飛行しながら大統領が機上で夕食を調理できるヘリコプターなどを開発する必要がどこにあるのか……」

実はこの新ヘリコプター開発計画は、ゲイツ長官がキャンセルする動きを見せる前から、予算削減のターゲットになっていた。そしてラプターのときと同様、この件でもオバマ大統領とマケイン議員が行動を共にした。

２００９年2月にホワイトハウスで政府予算の無駄を省くための超党派のミーティングが開かれたとき、出席したマケインはほとんど発言しなかった。その場に同席したレポーターの話によると、マケインは厳しい表情で押し黙っていたという。さらに別の人が言うには、マケインは苛立っているように見え、一時、ほとんど怒りを爆発させそうになったという。だがミーティングの終わり近くになって、オバマがマケインに発言を求めると、彼の元競争相手〔著者はこの部分だけ実名を出しておらず、誰なのか不明〕が突然割って入り、「大統領、あなたのヘリコプターはエアフォース・ワン〔大統領専用機〕よりも価格が高くなりそうです。納税者の膨大なカネが無駄に使われていることの、これ以上よい例はありません」と言った。オバマは同意し、「機材調達にでたらめが横行していることのよい例だ」と言って改善を約束した〔原注：『ニューヨーク・タイムズ』紙、２００９年2月23日付のピーター・ベイカーの記事より〕。

そもそも、ロッキード・マーティンがこの新ヘリコプターを受注したこと自体、業界をよく知る人にとっては驚きだった。この受注競争は、ちょうど２００４年の大統領選が近づきつつあるころに最高潮に達した。それまで大統領専用ヘリコプターは、50年代にアイゼンハワー大統領がホワイトハウスとキャンプ・デービッド〔ワシントンから１００キロほどのところにある大統領別荘地〕とのあいだを往復する目的で発注して以来、すべて例外なく、コネチカット州に本拠を置くユナイテッド・テクノロジー社の一部門であるシコルスキー航空機製造会社[*25]のものが使用されてきた。だが受注競争に加わったロッキード・マーティンは、ヘリコプターの製造にはほとんど経験がなかったため〔失敗作のスキャンダルの話が第4章に登場〕、イタリアとイギリスの合弁会社であるアグスタ・ウェストランド〔イタリアのアグスタ社とイギリスのウェストランド社。ともにヘリコプターのメーカー〕と手を組み、彼らのヘリコプターを製造する案で入札した。だがその案は、シコルスキーを政治的に有利な立場に立たせてしまった。シコルスキーは、自分たちのヘリコプターは100パーセントアメリカ製だが、ロッキード・マーティンの案では雇用をヨーロッパに奪われると主張できるからだ。

受注バトルは両社の副社長と社長が罵りあう醜い争いに発展し、ロッキード・マーティンは「大統領を外国のヘリコプターに乗せる気か」というシコルスキーの攻撃に対抗するため、イギリスのブレア首相に助けを求めた。当時アメリカはイラク戦争の真っ最中で、アメリカのブッシュ大統領はイラク戦争の最大の支援者であるブレアに大きな借りがあった。ロッキード・マーティンから頼まれたブレアは、同社の案を採用するよう推薦する書簡をブッシュに送った。イタリアも業界首脳と政府高官から成る使節団をワシントンに送り込み、「ロッキード・マーティンの案（イタリアのアグスタ社の設計によるヘリコプターをベースにしている）を採用すれば、アメリカ国内に3000人の雇用が生まれる」と主張して議会周辺でロビー作戦を展開した。

そのヘリコプターを生産することになった場合、雇用のほとんどはニューヨーク州北西部の町にあるロッキード・マーティンの工場で行なわれることになるはずで、ニューヨーク州はヒラリー・クリントン上院議員〔当時〕の選挙地盤だった。ヒラリー・クリントンはこの件でロッキード・マーティンのためにさんざん動いた。ロッキード・マーティンは雇用についての議論でも一歩も引かず、設計はイタリアでも生産はアメリカ国内で行なわれるという宣伝に力を入れた。

一方、シコルスキーを推す陣営は、おもに同社の本拠地であるコネチカット州の高官と、生産に協力するノースロップ・グラマンやGE（ジェネラル・エレクトリック）などの企業だった。シコルスキーは〝100パーセントアメリカ製〟を強調し、そのキャッチフレーズをさらに美しく飾るため、ブラジル、日本、中国の下請けを使わないことまで決定した。さらにシコルスキーの副社長は、究極の脅し戦術に出た。「外国のスペアパーツなど使うべきではない。イタリア人が設計したものを、どうやって改造すればよいというのだ？　もしイタリアが我々に対してそれほど友好的でなかったらどうするのだ？」と彼は述べた。

だが、アンチ外国企業戦術は大衆には受けたかもしれないが、結局、なぜかアグスタ・ウェストランド／ロッキード・マーティン連合が契約を勝ち取った。ある航空評論家は、「勝ったほうも負けたほうも、経済的な意味だけでなく、心理的な意味が大きいだろう」と述べた。だが、はじめに述べたように、その4年後、予期せぬ事態に苦しむことになったのはロッキード・マーティンのほうだったのだ。常軌を逸したコストのため、このヘリコプターの発注をキャンセルする動きが高まったのである。

その後のいきさつはラプターのときと同じだ。キャンセルされたにもかかわらず、支持者たちがあきらめなかった。まず、このヘリコプターを製造することになっていたロッキード・マーティンの工場があるニューヨーク州選出の、民主党のリベラル派のはずの下院議員が「すでに30億ドルのカネが開発のために投資されているのだから、少なくともすでに製作が始まっている5機の試作機を完成させるべきだ」と主張しはじめた。その主張を支持したのが、下院歳出委員会の国防費歳出小委員会委員長で利権政治の達人、10年前にラプターの件では反対したはずのジョン・〝ジャック〟・マーサ議員だった。マーサはこの件ではこのヘリコプターのメリットを考えて支持したようにも思えるが、ロッキード・マーティンとの個人的なかかわり合いがまったくなかったわけでもない。ロッキード・マーティンは彼の選挙区でミサイル防衛計画関連の工場を建設していたし、彼の妻がスポンサーをしているペンシルベニア州のある町の交響楽団に寄付をして、機嫌を取ることまでしている。

とはいえ、大統領専用ヘリコプターの生産は、ラプターの生産に比べればずっと小さなプロジェクトだ〔生産規模は26～28機程度の予定だった〕。支持者たちの動きも、ラプターのときのように全国規模の運動にまで発展することはなかった。ゲイツ長官は揺るがず、「このヘリコプターは要求を満たしておらず、しかも耐用年数が推定わずか5年から10年しかない」と生産中止撤回の要求をはねつけた。結局、ロッキード・マーティンには「引き続きVH71ヘリコプターの研究を行なう」という口実で1億ドルを与えてなだめたが、生産のための予算はおりなかった。

【訳注】
＊25 **シコルスキー航空機製造会社**　1940年代以降ヘリコプターの製造に特化したヘリコプターの老舗で、豊富なノウハウを持っている。

発注する側の問題

だが話はまだこれで終わりではない。VH71がキャンセルされたのちの2010年4月19日、ロッキード・マーティンは新たに仕切り直しとなった入札に、前回争ったシコルスキーと組んで共同で応じると発表して周囲を驚かせた。つい1年前まで交わしていた激しいレトリックの応酬はどこへやら、これはビジネスであり、もしアグスタ・ウェストランドを捨ててシコルスキーと組んだほうが契約を取れる可能性が高いのならそうする、ということだ。結局、次期大統領専用ヘリコプターは、シコルスキーが設計したものをベースに、ロッキード・マーティンが主要部分の多くを製造することで落ち着いた。

では、この騒動を振り返って総括してみよう。VH71の失敗にロッキード・マーティンはどれくらい責任があるだろうか？　発注したアメリカ政府の要求が次々と変わり、開発・生産のコストを急激に押しあげるほど多くを要求しすぎたのだろうか？

先ほどの業界アナリストは、政府の要求が問題の大きな部分だったと述べている。メーカーにとって思いもよらないことばかりで、どの会社のどんなヘリコプターをベースに開発したところで、実現不可能だっただろうというのだ。また２００９年3月の国防科学評議会[*26]の分析では、もう一つの大きな問題として、ホワイトハウス、海軍、海兵隊、メーカーのあいだのコミュニケーションが取れていなかったことをあげている。その結果、要求が変わるたびにメーカーはすべてを何度も設計しなおさねばならなかったという〔原注：シカゴの経済人の集まりでのゲイツ長官のスピーチ〕。そして政府の要求が増えるとともに、「極寒の環境でも使えること」から「核兵器や化学兵器や生物兵器による攻撃にも耐えうること」に至るまで、ありとあらゆることが加えられていった。「メーカーの仕事ぶりにも問題はあるが、発注側の要求がこういう状態では、どのメーカーが作ったところで他社より優れたものができたかどうか疑問だ」と、そのアナリストは結論している〔機材の発注において、発注者側に専門家がいないと収拾がつかなくなることのよい例である〕。

【訳注】

*26　**国防科学評議会**　国防総省や議会の要請を受けて、特定の事柄について科学的・技術的な調査を行ない、国防総省にアドバイスする。民間の専門家により構成される。

年間260ドルの〝ロッキード・マーティン税〟

ラプターの生産継続と次期大統領専用ヘリコプターをめぐる闘いには敗れたものの、軍需の受注全体を見れば、今のところロッキード・マーティンは依然として勝ちつづけている。しかも、ラプターをめぐる争いが始まったころ〔90年代半ば〕に比べて、同社ははるかに強靭な粘り腰になっている。ロッキード・マーティンはアメリカ最大の政府契約者であり、2008年には360億ドルを連邦政府から受注している。これを大ざっぱに言えば、アメリカの納税者一家庭当たり1年間に260ドル支払った計算になる。これではまるで〝ロッキード・マーティン税〟だ。

そしてもちろん、ロッキード・マーティンはアメリカ最大の軍需企業である。連邦政府から受注した360億ドルのうち、290億ドルが国防総省との契約だ。軍需以外では、米国エネルギー省と運輸省からの受注額でも全米第1位、国務省からの受注で第2位、NASA〔アメリカ航空宇宙局〕からの受注で第3位、司法省と住宅都市開発省からの受注では第4位だ〔原注：これらの数字は2008年会計年度の実績による〕。つまり今のロッキード・マーティンは、通常の兵器メーカーのイメージと異なり、軍需企業の領域を大きく超えて事業をしている。

また、アメリカ政府の対外政策にともなう業務が民間会社に委託される傾向が増すなかで、ロッキード・マーティンは、キューバのグァンタナモ米軍基地にあるテロ容疑者収容施設への取調べ官の派遣から、アフリカのダルフールにおける人権侵害を監視するスタッフの派遣、ハイチでの警察官の訓練、コンゴ民主共和国で郵便事業の運営、アフガニスタンの憲法の草案作成の手助けに至るまで、さまざまな業務を行なっている。米国内向けには、郵便物をスキャンするシステムの製作に参加、国勢調査のコンピューターシステムの構築と運営、米国税庁の税金徴収処理、ＦＢＩのバイオメトリクス認証機器[*27]の開発、沿岸警備隊の船舶や通信機器の製造など多岐にわたっている〔詳しくは第10章〕。

ラプターをめぐる騒動を振り返ればよくわかるように、ロッキード・マーティンは自分の縄張りを守るための資金と政治力を、他のどの軍需企業よりたくさん持っている。議会へのロビー活動と議員の選挙運動資金の寄付に２００９年だけで１５００万ドルを使い、14万人の従業員を抱え、全米46の州に事業所を構えると豪語するロッキード・マーティンは、政治的な動きで過去に法を破ったこともしばしばあることが知られている。ワシントンで活動するある民間監視団体の記録によれば、政府の事業を請け負う業者のなかで、ロッキード・マーティンは違法活動をしたことがある企業のナンバー・ワンにランクされており、１９９５年以降だけでも50件の刑事、民事、経営上の違法行為をしたとされている。

最近の大きなトラブルはともかく、ロッキード・マーティンは一つや二つの兵器システムの受注を失ったくらいでは揺るぎもしないほど大きく、業務も広範囲にわたっている。だが、彼らもはじめからそうだったわけではもちろんない。この巨大企業もはじめは個人商店のような零細会社としてスタートし、発足直後から何度も倒産の危機に見舞われてきた。次章ではこの会社が誕生した時代に戻り、それから章ごとに時代を追ってこの会社の軌跡をたどってみることにしよう。

【訳注】

＊27　**バイオメトリクス認証機器**　身体的情報により本人を確認するさまざまなシステム。国際空港で入国時に本人確認のため指紋を読みとる機器などがよく知られている。

第2章

ログヘッドからロッキードへ

ライト兄弟がアメリカ東部ノース・カロライナ州キティホークの砂丘で、人類初の動力飛行に成功してから1年半ほどたったある日、西海岸に住むアランとマルコムのロッキード兄弟〔アイルランド系〕は、大人になったら飛行機の事業を始めようと思いたった。それから10年あまり、操縦を習い、設計を勉強し、努力を続けた兄弟は、1916年に「ロッキード飛行機製造会社」を設立する。

彼らの名前は一風変わっていて、Loughead と綴って〝ロッキード〟と発音した。そのため知らない人は誰も正しく名前を呼んでくれず、彼らはいつも不便な思いをしていたが、発音どおりに綴りを Lockheed に変えるまでにはそれから20年近くもかかった。1934年に綴りを正式に変更する手続きのためロサンゼルスの裁判所にやって来たアランは、判事に理由を問われ、「みんな私のことを〝ログヘッド〟〔丸太の頭〕と呼ぶからです」と答えている〔原注：『ニューヨーク・タイムズ』紙、1969年5月28日付のアラン・ロッキードの死去を報じた記事〕。

「飛ぶのがやっと」からのスタート

ロッキード兄弟はサンフランシスコの郊外で生まれた。二人がまだ幼いころ両親が離婚したため、兄弟は母子家庭で育った〔原注：アラン・ロッキードの生涯と初期のロッキードの歴史については、おもにウェイン・ビドル著『空の男爵たち』Wayne Biddle, "*Barons of the Sky*"（1981年）、「空の殿堂」の「アラン・ロッキード伝記」、ウォルター・ボイン著『地平線の彼方』Walter J. Boyne, "*Beyond the Horizons*"（1998年）より引用した〕。父はサンフランシスコに移って金物屋を始め、母は子供たちを連れて近郊の町に引っ越した。母はそこでサンフランシスコの新聞に特集記事を書くライターとして生計を立てていたが、しばらくすると兄弟をサンフランシスコ湾の南の丘陵地帯にある果樹園に預けた。

二人は正式な教育をほとんど受けておらず、アランは小学校を卒業していないが、家で母親から勉強を習った。二人にはヴィクターという名の年上の異母兄弟がいて、二人はヴィクターに影響され、モンゴメリー教授というグライダーの研究者のまわりをうろつくようになった。二人がモンゴメリーのグライダーを初めて見たのは、モンゴメリーが果樹園の近くでグライダーの飛行実験を始めた1905年のことで、アランが16歳、マルコムが18歳のときだった〔ライト兄弟の人類初の動力飛行は、1903年12月17日〕。

3人のなかで最初に飛行機に魅せられたのはヴィクターだ。ヴィクターは自動車のエンジニアで、まもなくシカゴに引っ越したが、ある日モンゴメリーに手紙を書き、彼のグライダーにエンジンを積んで動力飛行をすることはできないかと尋ねた。ヴィクターはモンゴメリーと文通を続けているうちに飛行機への情熱がますます高まり、のちに独力で飛行機についての本を書いたほどだ。ヴィクターにとってはモンゴメリーこそ英雄であり、ライト兄弟はほとんど尊敬の対象ではなかった。

アラン・ロッキードが飛行機ビジネスに入るきっかけを作ったのは、このヴィクターだった。ヴィクターはシカゴで知りあった自動車卸売り業を営む裕福な事業家に、モンゴメリーのグライダーのパテントを買い取って、それをベースにした飛行機を作る計画を持ちかけた。事業家は興味を示し、サンフランシスコで自動車修理工になっていたアランを呼び寄せて雇ってほしいというヴィクターの提案に同意した。アランはシカゴに旅立つ前、友人たちに「将来は飛行機の時代が来る」と夢を語っている。

こうしてアランはシカゴに移り、ヴィクターとともにモンゴメリーのグライダーにエンジンを積んだ飛行機を製作した。だが飛行には成功したものの、まもなく彼らの飛行機は墜落して壊れてしまい、スポンサーの事業家は手を引いてしまった。[*1] こうしてヴィクターとアランの計画は水泡に帰したが、アランはシカゴ滞在中にカーティス複葉機を操縦する技術を学び、パイロットになった。

1911年にカリフォルニアに戻ったアランは、各地で飛行ショーを行なっていたが、その年の9月に事故を起こして飛行機を壊してしまった。幸いケガはなかったものの、新婚の妻に今後もう飛行ショーの地方巡業はやらないと約束させられてしまった。

やむなくアランは1912年はじめにサンフランシスコに戻り、[*2] 自動車修理の仕事を見つけた。だが飛行機への夢は捨てきれず、仕事から帰ると水上機の設計に没頭した。そのころ、兄のマルコムはすでにサンフランシスコで自動車工場の現場監督になっていたが、アランに誘われて飛行機製作の計画に加わった。二人は出資者を募り、4000ドルを集めたが、その多くは兄のマルコムがつながりをつけた投資家からの出資だった。

翌1913年、二人の水上機はアランの操縦により無事サンフランシスコ湾で飛行に成功した。その水上機は〝モデルG〟と呼ばれたが、その理由は、モデルAからFまではすべて図面が完成しなかったからだった。〝モデルG〟は二人乗りで、80馬力のエンジンを積み、最高時速はおよそ63マイル〔約100キロ〕に達した。

二人はこの水上機を使った事業を計画し、一人1回10ドルの料金でサンフランシスコ湾上空を飛ぶ遊覧飛行を始めた。だが客はあまり集まらず、利益がまったく出なかったうえ、サンフランシスコの著名人に見せるためにアランが操縦してデモ飛行をしていたところ、水上機はその人の目の前で海面に激突して壊れてしまった。製作費のほとんどを出資していた投資家はそれを見て落胆し、壊れた水上機を差し押さえると倉庫に入れて鍵をかけてしまった。

自作の飛行機を失ったうえ、新たに飛行機を作るカネもなく、ロッキード兄弟は1914年にカリフォルニアの金鉱試掘に参加したが成功しなかった。アランは自動車修理の仕事に戻り、マルコムはカーティス社の飛行機のセールスマンになって世界旅行に出た。彼はまず香港に行き、次にメキシコに渡って、政治家とつながりのある大富豪の〝空軍〟のアドバイザーになった。だが〝空軍〟とは名ばかりで、その大富豪はまともに飛べる飛行機を1機しか持っていなかった。

1915年になると見通しが少し明るくなってきた。差し押さえられたモデルGを買い戻すために出資してくれるという投資家が現われたのだ。その年にはパナマ運河開通を祝う万国博覧会がサンフランシスコで開かれることになっており、アランはモデルGを修理して、万博期間中にサンフランシスコ湾で遊覧飛行をする営業許可の入札に参加する計画を進めた。入札の結果、アランたちは惜しくも敗れたが、勝った競争相手が所有する唯一の飛行機がそのすぐあとに墜落したため、幸運にも営業許可を手に入れることができた。万博では一人10ドルの料金で600人の客があり、モデルGを買い戻すために出資してくれた投資家に返済してなお数千ドルの利益が手元に残った。アランとマルコムは、この資金でもう少し大きい飛行艇を作って海軍に売り込む計画を立てた。

そのころ、ヨーロッパでは第一次世界大戦が激しさを増しつつあり、人類史上初めて、飛行機が戦闘に使われはじめていた。イギリスは1232機の飛行機を戦場に送ったが、そのほぼすべてを戦闘で失った。だがアメリカには、戦争に使えるような飛行機を作れる会社は一つもなかった。たとえば、ドナルド・ダグラス[*3]〔スコットランド系〕がマーティン社[*4]のために設計したMB1複葉爆撃機も戦争に間に合わず、4機の試作機を含み6機が作られただけで、陸軍は契約をキャンセルしている。

ロッキード兄弟はモデルGの注文をいくつか受けていたが、注文に応じられるほどのスタッフもいなければ資本もなかった。二人はサンタバーバラ[*5]に戻り、しばらく遊覧飛行の商売を続けた。そのころになると飛行機に乗りたがる人も増えてきて、商売は繁盛し、二人はいよいよ飛行艇を製造するために会社を設立する。それが冒頭で述べた、1916年にスタートした[*6]「ロッキード飛行機製造会社」だ。そして、そこで出会ったのが、若き日のジャック・ノースロップだった。ノースロップは独学で数学と飛行機設計技術を学んだ天才的な飛行機技師で、のちにアメリカの航空史に大きな足跡を残すことになる人物だ。ロッキード兄弟はノースロップを雇い入れた。

【訳注】

＊1 **カーティス複葉機** ライト兄弟のライバルだったグレン・カーティスが製作し、成功を収めた飛行機。正式名称を〝モデルD〟と言い、たくさん作られた。

＊2 **水上機** 黎明期の飛行機はエンジンの出力も小さく、高揚力装置もなかったため、滑走距離が長くなってもかまわない水上機が多く作られた。

＊3 **ドナルド・ダグラス** のちに有名なダグラス航空機製造会社を設立する人物。

＊4 **マーティン社** グレン・マーティンが創設した飛行機メーカー。第二次世界大戦後、アメリカン・マリエッタと合併してマーティン・マリエッタとなり、それが90年代にロッキードと合併してロッキード・マーティンが誕生する。

＊5 **サンタバーバラ** ロサンゼルスの北西およそ120キロの太平洋岸にある町。ロッキード兄弟は果樹園に預けられる前の一時期、母とこの町に住んでいたことがあった。

＊6 **ジャック・ノースロップ** のちにノースロップ航空機製造会社を設立した人物。企業家だが実業家タイプではなく、生涯を新技術の開発に注いだ。

航空機産業の夜明け

ノースロップはロッキード兄弟の飛行機作りに秩序と厳密さを持ち込み、〝カンと当てずっぽうでやっていた〟と彼が呼んだそれまでのロッキードのやり方を改めた。F1と名付けられた飛行艇は、ノースロップの力を借りて1918年3月に完成し、無事飛行に成功した。だが、アメリカ海軍はそのときすでにカーティスの飛行艇の採用を決めており、アランたちの飛行艇は遅すぎた。アランもF1を売り込んではいたが、海軍は「実績のない業者とは取り引きしない」と門前払いだったのだ。アランはF1飛行艇に出資した資本家からさらに促され、なんとか海軍の高官に面会した。高官は「いろんなやつがいろんなものを作っては持ち込んでくるんだ」とそっけなかったが、アランの熱意に折れ、海軍飛行機設計局の局長に引き合わせてくれた。

局長ははじめ懐疑的だったが、それでもアランに9万ドルの予算を与え、アランたちの工場でカーティスの飛行艇を2機作らせることと、F1飛行艇を海軍がテストすることに同意した。さらに、アランはF1飛行艇でサンタバーバラからサンディエゴ〔ロサンゼルスの南東およそ200キロほどの太平洋岸に位置する、メキシコ国境近くの町〕までの200マイル以上の距離をデモ飛行する機会を与えられた。カーティスの飛行艇の製造を請け負ったことで彼らの工場は拡張され、15人しかいなかった従業員も85人に増やされた。結局、海軍はF1飛行艇を買わなかったが、この一件はロッキード兄弟が軍を顧客にする足がかりになった。

次に二人は、F1飛行艇を陸上機型に改造して、合衆国郵便公社に大陸を横断飛行できる郵便機として売り込んだ。だが、デモ飛行のために西海岸のサンタバーバラから東部のワシントンを目指して飛びたったその飛行機は、アリゾナの砂漠に墜落し、試みは惨めな結果に終わった。乗員たちは壊れた機体を修理するためになんとか鉄道でサンタバーバラまで送り返したが、結局この飛行機は買い手がつかず、再び飛行艇に戻して一人5ドルの料金で遊覧飛行に使われただけだった。

一方ワシントンでは、アメリカの飛行機製造会社がまともな飛行機を1機も第一次世界大戦に間に合わせることができなかったことに非難が集中していた。その状況は、ある将軍の次の言葉によく表われている。

「この戦争の全期間を通じて、アメリカ人が設計した飛行機はただの1機も、フランスやイタリアの上空を飛ぶことがなかったのであります。ヨーロッパのメーカーが設計してわが国が製造したものですら、わが国の飛行機メーカーは約束した生産数も納入期限も守れなかったのです。そして今や、かつてわが国の技術の優秀さを示す誇るべき実例であった飛行機作りが、議会などの調査の対象になるという、屈辱的な状態に陥っているのです」

それまで年間わずか200~300機しか製造していなかったアメリカの飛行機メーカーが、1918年には総計約7700機も生産しているのだから、軍にとってこの事態はとりわけ腹立たしいことだったにちがいない。[*7] 議会は調査の結果、この失態の原因は、「飛行機メーカーの無能さ、経験不足、大失態、個人的な利害のため」であると結論づけて飛行機メーカーを非難した。

だが、このように厳しく糾弾されたものの、第一次世界大戦のときに起きたこの状況が、その後何十年にもわたってアメリカの航空機メーカーに恩恵をもたらすことになる、政府とのビジネスのやり方を確立させることになったのだ。それが〝コストプラス方式〟と呼ばれる方法だ。

この方法は、はじめに予算を決めて契約するのでなく、「開発・生産にかかったコストに、メーカーの利潤を上乗せする」という契約法だ。つまり、飛行機メーカーは開発・生産にかかった経費をすべて国から払い戻してもらい、そのうえに利潤が自動的につけ加えられるのである。しかも、そのような気前のよい取引のうえに、さらに監督官庁の監督不行き届きや、国民の税金を使う役人の不正行為が加わる。このことは、大戦中に怪しげな行動で批判にさらされた会社や投資家たちが、戦後しばらくすると再び業界のリーダーとなって浮上してきたのを見ればよくわかる。

だがロッキードは、その意味で大きく批判される対象にはならなかった。新参者の彼らは、まだ戦争に使えるような飛行機を作っていなかったからだ。とはいえ、戦争が終わるとともに業績不振に陥ったという点では彼らも同じだった。当時の「アメリカ飛行機製造業者協会」の記録によれば、第一次世界大戦が終わる直前の3カ月間にアメリカの飛行機メーカーは4435機を生産したが、1年後の同じ3カ月の生産数はわずか26機に激減している。

ロッキード兄弟は、戦後のその時期も引き続き飛行艇の遊覧飛行でなんとか切り抜けた。そのころの最も注目すべき出来事としては、アメリカ国務省の依頼で、訪米中のベルギー国王夫妻一行をピクニックのためにサンタクルス島〔サンタバーバラの沖およそ40キロの太平洋に浮かぶ島〕まで飛行艇で運んだことである。だが、不況が長引いて遊覧飛行の観光客が減ったうえ競争相手も現われたため、料金を一人1ドルにまで値下げせざるをえない状態にまで追い込まれた。ついに兄のマルコムは飛行機ビジネスに見切りをつけ、自動車の仕事に戻った。のちにマルコムは自動車用の四輪油圧ブレーキを発明し、それがその後の自動車のブレーキの標準となった。

一人になったアランは、事業を続けるための資金もほとんどなかったが、新規まき直しをはかって小型機の製作に取りかかった。のちにS1と名付けられた一人乗りのその飛行機は、当時の宣伝パンフレットによれば〝スポーツ複葉機〟と呼ばれ、ジャック・ノースロップがゼロから設計したものだ。だが、完成したS1は素晴らしい飛行ぶりを示し、各地のカーニバルや航空ショーで人気を博したものの、なぜか1機も売れなかった。一人乗りの自家用機にはまだ時代が早すぎたのだ。結局、この飛行機の生産は中止となり、「ロッキード飛行機製造会社」も倒産した。[*8]

【訳注】

＊7　第一次世界大戦時のアメリカの飛行機メーカーは、その全期間を通じて、イギリス、イタリア、フランスの飛行機メーカーの設計による機体を1万機近く生産した。この状況はアメリカ人のプライドを大きく傷つけたものの、おかげでヨーロッパ先進国の飛行機作りの技術を習得し、大量の輸出により利益を増やした。一方、戦場となったヨーロッパの列強は、お互いのつぶし合いで疲弊してしまった。

＊8　**第一次世界大戦後の飛行機が売れない時代**　戦争が終わるとともに、軍が戦時中に調達した飛行機を民間に安く払い下げたことも、新しい飛行機が売れない理由の一つだった。

単葉機〝ベガ〟の成功

すべてはこれで終わりになるはずだった。アランはハリウッドに引っ越して、兄の自動車用油圧ブレーキ製造会社の販売担当マネージャーになり、しばらくすると不動産セールスの仕事も始めた。ジャック・ノースロップは飛行機設計技師としてダグラス航空機製造に雇われたが、ダグラスの作る飛行機は退屈で興味が持てず、余暇の時間にアランと会っては再び二人で飛行機を作る計画を練るようになった。

そうこうしているうちに、アランは何人かの投資家と知りあった。そのなかでいちばん重要な投資家は、兄の油圧ブレーキ製造会社に出資した人物だった。アラン・ロッキードとジャック・ノースロップは、この人物を社長にして、１９２６年に「ロッキード航空機株式会社」を設立した。そのとき、アランは新会社に使う「ロッキード」の綴りをLougheadからLockheedに変更した。すでに兄のマルコムが、油圧ブレーキ製造会社を作ったときにその綴りを使っていたので、それにならうことにしたのだ。しかし、アランが自分の個人名までその綴りに変えるのは、さらに８年後の１９３４年まで待たねばならない。

新生ロッキードはジャック・ノースロップを設計主任に据え、最初の飛行機の製作に取りかかった。その飛行機は〝ベガ〟と名付けられた単葉機で、それまでの単葉機に必ずついていた胴体から斜めに伸びて主翼を支える支柱がない、当時としては画期的な設計だった。ベガは完成したタイミングもよかった。リンドバーグが大西洋単独無着陸横断飛行に成功してから６カ月後のことで、再び飛行機ブームが起きているさなかだったのだ。それでベガはよく売れた。その後リンドバーグは、パンナムなどいくつかの航空会社の依頼により、新しい航空路を開拓するため１９２９年から30年にかけて一連の探検飛行を行なっているが、それらの飛行にはベガを改造した〝シリウス〟という飛行機（リンドバーグの要請で、ベガにフロートを付けて水上機型に改造したもの）を使っている。

世間の注目を集めたベガの飛行にはイメージを落とすものもあったが、それでも売行きは落ちなかったようだ。イメージを傷つける事件は１９２７年８月に起きた。カリフォルニア州オークランド（サンフランシスコの対岸にある都市）から太平洋上を飛んでハワイのホノルルに至る一番乗りを目指す懸賞金飛行レースが行なわれ、新聞王ハースト家の長男がベガを購入してエントリーした。レースには各地から８機が参加したが、離陸できなかったり、離陸後すぐ故障して引き返す飛行機が続出し、ハワイを目指して飛んだのは４機だけだった。だが無事ホノルルまでたどり着いたのはわずか２機で、２機が消息を絶ってしまった。そしてベガはそのうちの1機だったのだ。海軍の艦船も出動して捜索が行なわれたが、海に墜落したとみられる2機は破片も発見できなかった。[*9]

だが、ベガの次の冒険は、ハワイ一番乗りレースの暗い気分を吹き飛ばしてくれるような、元気がわく成功だった。ジョージ・ウィルキンスという極地探検家が、ベガを使ってアラスカの北端からノルウェーの北端に至る極地飛行に成功したのだ。この偉業は、リンドバーグの大西洋横断のときのような大衆的な熱狂を引き起こすことはなかったが、パイロットや航空会社にベガの名を知らしめるのに大きく貢献した。ロッキードは1928年に29機、1929年にはさらにその倍以上のベガを製造し、業績好調[*10]によりロッキードの株価は10倍以上に値上がりした。

だが会社の経営が絶好調になったそのころ、ロッキードは天才的飛行機設計技師、ジャック・ノースロップを失うことになる。ノースロップはさらに革新的な〝全翼機[*11]〟のアイデアを持っていたが、ロッキードの資本のほとんどを出資していた社長がそれに投資するのを断わったため、ノースロップはロッキードを去り、情熱を注ぐことができる仕事を求めて他社をさまようことになった。

【訳注】

***9　ハワイ一番乗りレースの悲劇**　しかも、エンジントラブルで引き返したうちの1機は、修理後、行方不明機の捜索のために再び飛びたったが、彼らもまた帰らなかった。さらに、レースが始まる前の時点で、出発点のオークランド空港に向かった3機が途中で墜落して犠牲者が出るなど、このレースは飛行レース史上最悪の悲劇に終わった。

***10　業績好調**　ロッキードは1928年に会社をサンタバーバラからのちの本拠地となるロサンゼルス近郊のバーバンクに移し、施設を拡張した。

＊11　**全翼機**　普通の飛行機のように主翼、胴体、尾翼という構造でなく、全体が1枚の大きな翼でできている飛行機。翼の中央部分が分厚くなって胴体の役をする。ノースロップは全翼機の研究に一生をかけたが、全翼機は操縦が困難なため、コンピューターで姿勢を制御する技術が完成する1980年代後半になるまで実用化できなかった。その技術が実を結んだのが現在のB-2ステルス爆撃機である。

乗っ取られたロッキード

　アメリカの航空機産業はこのころから劇的に拡大しはじめたが、ロッキードやダグラスなどの飛行機メーカーは、大きな負債を抱えていなかったことがかえって不運を招く皮肉な結果となった。会社乗っ取りのターゲットになってしまったのだ。1929年、ロッキードは、GMやフォードの重役を含むデトロイトの大物投資家グループによる持株会社、「デトロイト航空機」に買収された。「デトロイト航空機」はいくつもの飛行機メーカーを傘下に収めており、「飛行機のGM」と呼ばれていた。

　この買収で、ロッキードの株のほとんどを所有していた社長は、賢くも株価が最高値をつけていたときにすべてを「デトロイト航空機」に売り渡して大儲けをした〔その少しあとに大恐慌が襲う〕。だがアラン・ロッキードは、自分が創設した会社をデトロイトの自動車産業の投資家たちに売り渡されたことに怒り、会社を去った。

翌1930年、アランは「ロッキードブラザース航空機」という会社を立ち上げた。だが、その会社で開発した唯一の飛行機は、高性能で好評だったが4年後に墜落してしまい、それとともに会社も倒産した。彼が名前の綴りを変更したのはその年のことだ。

その3年後、アランはもう一度再起を図り、サンフランシスコで新会社「アルコア航空機」を設立する。だが、新たに開発した唯一の飛行機が翌年やはりサンフランシスコ湾に墜落し、彼の会社はまたも倒産してしまった。

そうこうしているうちに第二次世界大戦が始まり、アランはミシガン州のいくつかの会社で飛行機のパーツを製造する部門を指導した。戦争が終わるとカリフォルニアに帰って不動産のセールスマンに戻り、平凡な日々を送っていたが、1961年に〝セミリタイア〟を宣言してアリゾナの田舎町に引っ込んだ。ロッキード社とは辞めてからほとんど接触がなかったが、1969年に少しだけコンサルティングにかかわったことがある。そしてその年、アランは80歳で世を去った。

大恐慌時代の倒産と再生

さて、アランが去ったロッキード社は、デトロイト航空機に1929年7月末に買収されたが、それは大恐慌が始まるきっかけとなった株大暴落の、わずか3カ月前のことだった。

それまで航空機産業の最大の顧客は軍で、第二次世界大戦が始まるだいぶ前のこのころですら、航空機の売上げの3分の2を軍関係が占めていた。だがロッキードはこの流れに逆らい、販売の大部分が民間会社や金持ちの著名人向けだった。ある航空史家は「この時期のロッキードは、技術開発によって、小さな企業が軍に頼らずに発展を遂げたまれな例だった」と述べている。だがそれも、恐慌が進むとともに変わりはじめる。

　１９３０年代はじめ、ロッキードは大口の顧客が破産したことから大きな注文を失い、まもなく会社のおもな仕事は、飛行機を売ることではなく、すでに売った飛行機のスペアパーツを補給することしかなくなってしまった。一方、親会社のデトロイト航空機のほうも、損失が大きく膨らんでいた。ロッキードとデトロイトはこの状態を転換すべく、陸軍向けに開発していた新戦闘機に望みを託した。だがこの飛行機は、当時の陸軍のどの戦闘機より最高速度が速いなど、性能はよかったものの、ロッキードもデトロイトもワシントンの政界に強いコネクションを持っていなかったため、試作機を作っただけで終わってしまった。そして、ついにデトロイト航空機は破綻して管財人の管理下に置かれることになり、続いて１９３２年にロッキードも倒産した。

　会社の資産は裁判所の管理のもとでオークションにかけられ、ステアマン・ヴァーニー[*12]という会社を中心とする投資家グループが買い取った。彼らはロッキードをもう一度立て直してベガを生産し、サンフランシスコとロサンゼルスを結ぶ新路線を開拓して旅客機として投入する計画を立てた。新生ロッキードの社長には、いちばん多く出資したロバート・グロウス〔ユダヤ系〕という男が就任した。そしてこの男こそ、ロッキード社の歴史を変えることになるのだ。

　グロウスは、アラン・ロッキードがまさしくそうであったような、飛行機狂時代[*13]の影響を受けた人間ではなかった。彼は実業家であり、工学関係の仕事をしたことはまったくなく、航空関係のビジネスにかかわったこともごくわずかしかなかった。彼は東部の裕福な家庭に生まれ育ち、東部の名門校に通い、30歳になる前に最初の100万ドルを儲けた人間だ。ロバート・グロウスは、これほどアラン・ロッキードと正反対な人間もいないだろうと思えるほど対照的な男だったのだ。

だがグロウスは、ロッキード社が優秀な飛行機を作れることを確信していた。彼もアランと同様、それまでロッキードがトラブル続きだったのは、技術に問題があったからではなく、経営の仕方が悪かったからだと考えたようだった。だがグロウスは、ロッキードを買収したとき、非常に安く買いたたいた。当時は世界恐慌が進み、世界経済は地の底まで落ちていた。そこから先、航空機産業が進む道は、上を向く以外にない。そして、ロッキードにはそれができそうに見えた。こうして、グロウス、ステアマン・ヴァーニー、それに少数の個人投資家によるグループが、ロッキードを破格の4万ドルというバーゲン価格で買い取ったのだ。

ロッキードの破産処理のために裁判所が開いたオークションで彼らが提示したその金額は、なんと廃品回収業者が提示した金額と同じだった。裁判所の判事は、この会社の資産を廃品回収業者に渡して廃棄処分にしてしまうよりは、設備をもう一度活用して会社を再建したいと言っているグロウスたちにゆだねたほうが建設的だと判断した。とはいえ、判事はこのグループにそれができるだろうかと懐疑的でもあった。判事はこの投資グループに落札させたとき、グロウスにこう言った。

「お若いの、あなたはご自分がしようとしていることがよくわかっているでしょうね?」

それは時が告げる。ロバート・グロウスは1932年に弟のコートランドに送った手紙に次のように書いている。コートランドは兄と一緒に出資してロッキードの重役になり、兄の死後はあとを継いでロッキードを経営した人物だ。

「この会社は間違いなく将来性がある〔原注：ロバート・グロウスよりコートランド・グロウスへの手紙、1932年5月24日付〕。我々はまだこのロッキードのことであれこれ議論しているが、もしやることになったら、きみにはもちろん東部で支社をやってもらうよ」

この手紙から推測すれば、ロバート・グロウスは大恐慌のさなかに倒産した会社を買い取って事業を引き継ぐことを、それほど心配しているようには見えない。

ロッキードの生産工場があるカリフォルニア州バーバンクのローカル新聞は、1932年6月28日付の記事で、工場が再び生産態勢に入りつつあることをレポートしている。その記事のなかで、インタビューされたロッキードの副社長は「実際に注文が入るまで大規模な生産は再開されないので、仕事を求めて押しかけて来るようなことはしないでほしい」と述べている。

まもなく、新生ロッキードは二つの方針を打ち出した。会社再建とともに開発を始めていた〝エレクトラ〟という10人乗りの双発機を、民間航空会社向けに旅客機として売り込むことと、海外への輸出に力を入れることの二つだ。それまでロッキードのおもな顧客は、金持ちの著名人やハリウッドの映画会社だったのだから、これは大きな転換だった。もっとも、エレクトラは名作映画『カサブランカ』[*14]のなかで脱出シーンに使われたことで有名だが、あの映画はすでに戦争が始まったあとに作られたもので、その時までにロッキードはすでに経営を確立している。会社の再建が始まったばかりの1932年から見れば、それはまだずっと先の話である。

エレクトラの開発資金の調達は、ノースウェスト航空とアメリカン・エアウェイズ〔のちのアメリカン航空の前身〕が何機オーダーを入れてくれるかにかかっていた。ノースウェストは3万5000ドルで1機プラス追加2機のオプション〔運行状況がよければ追加するということ〕、アメリカンは6機のオーダーで1機に付き1万9200ドルの契約だった。さらに海軍から1機、パンナムから3機のオーダーが入り、また株を公開して一般から資金を集めることになったため、銀行が融資を承認した。エレクトラの試作機は1934年はじめに完成して初飛行を行なった。

こうしてロッキードは、旅客機の製造で先行していたダグラスとボーイングに追いつこうと、エレクトラの生産を急ピッチで進めた。だが1933年には黒字だった財務状態は、エレクトラの開発費がかかりすぎて翌34年には再び赤字に転落し、当時ニューディール政策〔大恐慌を乗りきるために、フランクリン・ルーズベルトが行なった経済政策〕を行なっていたルーズベルト〔オランダ系〕が前政権から継続した「アメリカ金融再建公社」から15万ドルの融資を受けてなんとか切り抜けた。

【訳注】

*12 **ステアマン・ヴァーニー**　このグループの投資家の一人が、のちにユナイテッド航空とコンチネンタル航空の前身となる航空会社を作ったウォルター・ヴァーニーである。ユナイテッドとコンチネンタルは2010年に統合された。

*13 **飛行機狂時代**　航空機の黎明期である1920年ごろまでの、飛行機に魅せられて命を賭けた冒険者たちが多数登場した時代。1965年に公開されたイギリス映画『素晴らしきヒコーキ野郎』は、フィクションだが当時の様子をよく描写している。この映画には石原裕次郎もゲスト出演しているが、セリフは一言だけだった。

*14 **『カサブランカ』**　ハンフリー・ボガートとイングリッド・バーグマンが主演した1942年公

開のラブロマンス。数々の名場面で有名だが、反ナチスのプロパガンダ映画でもあった。

資本家ロバート・グロウスの戦略

ロバート・グロウスは「アメリカ金融再建公社」に融資を求めたとき、それまで誰も用いたことのない論法を初めて使った。それは「雇用を創り出すこと」と「産業基盤を維持することの必要性」である。この理屈こそ、その後ロッキードが政府に支援を求めるときに常套手段として用いることになる注目すべきものだ。彼はのちに、「再建公社と交渉したとき、私は『連邦政府は航空機産業のために何かをしたいと思っている。郵便公社はこの飛行機が国家的な資産だと考えている。わが社はこの飛行機を生産することで雇用を促進する』という論法を使った」と述べている。

だがグロウスにとって、「再建公社」はルーズベルト政権のニューディール政策のなかで受け入れられる唯一のものだった。なぜなら、共和党保守派の資本家であるグロウスは、ルーズベルトのニューディール政策を敵視していたからだ。[*15] 彼の最大の関心事は、ロッキードの工場で働く労働者の賃金をコントロールするうえで、ニューディール政策がどう影響するかということだけだった。[*16] ダグラス航空機では1937年に労働者の座り込みが起き、同社のサンタモニカ工場が閉鎖される事態になっていたし、他の会社でも似たようなことが起きていた。グロウスは、この時期に高まった労働運動に対して、彼自身の言葉によれば〝扇動を遮断する〟ためのトータルな戦術で臨んだ。

まず第一に、彼は新規採用を取りやめた。その理由は、彼の理論によれば「過激派や危険分子が、偽名を使ったりニセの履歴書を持ってやって来る」からだった。彼は採用を中止したことを「好ましからざる人物を絶対にここに入れないため」だと語っている。

次にグロウスは、よくストを打つことで知られた左派の「全米自動車労働組合」〔名称に「自動車」とついているが、航空宇宙関係の労働者も含まれる〕がロッキード社内部に組合を組織するのを阻止し、保守系右派の「国際機械工組合」〔第1章の訳注7参照〕と話をつけた。グロウスは「わが社には、どんな組合であろうが入りたがっている社員は一人もいないが、あえて国際機械工組合を入れたのは、この国に吹き荒れる過激派の汚染と闘うためだ」と強弁した。[*17]

そして三つ目として、グロウスは賃上げと時間外労働の5割増給に同意した。その結果、ロッキードはそのころのアメリカの航空機産業で最も労働者の賃金の高い会社となったが、グロウスの考えでは、それは工場の作業の中断や遅延など、利潤と生産性を落とす事態に陥ることへの防波堤だった。このグロウスの手法は、少なくとも全国的にストライキが猛威を振るった1937年前期に、ロッキードを南カリフォルニアで唯一、ストライキが起きない主要航空機メーカーにする効果があった。

こうして労働運動を抑え込んだロッキードは、かなりの数の飛行機を製造・販売し、業界の上位につけることができた。エレクトラ旅客機は13の航空会社と軍に、各型合わせて148機を販売し、その内訳は国内と海外が半々だった。さらに、エレクトラを少し小さくした〝エレクトラ・ジュニア〟が130機、大型化した〝スーパー・エレクトラ〟は350機以上も製造された。これらの飛行機のおかげで、大恐慌が吹き荒れた1930年代もロッキードの経営は順調で、35年には210

万ドルを売り上げて21万7000ドルの利益を出し、前年の損失を埋め合わせて黒字に転換した。

【訳注】

＊15　**ニューディール政策を敵視**　民主党のルーズベルト政権が行なったニューディール政策は、政府が自由競争に介入する社会民主主義的な政策であり、公共事業を増やして雇用を促進し失業者を減らすことに主眼を置いていたため、労働運動を抑え込んで利潤を追求しようとする資本家と対立した。

＊16　**サンタモニカ工場**　サンタモニカはダグラス航空機発祥の地であり、現在ウィルシャー通りにあるダグラスパークという小さな公園がその跡地である。ダグラスは30年代に工場を少し南の広い土地に移転した。そこは現在クローバーパークという公園になっており、隣接するサンタモニカ空港はもともとダグラスの施設の一部だった。

＊17　1930年代はアメリカでも労働運動や社会主義運動が吹き荒れ、労働者と資本家の対立が先鋭化した時代だった。

〝敵国〟日本への輸出

グロウスはロッキードを買い取った当初、民間航空会社向けの旅客機の販売をおもな業務として会社を運営することを望んでいたという。だがエレクトラの販売の経験から、軍への販売の必要性を不本意ながら認め、のちにこう発言している。

「私はずっと、軍と取り引きするのは気が進まなかったんだ。表や裏のある政治の世界に経営を依存しないほうがよいと思っていたからね。だが、エレクトラの生産という大事業を成功させるには、あらゆる方面から注文をかき集めなければならなかったのだ」

　だが実は、彼は軍と取り引きすることを１９３３年にすでに考えていた。その前に彼は成功作のベガを郵便公社に売り込んだが、「単発機のうえ、スピードが速すぎるので安全性に問題がある」という理由で採用されなかった。それで苦汁をなめたグロウスはこう言っている。

「我々が飛行機を売るには二つの道しかないようだ。一つは旅客機を航空会社に、そしてもう一つはそれを戦争の道具として政府に売ることだ」

　これで問題は解決したようだった。グロウスがよく口にしていた〝軍と取り引きすることへの懸念〟は、いかなる種類の良心の呵責にも基づいていたことは一度もなかったのだ。実際、彼はアメリカ陸軍から大きな注文を取る努力をすべきかどうかと議論していたその最中に、日本には躊躇《ちゅうちょ》せずにエレクトラを売っている。名目上の発注者は民間会社だったが、後ろに軍部がいることは明らかだった。グロウス自身、「この注文は、おそらく日本陸軍のためのものだろうと我々は推測している」とはっきり言っている。

　もっとも、そのことは彼が顧客との交渉を注意深く進めていなかったということではない。たとえば彼は、弟のコートランドと交わした手紙のなかで、ブラジルに売るべきかどうかについて心配している。当時ブラジルは、先住民族のゲリラを鎮圧するために軍隊を投入していた。だがグロウスが心配していたのは、輸出した飛行機が先住民族を弾圧するために使われるかもしれないというモラルの問題ではなく、すべてカネのことだったのだ。つまり、この客はちゃんと全額を払えるだろうか、ということだ。そこで彼は、まず頭金を大きく設定し、次に残金を全額支払う保証を相手に求めた。彼はまた、外国の顧客に契約の履行を保証させるために賄賂《わいろ》を使う商習慣について多少心配していたが、それもモラルの問題ではなく、あとで自分の責任が問われることを恐れていたからにすぎなかった。彼はこう言っている。

「もし我々のエージェントがその国の高官に賄賂を渡したことが表沙汰になった場合、国際的な訴訟に持ち込まれて賠償を求められるようなことにならないだろうか……」

つまりグロウスは、外国の軍隊が使用することになる飛行機を輸出することに、本質的に反対していたのではなかったのだ。あるヨーロッパのエージェントへの手紙のなかで、彼は外国のメーカーにロッキードの技術を使うライセンスを与えることについて、次のように書いている。

「私は、我々が現在開拓している市場で、近い将来、我々の深刻な競争相手となる可能性がある国に技術のライセンスを与えるようなことはやりたくない。だが、将来我々の競争相手となって我々の口からパンを奪うようなことはないと私が確信できる国には、ライセンスを与えることにとくに反対ではない。そのいい例が日本だ。私は彼らが我々のように、輸出できるものを作るようになるとは思わない。そんなことは考えられない」

グロウスの頭にあったのは商売のことだけで、彼は日本が輸送機の輸出ではなく軍事面でアメリカの競争相手となる可能性があることを考えなかった。そしてその可能性は、1941年12月の真珠湾攻撃で現実となったのだ。もちろん、軍部に渡ることを知りながらロッキードが日本に売っていた航空機は、どのような意味においても日本の軍事力の中核になりうるものではなかったが、戦争に向けて突き進んでいた日本の軍事政権を強化する一助にはなったと言えるだろう。たとえば、エレクトラを大型化した〝スーパー・エレクトラ〟のライセンスが1938年に日本のメーカーに売られ、1940年から42年にかけて119機が生産されて日本陸軍によって使われている。*18

日本に飛行機を売りたいというロバート・グロウスの情熱は、1937年8月に日本の仲介業者に送った手紙によく表われている。そのなかでグロウスは、日本の軍関係者の派遣団を歓迎すると述べ、こう続けている。

「岡田将軍様〔詳細は不明〕の御一行を8月4日にお迎えすることについて、アメリカ政府の許可が下りました。私は喜んで皆様に当社の工場をお見せし、私どもの輸送機について可能なかぎりの情報をお渡ししたいと思っております」〔原注：ロバート・グロウスより日本の大倉商事セガタ氏に宛てた手紙、1937年8月3日付〕

その数週間後に販売担当者に送った手紙のなかで、グロウスはベネズエラに〝ほんの2機ほど〟売ることと、ロッキード社のパイロットをアルゼンチンに派遣して、現地のパイロットに改良型エレクトラの操縦をトレーニングすることについて記している。彼はその手紙のなかで販売担当者に「重要なのは、可能なかぎり積極的に押しまくることだ」とハッパをかけ、次のように指示している。「スイスを忘れるな。スウェーデンを忘れるな。誰であろうが、キャッシュを持っているやつのことを忘れるな！」〔原注：ロバート・グロウスよりノーマン・エビンに宛てた手紙、1937年8月24日付〕

【訳注】

*18　**旧日本軍が用いたロッキードのスーパー・エレクトラ**　旧陸軍の「ロ式輸送機」と、日本がそれに改良を加えた「一式貨物輸送機」である。いずれもエンジンは国産のものに積み替えられ、細

部が再設計されていた。旧日本陸軍が兵站《へいたん》をおろそかにしていたことはよく知られているが、航空隊でも戦闘機ばかり重要視され、輸送機は〝マル通〟（日本通運の昔の愛称）などと呼ばれて軽んじられていたため、優秀な国産機がなかった。なお、旧陸軍は重爆撃機を開発するためにダグラスからもＤＣ４の試作機を購入し、これをベースに中島飛行機に試作させたが、この試作機はダグラスが１機だけ作って開発を中止したまったくの失敗作で、旧陸軍は欠陥品をつかまされたのだった。その重爆とは、使いものにならなかった陸上攻撃機「深山」である。

アメリカの良心〝ナイ委員会〟

このようなロッキードの外国への輸出の動きは、競争相手のダグラスやボーイングやマーティンとともに、しだいに当時上院にあった「武器および軍需物資の製造と販売に関する特別調査委員会」の目にとまるようになった。この委員会は１９３４年に、いわゆる〝死の商人〟[19]の活動に対する一般大衆の激しい非難の高まりのなかで生まれたもので、「世論を操ってアメリカを第一次世界大戦に引きずり込んだのは死の商人たちだ」という世論に押されたものだった。この上院特別委員会の委員長は、ノースダコタ州選出の共和党のポピュリスト[20]、ジェラルド・ナイ上院議員で、同議員は「兵器の輸出はアメリカを海外の戦争に巻き込み、危険な状況を作り出す」と主張した。この委員会は通称〝ナイ委員会〟と呼ばれている。

ナイ委員会は１９３４年に活動を始めたが、はじめのころの調査の主体は銃や爆弾のメーカーで、とくに爆発物のメーカーであるデュポン社には厳しい調査が行なわれた。委員会が航空機産業に注目したのは比較的遅く、１９３６年になってからのことだ。
ナイ議員には野心的な計画があった。それは、アメリカが再び戦争に参加することのないように、アメリカの企業が戦争で金儲けをすることを禁止し、アメリカの中立性を強化することだった。さらにこの委員会は、「国防とは、ロビー活動や政治的な影響力の及ばないものでなければならない」と宣言していた。それは崇高な考えではあったが、本書を読み進めてくだされればわかるように、実行することが非常に難しい目標でもあった。

そういうわけで、航空機産業がナイ委員会の精査を受けるようになったのは産業界でも最後のほうだったが、調査の結果、「航空機メーカーは、ＧＥ、ＧＭ、ウェスティングハウス、デュポンその他の巨大企業よりはるかに大きく輸出に依存しており、しかも生産の過半数が軍用機である」ことが判明した。しかもこれは１９３６年のことで、第二次世界大戦が始まり軍需産業が急激に増産を開始するよりまだ数年前の話である。

ナイ委員会は、軍需品の納入で明らかに賄賂が渡されることが日常的になっている商習慣に、とくに懸念を表明した。この習慣はあまりに広く行き渡っており、委員会が入手した兵器メーカーの手紙には、賄賂を〝潤滑油〟〝パーム油〟〝必需品〟〝バクシーシ〔インドでチップを意味する〕〟〝カムショー〔中国の港でチップのこと。「感謝」より〕〟などの隠語が使われていた。

ナイ委員会が賄賂にきわめて厳しい立場を取った理由は、賄賂は腐敗だからということだけではなかった。賄賂のために軍需品が必要以上に販売され、それが軍拡競争を煽る結果になったり、賄賂を受け取った国に経済的緊張や経済の崩壊が起きたり、それが戦争に発展する可能性があるからだった。のちにこの委員会に反対する勢力が、「ナイ委員会は国際紛争をすべて軍需品メーカーのせいにしている」として、同委員会のレポートを「ワンパターンで、あまりに単純化した見方だ」と批判したが、委員会のレポートには「過去の戦争がみなすべて、軍需品メーカーの行動が唯一の原因となって起きたと主張しているのではない」と明記されている。先にも述べたように、ナイ委員会が「アメリカは紛争国に武器を与えるべきではない」と主張したのは、アメリカが再び世界大戦に関わりを持つ危険を減らすためだった。ナイ委員会の委員を務めた上院議員たちは、アメリカの企業が紛争国に武器を輸出することを禁じた１９３５年の「中立法」を議会で可決する原動力となった。

だが、ロッキードやダグラスその他の航空機メーカーにとって幸運だったのは、「中立法」は抜け穴だらけだったということだ。たとえば、ロッキードのエレクトラはもともと民間旅客機として設計されているので、輸入した国がいくら簡単に軍用に改造できても、輸出時にはあくまでも民間機だ。そこで、これを輸出することが「中立法」に触れるのかという議論になった。

この「中立法」がザル法だったことは、制定後の3年間にヨーロッパに輸出された飛行機の数が急増しているのを見ればよくわかる。１９３５年から38年のあいだに、アメリカからヨーロッパに輸出された飛行機の総額は４２００万ドルに達し、その期間のヨーロッパへの輸出総額の40パーセント以上を占めた。輸出先はほとんどがロシア、オランダ、イギリスだったが、ナチス・ドイツとイタリアのファシスト政権にもそれぞれ２００万ドル相当の飛行機が輸出されている。アジアの状況はさらに劇的で、日本への飛行機の輸出額は１５５０万ドルにものぼっていた。

このように、「中立法」の精神とは裏腹に、一部の航空機メーカーは紛争地帯に輸出する機会を追求しつづけた。たとえば、そのころボリビアとパラグアイのあいだで起きたチャコ戦争と呼ばれる紛争に関連して、エレクトリック・ボート[*21]（のちにジェネラル・ダイナミックス社の一部門となる）の担当者は本社に送った手紙のなかで、紛争が調停されたことを嘆いて次のように書いている。

「武器の注文が来ているというのに、国務省がストップをかけているので売れないのは残念でならない」［原注：ナイ委員会レポート、5〜9ページ］

また、ある兵器輸出業者のセールスマンはこうも言っている。

「我々には間違いなくビジネスチャンスが腐るほどある。我々は生活のために、どこかで紛争が起きることを願わずにはいられない」

ロッキードは、ナイ委員会の調査を比較的無事にやり過ごしたが、問題が一つだけあった。ヨーロッパでロッキードのエージェントをしていたアントニー・フォッカー[*22]が、エレクトラの販売のためにチェコスロヴァキアの企業の子会社に接触したが、この会社はナチス・ドイツのダミー会社である可能性が高かったのだ。その件でナイ委員会に証人喚問されたコートランド・グロウス（ロバート・グロウスの弟でロッキードの重役）は、「この取引はとりあえず停止している」としたうえで、「わが社が軍用機を製造したことは一度もなく、あれは民間機だったものを彼らが軍用に改造したのだ」と述べている。結局、意図は疑われたものの、ロッキードは第三者を経由してドイツに輸出しようとしたことへの処罰は免れたようだ。

ロッキード関係者によれば、ナイは「フォッカーがエレクトラを軍事に転用しないことを保証しなければ、金融再建公社がロッキードに与えている資金援助を止める」とまで言ったとされる。だが、アントニー・フォッカーが別の理由でロッキードのエージェントを辞めたため、取引はどのみち中止された。

【訳注】

＊19　**死の商人**　日本ではこの言葉は広義に用いられて、中世から現代に至るまでの悪名高い武器商人たちを指すが、もともとは第一次世界大戦後のアメリカで起きた平和運動のなかで、武器弾薬類のメーカーや銀行を非難する言葉として使われたもの。とくに爆弾メーカーのデュポン社がこの名で呼ばれた。これに代わってベトナム戦争のころからよく使われるようになったのが〝戦争屋〟(ウォー・モンガー)という言葉だ。これは戦争で金を儲ける兵器や弾薬のメーカーなどの企業や銀行のほか、政治家なども指す。

＊20　**ポピュリスト**　「政治は無名の一般大衆のニーズや考えを代表するべき」という主義を唱える人たちのことで、要は反エリート主義。したがって保守系右派にもリベラル派にも存在する。この言葉を「大衆に迎合する人気取りの政治家」の意味で使う政治家や評論家が多いが、それは誤り。その意味で言うなら〝ポピュラリスト〟である。

＊21　**エレクトリック・ボート**　アメリカ東部コネチカット州の大西洋に面したグロトン市にあり、潜水艦の建造で知られる。現在、アメリカの原潜はすべてここで建造されている。ジェネラル・ダイナミックス社については第1章の訳注22を参照。

＊22　**アントニー・フォッカー**　ヨーロッパにおける飛行機作りと操縦のパイオニアの一人でオランダ人。ドイツにフォッカー航空機製造会社を設立し、第一次世界大戦中に製作した名機〝フォッカー三葉〟戦闘機で一躍有名になった。1960年代に全日空がローカル線用に輸入して使っていた同社のベストセラー双発ターボプロップ旅客機〝フレンドシップ〟も好評だった。

法の盲点を突いてイギリスに大量輸出

日本に輸出したりドイツに話を持ちかけたことは議論の対象となったが、ロッキード最大の輸出先はアメリカの同盟国であるイギリスだった。イギリスは迫りくるドイツとの戦争に備えて新しい航空機を求めていたのだ。1938年、イギリス空軍はロッキードがスーパー・エレクトラを改造した〝ハドソン軽爆撃・沿岸哨戒機〟を200機購入する（プラス50機のオプション）契約にサインした。それはアメリカの航空機メーカーが一度に受注した機数としては、それまでで最大の数だった。だが翌1939年9月に、軍需物資をヨーロッパの紛争国に輸出することを禁じる法律が成立したため、ロッキードはイギリスの注文に応じる手段を考えなければならなくなった。

ロッキードはアメリカとカナダの国境にまたがる田舎町の小さな飛行場を買い取り、バーバンクの工場で完成したハドソン軽爆撃機をその飛行場に向けて飛ばした。そして、滑走路のアメリカ側に着陸させてから引っ張ってカナダ側に持ち込み、そこで燃料を補給してからイギリスに向けて離陸させた。これで理論的にはイギリスではなくカナダに輸出したことになり、法律を犯していないことになる。ルーズベルト政権はこの行為に目をつむった。

このときのイギリスとの取引により、ロッキードはそれまでの数ある小企業の一つにすぎなかった地位に永遠の別れを告げ、兵器産業の大手へと飛躍していったのだ。

イギリスからの注文に応えるため、そして他の航空機を引き続き生産してゆくために、ロッキードは手狭になったバーバンク工場の周辺の土地を買い取って施設を拡張し、従業員の数を倍増した。1939年にロッキードは同社始まって以来の300万ドルの利益を出したが、その年に生産した356機のうち329機が軍用だった。同社の軍への依存が決定的になったのはこの時である。

だがグロウスは、イギリスがアメリカの他の航空機メーカーも物色しているという確かな情報に接し、心穏やかではいられなくなった。彼は39年3月にイギリスのエージェントに送った手紙のなかでそのことについて触れ、「わが社にさらに多くのオーダーを入れてくれれば、我々は妥当な短期間のうちに、喜んで注文どおりの数を供給する」と強調している。それに対してイギリス側は、「まもなく開戦となれば、わが空軍にとって250機やそこらの飛行機では話にならない」と返答した。ヒトラーが今にも攻めてくるにちがいないと焦れるイギリスは、可能なかぎりのあらゆる兵器を集めようとしていたのだ。

そこでグロウスは、「1939年3月から40年末日までのあいだに200機を引き渡す」とした最初の契約に、さらに1500機を追加することを提案した。だが、これだけの数の飛行機をそれまでと同じ方法で生産していたのでは時間がかかりすぎてしまう。そこで彼は、追加分のうちの500機を自社工場で生産し、残りの1000機を他の複数のメーカーに振ることを計画した。ロバート・グロウスがイギリスに送った手紙の文面は、彼の会社がイギリスとの誓約を守ると述べている件《くだ》りになると、熱を帯びて詩的にすらなってゆく。

「私どもは貴国への忠誠心により、事実上すべての資産と施設を貴国との誓約に捧げるに至っております。……私どもは、貴国とのあいだにすでに結ばれた誓約を通じて、わが社のすべての資産と施設を貴国の大儀に合わせており、私は貴国のプログラムを促進するため引き続き可能なかぎりの支援をさせていただきたく心より願うものであります」〔原注：ロバート・グロウスよりイギリス空軍省に宛てた手紙、1939年3月22日付〕

だが、こう述べたからといって、グロウスはイギリスを支援するために慈善事業のようなことをすると言っているのではない。彼は「追加の飛行機を引き渡すには、現行価格に〝わずかな割増料金〟を加えなければならなくなるでしょう」とつけ加えることも忘れてはいなかった〔原注：同前〕。

このイギリスとの契約の規模は、アラン・ロッキードの時代の家内工業的な飛行機作りの日々がとうの昔に過ぎ去ったことを示していた。グロウス自身、友人に送った手紙のなかで、「かつての平和で比較的静かだった我々の工場が、突然軍隊の駐屯地のようになったのは驚くべきことだ」と書いている。イギリスは1941年までにハドソン軽爆撃機を1700機購入し、ロッキードの従業員数は5万人に膨れあがった。

1944年「過去最高の財務状態」に

だが、ロッキード社始まって以来の爆発的な売上げと利益を記録していたそのころでさえ、グロウスは逃した取引への未練でいっぱいだった。彼は1939年3月に書いた手紙のなかで、「ヒトラーがヨーロッパで戦火を拡大したことの最悪の結果は、小さな取引をいくつか断念しなければならなかったことだ」というようなことを書いて次のように言っている。

「ドイツがたいした抵抗も受けずに東ヨーロッパに進撃したのには怒り心頭だ。……ルーマニアやユーゴスラビアやポーランドなど、小さいが活気のある我々の市場が、ヒトラーの圧倒的な軍事力により日に日に崩壊しつつある。我々が何年もかけて開拓してきた成果が、一夜にして消えてしまうこともありうるのだ。あまり楽しい話ではない」

儲けの大きいイギリスとの取引は、ロッキードにとっては大躍進のほんの始まりにすぎなかった。イギリスと契約を結ぶ少し前の１９３７年、陸軍の新型双発重戦闘機の入札に参加したロッキードは、書類審査でダグラスとボーイングの案を破り、試作機を製造するための15万７０００ドルの契約を勝ち取った。これがのちのP-38戦闘機*23となり、終戦までに各型合わせて１万機以上が生産された。ロッキードの従業員数は第二次世界大戦の大増産が始まるとともに再び2倍近く増え、１９４３年のピーク時には9万１０００人近くに達した。工場があるバーバンクには仕事を求める人があふれ、オクラホマやアーカンソーから来た逃亡者から未成年者や仕事のないハリウッドの映画俳優に至るまで、ありとあらゆる人たちが雇われた。

だがこうして、かつてないほど多くの政府のカネが兵器メーカーに流れ込むにつれ、戦争を金儲けの道具にする者たちへの批判がわき起こったのは当然の成行きだった。法外な価格のつり上げでまず最初に槍玉にあげられたのは、中小のメーカーだ。たとえばオハイオ州のあるメーカーは、航空機用エンジンのスターターの卸値を、製造原価の3倍近くに設定して政府に請求していた。このようなことが横行したため、アメリカ議会は過剰な利益を得ることを禁じる法律を急いで作った。

それ以前にも、アメリカ議会は第一次世界大戦中からそれ以後にかけての時期に、製造コストに利潤を上乗せするいわゆる〝コストプラス方式〟〔58ページを参照〕を禁止しようとしたことがある。だが利潤を原価の8パーセントに制限しようとした努力は覆され、政府の兵器調達官たちは9〜10パーセントを議会に押しつけた。注文の規模が巨大なうえ、相手が国の軍隊だから、兵器メーカーは踏み倒される心配がない。その利率でも、ロッキードやダグラスなどの兵器メーカーは棚ぼたの利益を得た。

だが、戦争が激しくなるにつれて陸軍省〔現在の国防総省の前身〕がしだいに圧力をかけはじめ、利潤の許容率は4パーセント台まで引き下げられた。メーカーはみな不服を申し立て、ダグラスなどは自主規制を拒否するとまで言ったが、陸軍省が「自主的にその数字を守らなければ、強権を発動して義務づける」と脅したため、みな横並びの数字を出した。

だがロバート・グロウスは、その低い数字でも充分に大きな利潤が出ることを認めざるをえなかった。彼はその件について心配する株主に送った手紙のなかでこう書いている。

「おそらく私たちは、1942年から43年にかけて得たほどの利益を得ることはできないでしょう。しかしお喜びください。わが社は過去最高の財務状態をもって1944年を終えることができました」

ところが外部への公式発表となると、これとはまったく異なる説明が行なわれている。1943年中期にロッキードやダグラスなど西海岸の航空機メーカーの重役がアメリカ議会の公聴会で行なった証言では、こうなっているのだ。

「私たちの株主は、投資した資金の最後の1セントに至るまで、この戦争を遂行する努力にリスクを負っております。一般に、私たちは膨大な受注で利益を得ているように思われていますが、それは事実からまったくかけ離れています」〔原注：ウェイン・ビドル著『空の男爵たち』より〕

このように、航空機産業は第二次世界大戦中を通じてずっと、「戦時下の規制で利益率が低く抑えられていることが経営を圧迫している」と不服を申し立てていた。だがその規制はまもなく撤廃されることになる。儲けが奪われる本当の危機が訪れたからだ。それは終戦だった。

【訳注】

＊23　**P‐38戦闘機**　実用化されるまでには何年もかかり、実戦投入は1942年だった。P‐38はブーゲンビル島上空で、山本五十六海軍大将が乗った一式陸上攻撃機を撃墜したことで知られる。

第3章

終戦から冷戦へ

戦後の大幅な落ち込み

第二次世界大戦における軍備の大増強は、そのつい少し前の1930年代半ばまで、注文があったりなかったりの状態であえいでいた航空機産業に大転換をもたらした。イギリスへのハドソン軽爆撃機の供給によく表われているように、軍用機の需要はアメリカが参戦する前からすでに急増していたが、本格的な参戦は航空機産業を根底から変身させることになったのだ。大戦中にアメリカの航空機産業は、戦前の135倍にのぼる30万機以上の軍用機を生産した。平時の経済だったら、これほどまで大量の生産を維持することはとうてい不可能だ。実際、戦争が終わると、たちまちそれができなくなった。

のちにロッキード社長ロバート・グロウスは、終戦直後の状況を振り返り、こう述べている。

「私は生きているかぎり、あの、短かくも恐ろしかった日々のことを忘れないだろう」〔原注：ウェイン・ビドル著『空の男爵たち』より〕

彼が戦争について個人的にどう思っていたかはともかく、事業家としての彼を恐怖させたのは戦争ではなく、戦後に起きた経営の急激な悪化だった。彼は1946年に知人に宛てた手紙のなかでこう言っている。

「日本との戦争が終わり、我々は非常に健全に見える生産体制になったが、今後の事業のカギとなるコンステレーション旅客機の開発に困難が生じているため、運営をぎりぎりまで切り詰めなくてはならなくなった」[*1]

翌年3月になるまでに、グロウスの頭からは第二次世界大戦中の〝古き良き日々〟のことが離れなくなった。彼はこう嘆いている。

「戦争中は、いつも安心していられる状況が根底にあった。何を作ろうがカネを払ってもらえることがわかっていたからだ。だが今では、我々はほぼすべてを自力でやらねばならない。ビジネスは極度に投機的になり、市場は小さくなり、そのうえ競争が非常に激しい」

彼は戦争中、それまでロッキードが大量に製造した軍用輸送機はたやすく民間の長距離旅客機に作り変えることができるので、戦後は有利に事が運ぶと思っていた。だが終戦が近づくにつれ、終戦のタイミングが悪いと感じるようになる。

「もし戦争が半年前に終わっていたなら、我々は輸送機開発でダグラス以外のどこよりも有利だった。我々が戦後の旅客機市場の主導権を握れることは間違いなかったのだ。……だが今のように戦争がずるずると長引くと、ひと月長引くたびに、ほかの会社に輸送機を開発するチャンスを与えてしまう」〔原注：ウェイン・ビドル著『空の男爵たち』より〕

この状況の変化は彼を相当参らせた。戦後まもなく、彼は共同経営者の一人に送った手紙にこう書いている。

「最近、私はくたくただ。航空機産業はほとんど壊滅状態だし、私はまもなく50歳の誕生日を迎えるが、パンクしてつぶれたタイヤのようになった老人の気分だ。この2、3年で我々は一生を過ごしたような気がする。だが私は本来、希望を信じる人間だ。最後にはすべてうまくゆくと信じている」

ここで彼が「希望を信じる」と言っているのは、そのころ彼が政府に働きかけて平時の航空機産業に国から補助金を出させるようロビー活動をしていたことからきている。終戦後まもなく、上院の「国防計画調査委員会」の「航空小委員会」の公聴会に出席したグロウスは、次のように証言した。

「第二次世界大戦中、航空機産業は国家の要望に応え、わが国に世界一の航空戦力と年間5万機の生産能力を供給しました。ゆえに政府は、平時に落ち込んだ航空機産業を支える義務があります」

そして彼は、平時の航空機市場が戦争で膨張した航空機産業を〝ただちに〟支えることは無理だろうとは認めながらも、行く行くはそれができるようにするためとして、次のような提案を行なった〔原注：1945年8月24日の上院国防計画調査委員会航空小委員会におけるロバート・グロウスの証言〕。

1　政府は、戦争中に政府の支払いで航空機メーカーが購入した航空機生産のための工作機械などの機器類を、航空機メーカーにタダもしくは超低価格で譲り渡す。さもなければ、それらはスクラップとして処分されてしまい、政府にとっても利益はほとんど出ない。

2　政府は、戦争に使われた大量の輸送機を、捨て値で民間に放出するようなことをしない。そのようなことをすれば新造機が売れなくなり、航空機メーカーのビジネスが奪われてしまう。

3　平時の航空機産業政策を定める。たとえば、民間の旅客機を開発するために航空機メーカーに補助金を与え、次の戦争が起きたら軍用に転用できるようにするのもその一つ。

グロウスはこれらの主張を恥ずかしげもなく展開し、「納税者の安定した励ましと財政支援がなければ、驚嘆すべき技術のかたまりである現代の航空機産業は衰退してしまう」と述べて、こう大見得を切った。

「片方の道は後退と凡庸へと向かう。もう片方の道は航空技術の進歩とリーダーシップの維持へと向かう。どちらの道を選ぶのか、国民は決めなくてはなりません。今、それを決める時が来たのです」

だが、そう言いつつ彼が最終的に主張したのは、科学技術の発展や、航空機産業が繁栄することによる経済的利益とはほとんど関係のないことだった。彼は国の安全保障を強調したのだ。彼はこう続けた。

「私は、航空機を戦争のための兵器として語ることに、大きな困難を感じます。空の安全保障を訴えている航空機メーカーの将来の見通しは悲劇的です。私は事業家の利己的な理由からこのことをお願いしているのではありません。一人の国民としてお願いするのは私の義務であります。（中略）……このことを踏まえたうえで、私たちは決断をしなくてはなりません。航空機製造の技術をさらに発展させてわが国の安全保障に役立てるのか、それとも何もせずに捨ててしまい、他国がそれを我々に対して使うのを許してしまうのか、どちらを選ぶのかということです」

このグロウスの論法は、航空機産業とその技術力を「発展させるのか、それとも〝捨ててしまう〟のか」と二つの極端に正反対な選択を迫り、その中間をまったく提示しないものだった。そこには「適切なレベルで支援して産業界を維持する」という選択肢がまったくないのだ。彼のこの主張には、新たな軍備拡張競争の処方箋を密かに考えているかのような怪しげな響きがある。

まもなく、終戦直後の落ち込みのショックが薄れるとともに、グロウスはまだ不安はあったにせよなんとか心の拠りどころを取り戻し、それまでなかったほど強気な態度に変わっていった。彼は南カリフォルニア商工会議所の集まりで行なったスピーチで、「軍用機と民間機の製造の両方を進める」と驚くべきことを言い、こう続けている。

「軍用機の開発で得られた技術は、平時には継続的で豊富な投資によって維持されなくてはなりません。……これからは旅客や郵便を世界じゅうに輸送する手段が驚異的に発達し、飛行機による旅行は一部の裕福な人たちだけのものではなくなり、多くの国民の日常的な生活の一部になるでしょう……」

さらに彼は、「将来は誰もが自家用ヘリコプターを持つ日が来る」とまで言った。

だが、彼のライバルたちはそれほど楽観的ではなかった。ジャック・ノースロップ〔第2章の訳注6を参照〕は「戦時中に増強した技術や生産施設を維持するに足る需要があるとは思えない」と言い、ドナルド・ダグラス〔第2章の訳注3を参照〕に至っては希望どころか怒りでいっぱいだったようだ。ダグラスは議会に手紙を送り、「戦時中は『他のすべてを中止して戦争遂行のための生産に集中しろ』と言っておきながら、ひとたび戦争が終われば『さあもう戦争は終わったんだから、自分の力だけで勝手にやれ』などと政府は言うべきでない」と抗議している。

ウォール街も戦後最初の数カ月はグロウスのバラ色の見通しに同意したとみえて、1946年にロッキードの株は一時急上昇したが、年が明けるまでに再び急落して3分の1になってしまった。1946年に株価が上がったのは、コンステレーション旅客機の戦後第1号機が完成して航空会社に引き渡されたことから希望が膨らんだためだった。コンステレーションは4発のプロペラ旅客機で、ロッキードは第二次世界大戦前に開発を始めていたが、戦争が始まったため中断していたのだ。だがまもなく株価が急落したのは、コンステレーションは故障が多く、墜落事故が続出したためだった。そのためコンステレーションは1946年夏に運輸省から飛行禁止処分を受けた[*2]〔原注：ウォルター・ボイン著『地平線の彼方』、および『ウォールストリート・ジャーナル』紙、1946年8月5日付の記事「ロバート・グロウス、コンステレーションは3週間で飛行を再開と発表」〕。

しかし、その後販売が回復し、ロッキードはこの飛行機をたくさん売った。もともとロッキードは、アメリカが第二次世界大戦に参戦した1941年の時点で、TWAとパンナムからそれぞれ40機ずつ、合計80機のオーダーを受けていた。1950年代には大型化した〝スーパー・コンステレーション〟の生産に入り、160機以上を生産した。スーパー・コンステレーションの当時の価格は1機170万ドルだった〔原注：『ウォールストリート・ジャーナル』紙、1955年1月13日付の記事「ロッキード、去年のスーパー・コンステレーションの生産量は新記録を達成と発表」〕。

結局、ロッキードは終戦後の苦しい時代を持ちこたえたが、それは民間機の販売によってではなく、戦闘機と哨戒機を空軍と海軍に売ることによってだった。戦争が終わり、民間航空会社向け旅客機の需要は、2〜3年のあいだに4億ドル程度増加すると見積もられていたが、アメリカ政府が購入する軍用機は、1年間に12億ドルが見込まれていた。軍用機の年間売上げは平均で民間機の約10倍もあったのだ。『ウォールストリート・ジャーナル』紙は1945年8月に、「航空機メーカーは引き続き軍需で食べていく見込み。旅客機ビジネスはパンにつけるバター〔主食ではなく、主食に味をつける添え物〕と言えるかもしれない」と書いている。

グロウスは南カリフォルニア商工会議所でスピーチしたときに、第二次世界大戦の軍用機の大増産ブームが来る前に感じていた「軍用機を売ることへの揺れ動く気持ち」を繰り返し、「私たちは、軍需に頼らず基本的に民間機だけで採算が取れたらよいと常に思ってきた。しかし、そういう私の個人的な感情とはかかわりなく、航空機産業は政府の大きなサポートを必要としている」と述べている。

【訳注】

＊1　コンステレーション旅客機　第二次世界大戦後まもなく就航したレシプロエンジン4発の、当時の基準では大型旅客機。美しい機体だったが、事故が続出した。

＊２　**墜落事故**　最初の７年間に15機が墜落、改良型のスーパー・コンステレーションも就航後の５年間に７機が墜落、２機が洋上で消息不明になるなど、今日の基準では考えられない事故率を示した。

「第三次世界大戦に対する準備」

こうしてグロウスをはじめ航空機産業の経営者たちは、政府の支援を取りつける作業にとりかかる。だがそれは、新型機を開発することによってではなく、政治に首を突っ込むことによってだった。つまり彼らは、アメリカ政府が軍用機に恒久的にたくさんカネを注ぎ込む大きなシステムを確立することを考えたのだ［原注：ビドル著『空の男爵たち』より］。そのために彼らが選んだ方法は、政府に助言を与えて政治力を発揮できる評議会を設立することだった。

グロウスとその仲間は、アメリカ議会で多数を占める共和党の幹部グループを説得し、議員や元閣僚などからなる親航空機産業派の助言評議会を作るように働きかけた。彼らが考えていた評議会は、１９２６年にできた「モロー評議会」をモデルにしていた。「モロー評議会」というのは、第一次世界大戦中にアメリカが実質的に飛行機をまったく戦場に投入できなかったことへのいらだちから、議会に対して軍用機の開発を推進するよう促すために作られたもので、その後のアメリカの軍用機の発展のもとになったものだ。グロウスは、「これは１９４７年版モロー評議会だ」とご満悦だった。

一方トルーマン大統領も、戦後の航空政策を定めるために委員会を設立する必要性を考えており、

1947年7月18日に「航空政策委員会」を発足させた。グロウスははじめ、大統領の委員会ができたのに、業界が推薦する評議会をさらに議会に作るべきかと心配したが、一つより二つあるほうがよいだろうと結論した。

最終的に、トルーマンの「航空政策委員会」は非常に大きな影響力を持つに至った。委員長に指名されたトーマス・フィンレターは国務省の元補佐官で、航空機産業に関してはまったくの素人だった。この委員会は通称「フィンレター委員会」と呼ばれ、ロバート・グロウス、ドナルド・ダグラス、ジャック・ノースロップ、グレン・マーティンなどの業界の重要人物を含むおよそ150人から話を聞いた。だが、証人たちはすべて航空戦力の拡大に直接利害がからむ航空業界の人間か軍や政府の関係者ばかりで、外部の人間は一人も証人に入っていなかった。

こうしてできたフィンレター委員会のレポートは〝強硬派による助言〟どころのものではなかった。その序文にはこう書かれている。

「……わが国は現代戦に対する準備ができていなければならない。……第二次世界大戦（のような古いもの）ではなく、第三次世界大戦の可能性に対する準備が……」

レポートはさらに、それ以前の30年間にわたって軍事予算が政府支出の大きな部分を占めていたことに触れ、「今日の新しい状況においては、その額でも充分ではない」と断定している。このタカ派的レトリックに続き、レポートは航空戦力に関する具体的な提案を並べて、空海軍の航空戦力を大きく増強することを提案していた。さらに、国防予算全体を80パーセント増額させることも呼びかけていた。

一方、グロウスなど航空機産業の代表たちは、彼らが主導する「航空政策評議会」の設立の意義を討議する公聴会を利用して、「戦時ばかりでなく、平時にも航空機産業をサポートする、もっと戦略的なアプローチが必要だ」との主張を展開し、今度は経済面の重要性を前面に押し立てた。

１９４７年５月の決定的に重要な公聴会で最初の証言に立ったのは、「アメリカ航空機産業協会」の会長だった。この人物は第二次世界大戦中、軍用機の調達を取り仕切る政府の責任者をしていた元官僚で、航空機製造業界と政府の関係を知り尽くしていた。そして終戦まで業界に力を振るう政府の責任者だった立場から、戦争が終わるとともに、かつて自分が監督していた業界を代表する立場へと天下ったのだ。これはのちに〝回転ドア〟[*3]と呼ばれるようになる政府と業界の癒着の、初期のころの好例である。この悪しき習慣とそれが引き起こす諸問題は、その後数十年にわたって繰り返し批判を呼ぶことになる。この男の主張は次のようなものだった。

「核兵器時代を迎えた今、もし次の戦争が起きたら、そうなってから航空機産業を増強するために３年も４年もかけている時間はない。したがって、軍は日頃から軍用機の調達を進めておかねばならず、そのためには年間の調達量を１９４７年のレベルの３倍にまで増やす必要がある。それを行なうために、軍用機調達の５カ年計画を法律で定めることを推薦する」

その同じ公聴会でのちに証言に立ったロッキードのロバート・グロウスは、軍用機の調達への一定の安定したアプローチの必要性について、さらに詳細に踏み込んだ。彼の証言は次のような格調高い言葉で飾った前置きから始まった。

「私はロッキード航空機製造会社のためにお話しするのではありません。私は今、航空機産業のすべての分野を代表してお話しするのです。いろいろな意味で、私はアメリカに住むすべての人を代表してお話しするのです」〔原注：1947年5月17日の航空政策委員会におけるロバート・グロウスの証言。以下の発言もこの時の証言より〕

次にグロウスは、なぜ航空機産業が特別で、なぜ特別な処遇が必要なのかに話を進める。

「私たち航空機メーカーには、大量販売の市場はありません。私たちが製造しているのは、生産がずっと持続する大衆消費財ではありません。このことは、戦後の時代にはとりわけ困難をもたらします。私たちは、小規模経営から一気に大規模な事業に拡大したのです。もう戻れるところはありません」

そして彼は、投資の劇的な増額を政府に誓願するべく、再び大見得を切った。

「私たちは自力でやっていくために、民間航空機の市場で旅客機を売る努力はすでにやり尽くしました。父なる政府の膝に身を投げ出して、『もし私たちを完全にサポートしてくれなければ、私たちはもう終わりです』などとは言わなかったのです」

そして、ここからグロウスの議論は、〝産業基盤を守る〟ために政府がより多くの航空機を調達することを正当化する方向へと進む。彼はそのとき〝産業基盤を守る〟という言葉そのものは使っていないが、彼が展開した議論はまさしくそのことを意味していた。

まず彼が第一に力説したのは、「政府による1回につき1年以上続く安定した購入が、製品の安定した流れを確立し、生産が急に増えたり減ったりすることによって起きる、航空機産業につきものの無駄な浪費を防ぐ」ということだった。つまり簡単に言えば、「もし軍部がもっとたくさん買ってくれれば、１機当たりの単価を下げることができる」ということだ。そしてもしそれができなければ、航空機産業は「引き続き、すべての生産が止まったり再開したりを繰り返し」、そのたびに「心理的な宴会と飢饉を繰り返す状態」が続き、「次の年に何を計画したらよいかすら考えられなくなる」と彼は申し立てた。

　グロウスが強調したことの一つに、当時ロッキードが生産していたP-80戦闘機[*4]に必要な資金が８００万ドル不足する見通しがあった。次のオーダーが入ったときに備えて生産ラインを維持しておくために、この資金不足をなんらかの形で埋めなければならないというのだ。彼はこう述べた。「もし私たちがすべてを窓から投げ捨てて、このP-80の生産計画を中止すれば、のちに生産が再開された場合にすべてのコストが全体で25パーセント、１機に付き最大で10万ドル値上がりすることになります」

　グロウスの主張は、ワシントン州[*5]〔アメリカ北西部にある太平洋に面した州〕選出の上院議員による援護質問に助けられた。ワシントン州はボーイングの本拠地で、この議員は航空機産業の擁護者として知られていた。この議員が「戦後、軍による航空機の調達が減少したことが航空宇宙産業の日照り続きにつながった可能性がある」と述べると、グロウスはその発言に飛びつき、「日照り続きどころか、産業の喪失です。航空機は一人や二人の人間が作っているのではありません。需要が途切れると、熟練工を失うだけでなく、私たちに納品している原材料の納入業者も困難に直面します。そうなると今度は、将来原材料が必要になったときに入手できなくなる可能性さえ起こります」と応じた。彼のこの言い分は、それから60年以上もたったのちに、ラプターの生産を中止させようとする動きを阻止するためにロッキード・マーティンが繰り広げた議論とまったく同じである〔第1章参照〕。

だが、彼の議論にあまり同情的でない議員もいた。コロラド州選出のある議員は、グロウスが提出している計画では「顧客はアメリカ政府しかおらず、しかもそれはカネを腐るほど持っている顧客だ。これでは全体主義になってしまう恐れがある」と述べ、「航空機産業は第二次世界大戦前に存在していた自由競争に戻るべきだ」と主張した。するとグロウスは、「航空機産業に計画性がなければ、それこそわが国に全体主義かそれより悪い結果をもたらす」と意味不明の反論をした。おそらく彼は、航空戦力を維持できなくなって国防力が落ちれば、アメリカは征服されてしまう、と言いたかったのだろう。

そして最後に、グロウスの売込み口上は最高潮に達する。彼はこう呼びかけた。

「私欲のない、将来を見据えた、大衆的な精神を持つアメリカ人による、評議会を作ろうではありませんか。充分で、途切れることのない、恒久的な航空戦力をこの国に整備するための評議会を……。そしてそうすることにより、世界が間違いなく必要としている平和を、正義のある平和の達成を、確実なものにするのです」

それ以来、航空機産業の利益を国益と重ねあわせて同等に扱う理屈は、数十年にわたってロッキードや他の航空機メーカーによって都合よく使われることになる。

一方、先にも触れたように、フィンレターを委員長とする「航空政策委員会」も〝私欲のない〟どころではなかったが、グロウスが求めた「軍用機を調達するために恒久的に多額の支出を策定する評議会」にぴったりのものだった。同委員会が立てる計画が実行に移される見込みは間違いないように見え、とくに委員長のフィンレターが１９５０年に空軍長官に指名されるとその見通しはさらに高まった。

だがトルーマン大統領は、まだサイフのひもを固く締めていた。当時は〝アカの脅威〟がさんざん喧伝《けんでん》された時代で、たとえば国務省のジョージ・ケナン〔冷戦初期のアメリカの外交官で、ソ連問題の専門家。長らくモスクワに駐在した〕がモスクワから「長文電報」[*6]を送って、「攻撃的で冷酷なソ連」をあらゆる面で封じ込めることの必要性を説いてはいたが、それがただちに国防予算を急増させることにはまだつながっていなかったのだ。１９４７年にトルーマンが発表した、「ヨーロッパにおける共産主義との闘いを支援する」という、いわゆるトルーマン・ドクトリンにも、航空機産業の援助はほとんど盛り込まれていなかった。

【訳注】

*3　**回転ドア**　日本の天下りと異なり、アメリカでは官庁と企業の要職を行ったり来たりすることからこう呼ばれる。また〝下る〟だけでなく往復しながら出世の階段を上ってゆく場合もある。

*4　**P-80戦闘機**　第二次世界大戦中、ドイツがジェット機を完成させて実戦配備したことを知ったアメリカが急いで製作した、アメリカ初の実用ジェット戦闘機。イギリスですでに完成していたジェットエンジンを積むことで短期間で完成したが、第二次世界大戦には間に合わず、戦後になると新型機が次々に登場したため、数年で時代遅れになった。朝鮮戦争ではソ連のミグ15に太刀打ちできず、戦闘機としての使用は中止された。P-80から派生した複座練習機T-33は大量に生産され、日本の航空自衛隊でも長年使われた。

*5　**ボーイングの本拠地**　ボーイングはワシントン州のシアトル近郊に本社を置いていた。同社は長らくジェット旅客機の生産で他社を圧倒してきたが、最近ヨーロッパのエアバス社の追い上げによりシェアが縮小したため、今後は軍需部門に力を入れるべく、21世紀になり本社をシカゴに移した。

＊6　**長文電報**　1946年にジョージ・ケナンがモスクワからワシントンに送った長い暗号電報。トルーマン政権が米ソ冷戦の基本理論である「ソ連封じ込め政策」を作るもとになった。

朝鮮戦争で息を吹き返した軍需産業

軍事予算の蛇口を最終的に大きく開いたのは、そのような政策論議や共産主義に対する抽象的な恐怖ではなかった。すべてを変えたのは、1950年6月に勃発した朝鮮戦争である。この新たな戦争は、政府が航空機産業に財政援助することを強く訴えたロッキード社長ロバート・グロウスの口調に、さらに愛国的な調子を与えることになった。彼が1950年9月に行なった「戦時と平時における航空輸送計画」と題されたスピーチの草案にはこう書かれている。

「人類の歴史始まって以来初めて、一つの国が全世界の責任を負うことになった。アメリカ合衆国は、朝鮮における（軍事）行動によって、アジアの秩序と進歩を回復し、世界の平和と自由を守る計画を立てた……」

それゆえグロウスによれば、最大の問題は「この義務を果たすために必要なすべてのものを用意すること」であり、ロッキードは第二次世界大戦のときと同様、喜んで〝必要なもの〟を供給する用意がある。……ただし、大きな利潤を上乗せして、というわけだ。だがグロウスは、「これはたんに朝鮮のことについてだけではない」と念を押した。

「問題は、私たちは将来の世界の平和を脅かすすべての攻撃的な軍事行動に対処することを決意しているだろうか、ということです。もしそうなら、私たちは大量の兵員や食料、銃砲、弾薬、戦車、燃料、その他の何千もの軍事物資を、地球上に広く散らばるたくさんの場所に運搬する手段を持たねばなりません」

そしてそれはもちろん、「素早い輸送、空からの輸送」でなければならない〔原注：ロバート・グロウスの1950年9月のスピーチ。場所不明〕。つまり、もしアメリカが世界の警察官でありたければ、アメリカ政府はロッキードから輸送機をもっとたくさん買わねばならないというわけだ。

だが、グロウスはゲームに勝ちつつあった。将来の「恒久的に世界の隅々に手を伸ばす政策」のことまで考えなくても、朝鮮戦争は充分儲かったのだ。1952年〔朝鮮戦争が休戦を迎えた年〕までに国防総省が調達した航空機は、第二次世界大戦後に減少した時期の3倍以上に増えて9300機を超え、1947年に19万2000人だった航空機産業の従業員数も、3倍以上の60万人に膨れあがった〔原注：ドナルド・パティヨ著『アメリカ航空機産業の拡大』Donald Patillo, "*Pushing the Envelope: The American Aircraft Industry*" ミシガン大学出版局、2001年〕。その後は好調・不調の波はあったものの、ロッキードが再び第二次世界大戦直後の1940年代後半のような厳しい経営状態に陥ることは70年代になるまでなかった。

1950年代のロッキードを支えたのは、軍用機と旅客機だけではなかった。第二次世界大戦後、航空機産業が飛行機だけでなく、ミサイルや宇宙ロケットの製造を加えて航空宇宙産業へと変身してゆくなかで、ロッキードはその先頭を走っていた。その中核となったのが〝ポラリス〟だ。ポラリスとは世界初の潜水艦から発射される弾道ミサイルで、これを海軍のために開発・生産したのがロッキードだ。こうしてロッキードは「アメリカ本土に対する攻撃には核兵器による報復を行なう」というアイゼンハワーの〝大量報復〟ドクトリンに後押しされ、1950年代のアメリカの核兵器増強の中心となったのだ。

U-2偵察機と〝スカンク・ワークス〟

1950年代半ば、ロッキードに新しい顧客がついた。それはCIAだった。ソ連の領空に侵入してソ連軍の状態をスパイすることのできる、画期的な偵察機の開発を依頼されたのだ。このプロジェクトは緊急を要した。ロッキードに与えられた課題は、ソ連の迎撃機や地対空ミサイルが到達できない高々度を飛びながら、核兵器の製造施設や核実験場をはじめ、あらゆる軍事施設や産業の能力を詳しく偵察できる飛行機を作ることだった。それまでペンタゴンは、ソ連の軍事力についてよくわかっておらず、情報はおもに東側からの亡命者や通常の偵察機から得ていたが、亡命者の情報は信頼性が低いうえ、偵察機はよく撃墜されてパイロットが死亡したり捕虜になったりしていた。そういう出来事は1950年代だけで少なくとも40件は起きている。

この問題を解決するために開発された偵察機が、のちに〝U-2〟型機という名で知られることになる飛行機だ。名前に〝U〟とついているのは、この飛行機が雑用機として登録されていることを示している。[*7] その理由は、この飛行機はNASAの前身であるNACAという組織が使う天候観測機という偽装のもとに開発されたからだ。つまり、表向きの分類で言えば、この飛行機は軍用機ですらないことになっている〔原注：ベン・リッチとリオ・ヤノス著『スカンク・ワークス』Ben R. Rich and Leo Janos, "*Skunk Works*" 1994年〕。

U‐2型機開発のいきさつを理解するには、ロッキード社の技術の粋を集めた極秘開発部門である〝スカンク・ワークス〟について知らねばならない。もともとスカンク・ワークスは、アメリカ初の実用ジェット戦闘機となるP‐80の試作機を製作するために、戦時中の1943年に発足した。この新しい開発部門は極秘とされ、チームを率いたのは当時33歳の若き航空機設計技師、クラレンス・〝ケリー〟・ジョンソンという男だった。ケリー・ジョンソンはすでに20代のころから際立った才能を見せており、1930年代に初代エレクトラ旅客機をハドソン爆撃機に作り変えてロッキードの経営を浮上させた立役者でもあった〔第2章を参照〕。

ジョンソンはユニークな人物で、多くの人から航空史上最も才能ある設計者の一人と見なされている。若いころから自信に満ち、非常に積極的な性格で、23歳のときにロッキードに誘われて面接を受けにきたときに、同社の最新の機体設計を批判するほど厚かましかったという。しかもそのときはまだ採用前で、社員になってすらいなかったのだから、彼の自信のほどがうかがえる。人好きのする外見で恰幅がよく、180センチの身長よりずっと背が高く見えたという。

スカンク・ワークスは少数精鋭主義で、技術者、設計技師、機械工などのスタッフをケリー・ジョンソンが社内から一人ずつ、一本釣りで集めてチームを作った。ジョンソンはスタッフから敬意を抱かれるとともに怖がられてもいた。

〝スカンク・ワークス〟という名は、1940年代から50年代にかけて人気があった新聞の連載風刺マンガからきていると言われている。そのマンガの登場人物が、田舎町の廃屋のなかに作った蒸留装置を使って、ガラクタやら古い靴やら死んだスカンクなどのあらゆるゴミを磨りつぶして得体の知れない飲み物を作るのだが、その飲み物製造器がマンガのなかで〝スコンク・ワークス〟と呼ばれていた。ケリー・ジョンソンが率いる極秘プロジェクトがスタートしたとき、バーバンクのロッキード社屋には余分な部屋がなく、彼のチームは空き地にサーカスから借りた大テントを張ってそこで仕事を始めた。ところが近くに悪臭を放つプラスチック工場があり、テントのなかはいつも悪臭が漂っていた。そこであるときスタッフの一人が、かかってきた電話に出たときに「スコンク・ワークスです」と言ったのがきっかけで、彼らは自分たちの仕事場を〝スコンク・ワークス〟と呼ぶようになったのだという。戦後その話が外部に伝わり、マンガの出版社が著作権侵害にあたるとロッキードに抗議したため、彼らはそれを〝スカンク・ワークス〟と改めて正式名称として登録した。それ以来、チームのスタッフは自分たちを〝スカンク〟と呼ぶようになったという。

名称の由来はともかく、ジョンソンの運営方針は厳格で、彼の指示は非常に具体的だった。スタッフは無駄を省いて効率的な仕事をすることが求められ、技術者と工場の作業員とクライアントとのあいだの調整を緊密にすることが重視された。〝クライアント〟とはおもに空軍だが〔戦後まもなく空軍省が独立する前は陸軍〕、U‐2の場合はCIAだ。ジョンソンはペーパーワークや大企業にありがちな縦割り作業を減らし、技術者たちには開発のすべての段階でコスト計算をさせた。彼のモットーは、「早くやれ。静かにしろ。時間を守れ」だった。

ジョンソンがスタッフに要求した基準を満たすことは、ロッキードの他の部門では難しかったにちがいない。だが、スカンク・ワークスのスタッフは、すべての面で彼の要求に応えた。スカンク・ワークスの経費は、社内でもアメリカ議会でも一部の首脳だけが知る秘密予算によってまかなわれているが、外部の人間が知ることができた範囲の情報によれば、U-2は時間どおりに完成し、予算のおよそ10パーセントが余ったという。ケリー・ジョンソンのあとを継いでスカンク・ワークスの2代目ディレクターになったベン・リッチはのちに、「あれはおそらく、軍産複合体の歴史で予算を下回った唯一の例だろう」と語っている。

CIAは、2万1000メートル〔現在の国際線の旅客機が飛んでいる高度のおよそ2倍の高度〕の高々度を飛行してソ連領空に侵入し、地上の軍事施設を写真撮影できる偵察機を求めていたが、それまでそのような高度を長時間にわたって飛行する飛行機が作られた前例はなく、当時の技術ではあらゆることが未知の領域だった。性能的には要求をクリアしても、実際に偵察機として運用が可能でなければ実用にはならない。その点でもU-2はかなり優秀だった。1956年8月から60年1月までの約3年半のあいだに、U-2はソ連領空の奥深くまで約30回侵入して偵察活動を行なった。ソ連のレーダーは機影をとらえていたが、当時のソ連にはその高度まで到達できる戦闘機も対空ミサイルもなかったため迎撃できなかった。

この状況は、米ソ両国に奇妙な関係をもたらした。アメリカにとって、この偵察飛行は極秘だからもちろん公言することはありえなかったが、ソ連にとっても、アメリカの偵察機が何年にもわたって上空を飛んでいるのに、手も足も出ないことがおおやけになればとんだ恥さらしだ。たとえ内心では怒り狂っていても、ソ連はアメリカを非難するわけにはいかなかった。こうして、U-2が偵察飛行をしていることに米ソ両国とも口をつぐんでいるという、奇妙な沈黙が訪れた。

【訳注】
＊7　**偵察機の分類記号**　本来なら偵察機には〝R〟がつく。かつて偵察機は戦闘機から派生したものが多く、それらは戦闘機を示す〝F〟の前にRがついて〝RF〟となっている。

インテリジェンスの価値を決めるもの

少なくともU-2計画にかかわったロッキードとアメリカ政府の関係者にとって、U-2は輝かしい成功だった。U-2による偵察活動で判明した最も興味深いことの一つは、ソ連の軍事力はそれまでCIAが推測していたよりずっと小さいということだった。一例をあげれば、アイゼンハワー政権は、ソ連はアメリカ本土に到達可能な〝バイソン〟戦略爆撃機[*8]をおよそ100機ほど配備していると思っていたが、実際にはその3分の1から5分の1の20~30機しか配備できていないことが、U-2の写真偵察でわかったのだ。この発見から、CIAのU-2運用担当官は、「いわゆる〝爆撃機ギャップ[*9]〟は存在しないようだ」と報告した。

U-2による偵察飛行で得られた教訓は、「インテリジェンスの価値は、得られた情報が政策決定者によってどう使われるかしだいである」ということのようだ。U-2の偵察で、ソ連の軍事力はアメリカが思っていたほど大きくなかったことが判明したが、そのことがアメリカの軍事費支出のペースを落とさせる効果はほとんどなかったのである。つまり、偵察飛行の結果は政策に反映されなかったのだ。むしろそれどころか、アイゼンハワーが引退して民主党のケネディ政権がスタートすると〔１９６１年1月発足〕軍事費支出は増大した。そしてその後も増えつづけ、60年代半ばにベトナム戦争が激しくなるとともに、アメリカの国防予算は第二次世界大戦以来の最高額に達することになる。

【訳注】

＊８　**バイソン戦略爆撃機**　１９５０年代にソ連が開発した戦略爆撃機。アメリカを核攻撃する能力を持つとされたが、航続距離が足りないことがわかったため実戦配備はほとんどされなかった。

＊９　**爆撃機ギャップ**　「ソ連はアメリカを核攻撃できる新鋭戦略爆撃機をたくさん所有しており、アメリカはその分野で立ち後れている」という、１９５０年代半ばにアメリカでわき起こった議論。はじめは信じられ、それがアメリカが国防予算を急激に増やしてB‐47やB‐52を大量に生産する理由となったが、U‐2による偵察飛行でそのような事実はないことが明らかになった。その数年後、今度は「ソ連はICBMの性能でも数でもアメリカを凌いでいる」という〝ミサイル・ギャップ〟と呼ばれる同様の議論が起き、アメリカはソ連を射程に収めるICBMを大量に生産・配備した。ソ連の脅威を誇張し、メディアを通じて広めるこの手法は、その後も軍産複合体によって繰り返し使われた。アイゼンハワーははじめからそういう議論に懐疑的で、それが実際に誇張だったとわかったことも、彼が軍産複合体に警戒心を持つようになった理由の一つと言われる。

撃墜されたU‐2

U‐2はこのように有効な偵察機ではあったが、まもなくアイゼンハワーはソ連領空への偵察飛行の中止を決断することになった。その劇的な転機は１９６０年5月1日に訪れた。ベテランパイロットのゲーリー・パワーズ空軍大尉が操縦するU-2が、ついにソ連領内で撃墜され、パワーズが捕虜になる事件が発生したのだ。CIAが偵察飛行にその日を選んだのは、5月1日にはメーデーの行事があるのでソ連の防空部隊が手薄になっていると考えたためだったが、残念ながらその予測ははずれた。

その日、パワーズのU-2は、パキスタンのペシャワルにある米軍基地を発進し、北上してソ連領空に侵入した。その日の任務は、ソ連中部を縦断飛行してウラル山脈南東部や北部にあるICBM基地を上空から撮影することだった〔撃墜される少し前には、プルトニウムを生産している原子炉を撮影していたと言われる〕。領空侵犯直後からずっとレーダーで機影を追っていたソ連防空部隊は、大型地対空ミサイルを14発発射し、パワーズ機はついに撃墜された。パワーズはパラシュートで脱出して一命をとりとめたが捕虜になった。[*10]

アイゼンハワーはもともとこの日の偵察飛行を許可することに乗り気でなかったこともあり、撃墜されたのは屈辱的であるとともに怒り心頭だった。当時のCIAの担当責任者はこう言っている。

「私はアイゼンハワーに、もっと偵察飛行の回数を増やすよう進言して頻繁に許可を求めつづけ、アイゼンハワーはそのたびに渋りつづけた。私は許可を取りに行くたびに、いつも彼と議論しなければならなかった。なぜなら、アイゼンハワーはいつもダレス兄弟の助言に従っていたからだ。ジョン・ダレスは、はじめからU-2の偵察飛行を不安に思っていたのだ」

ジョン・ダレスとは当時の国務長官で、弟のアレン・ダレスはこの人物の上司、当時のCIA長官である。

U-2の撃墜が報じられたとき、はじめアイゼンハワー政権はしらを切り、この飛行機は気象観測機で、誤って進路をはずれてソ連領にさまよい込んだのだと主張した。だがまもなく、パワーズが生存しており、偵察作戦のことを自白したと報じられると、もはや言い逃れはできなくなった。ソ連のフルシチョフ首相はアイゼンハワーをダシにして得意満面で、その２週間後に米ソ首脳会談が開かれる予定になっていることに繰り返し言及した。アイゼンハワーはＵ-２の飛行を中止することを約束してなんとか面子《メンツ》を保とうとしたが、フルシチョフが謝罪を要求すると拒否し、首脳会談は険悪な雰囲気のまま終了した。

だがＵ-２の偵察の結果、ソ連は弾道ミサイルにおいてもアメリカ政府が言うほど配備が進んでいないことが明らかになったにもかかわらず、アメリカは弾道ミサイルを増強しつづけた。アイゼンハワー政権はその前から、軍部や民主党の圧力に抵抗して国防支出を抑えようとしてきたが、１９５７年にソ連が世界最初の人工衛星スプートニクの打ち上げに成功したため、支出を抑えることがますます難しくなっていたのだ。

１９６０年の大統領選挙が近づくにつれ、民主党の圧力はさらに強まった。民主党の大統領候補ジョン・Ｆ・ケネディ〔アイルランド系〕は「アイゼンハワーがアメリカをソ連の先制攻撃にさらされやすくした」と繰り返し攻撃した。だがアイゼンハワーは、ソ連の攻撃力がアメリカ国内のミサイル・ギャップ〔訳注９の「爆撃機ギャップ」参照〕論者が主張しているのよりはるかに小さいことをＵ-２の偵察で知っていたが、Ｕ-２の作戦を明かすわけにはいかなかったので窮地に立たされた。

【訳注】

＊10 **パワーズ機撃墜事件の真相**　諸説があって真相は不明だが、地上で回収されたＵ-２の残骸が

原形を保っていることが当時から議論の的になった。フルシチョフははじめ「弾頭のついていないミサイルで直撃した」と主張したが、これは当時の技術ではありえないことで、誰も信じなかった。定説では、U-2を撃墜するために高々度まで届くように改良したソ連の地対空ミサイルが至近距離で爆発し、その爆風でU-2の主翼が機体から分解して墜落したとされている。だが最近になって、そのとき迎撃に上がったソ連の戦闘機パイロットが口を開き、「U-2の飛行高度まで到達できるように、武装をすべてはずして軽くしたスホーイSU-9戦闘機で飛びたち、体当たりするよう指示されていたが（といっても旧日本軍の特攻のようなことではなく、同機の頑強な主翼をU-2の尾翼などにぶつけて墜落させる計画だった）、パワーズ機の前に回り込むと、同機はSU-9が作りだしている後方乱気流に入って大きく揺れ、主翼が機体から分解し墜落した」と主張している。

もう一つの説はさらに興味深い。あの極端に細長い主翼の形を見ればわかるように、U-2は普通の飛行機ではなく、モーターグライダー（エンジンを積んだグライダー）だというのだ。そして当時のU-2は飛行中に停止させたり再点火したりできる特殊なエンジンを搭載しており、ソ連の目標上空に到達すると、エンジンを切って滑空（グライダー飛行）しながら写真撮影をしていたのだという。ところがあの日、写真撮影を終えてパワーズがエンジンを再スタートしようとしたところ、再点火装置が故障してエンジンがかからなかったというのだ。それで彼のU-2はしだいに高度を下げ、対空ミサイルが到達する高度まで降りてきたところでミサイルが至近距離で爆発し、爆風で主翼が分解し墜落したのだという。あるいはそこをSU-9が迎撃したのかもしれない。

さらに、パワーズ事件の半年ほど前の1959年に、東京周辺の基地を飛びたったU-2がエンジン故障で藤沢飛行場に不時着するという事件が起きている。この事件をメディアは報道しなかったが、ある航空専門誌がスクープした。この不時着事件は、飛行訓練中に再点火装置が故障したために起きたという説がある。

冷戦前期のアメリカ核戦略の中核〝ポラリス〟計画

とはいえ、スプートニクが成功するまでアイゼンハワー政権が何もしなかったわけではない。1955年半ばの時点で、アメリカ陸軍と空軍には合計四つの弾道ミサイル開発計画があった。だがそれに加えて海軍もミサイル開発に参入しようとしたため、アイゼンハワー政権は開発の重複による予算の無駄を省くため、海軍には陸軍と共同で開発を行なうよう指示した。当時陸軍は〝ジュピター〟[*11]という中距離弾道ミサイルの開発を始めたところだったので、これをベースにして、海軍用に水上艦艇や潜水艦から発射できるタイプを開発することになった。

だがこの試みは、1年間やってみたがうまくいかなかった。ジュピターは艦艇や潜水艦に搭載するには大きすぎたうえ、液体燃料ロケットだったため取り扱いが難しく、艦艇や潜水艦に搭載するには危険すぎた。それに加えて、ソ連がアメリカを先制核攻撃できるICBM（大陸間弾道弾）の開発に成功する心配が高まったため、海軍は陸軍との共同開発を中止して再び独自の計画を始めることになった。

こうして生まれたのが〝ポラリス〟計画だ。水中を潜行して移動する潜水艦から発射する弾道ミサイルの有利な点は、発射位置を移動できることと、敵に発見されにくいことだ。そのため潜水艦発射弾道ミサイルは、陸上の固定された基地から発射されるICBMのように敵の先制攻撃で破壊される危険性が低い。このことこそ、他の主要な兵器計画の予算が減ったり増えたりするなかで、ポラリス計画だけは常に必要な予算が維持された理由だった。

そしてポラリス計画の最大の受益者が、主契約者であるロッキードだった。ロッキードが同計画の主契約者として海軍から選ばれた理由の一つは、それ以前よりロッキードは潜水艦発射ミサイルのための固体燃料を海軍と共同で開発していたからだった。こうしてポラリス計画はその後10年以上にわたってロッキードの安定した収入源となり、ロッキードは656基のポラリスと交換部品を生産して35億ドルを海軍から受け取った〔原注：ハーヴィー・サポルスキー著『ポラリス・システムの開発』Harvey M. Sapolsky, *"The Polaris System Development"* ハーバード大学出版局、1972年〕。

だが、このように戦略的に重要なポラリス計画も、簡単に決まったわけではない。海軍の高官のなかには、この計画が予算を食いすぎて他の水上艦艇の建造や艦隊の維持費に食い込むことを警戒して、反対する人たちもいた。潜水艦の艦長のなかにも、そんなミサイルが登場したら自分たちの職人技が必要とされなくなってしまうと心配する人たちがいた。彼らの古い考えでは、潜水艦とは艦船を魚雷で攻撃して沈めるためのものであり、地上の目標に向けてミサイルを発射するためのものではないというのだった。最終的にこれらの議論は支持を得られず、ポラリス開発計画は通常の海軍部局から海軍少将ウィリアム・レイボーンが主導する「特別プロジェクト局」に移された。

レイボーンは、新機軸の唱道にかけてはそれまでのアメリカ海軍史上に例を見ないほど巧みな人物だった。[*12] 彼は全国の関係施設を回ってポラリスの支持を取りつける活動を行ない、人々の情熱をかきたてた。特別プロジェクト局は〝技術情報官〟という肩書きの技官によるチームを作り、産業界や軍の予備役などのグループに、ソ連の弾道ミサイルの脅威に対抗するためにポラリスが必要であることを説いてまわった。議会の新人議員に対しては、ポラリス計画についての特別な秘密ブリーフィング〔手短な状況説明〕が行なわれ、ロッキードをはじめポラリス開発に関係のあるGE、ウェスティングハウス、エアロジェット〔ロケットエンジンのメーカー〕の各社も、それぞれの工場施設のある地域はもちろん、全国的な宣伝キャンペーンを展開した。

技術的な問題点がまったくないわけではなかったが、ポラリスはその時代にペンタゴンが調達した兵器のなかで最も成功したものの一つと見なされている。予算内に収まり、予定より早く完成したのだ。欠点は、射程距離がはじめにロッキードが言っていたのよりわずかに短いことだった。ポラリスは開発計画が承認されてから4年足らずの1956年末近くに完成し、1960年7月に水中の潜水艦からの発射に成功している。この成功に対する称賛の多くはレイボーンの海軍特別プロジェクト局に向けられたが、ポラリスを成功に導く中心的な役を演じたのは、技術を開発し実物を製作したロッキードなどの企業だったことは明らかだ。開発中にテストが失敗してネガティブな報道がされたり、事故に関する公聴会が議会で開かれたこともあったが、レイボーンが成功を保証して批判を封じ込んだ。

企業の経営という視点で見るなら、ロッキードはこの時期にU-2高々度偵察機とポラリス弾道ミサイルの開発・生産を行なったことにより、それまでのおもに戦闘機と輸送機を製造していた航空機メーカーから、冷戦が激しさを増しつつあるなかで、アメリカの軍事力の中核を成す兵器を製造する航空宇宙企業への、きわめて重要な変身を遂げたのだ。

【訳注】

＊11 **ジュピター**　第二次世界大戦中に世界初の実用弾道ミサイルであるV‐2ロケットを開発したドイツのフォン・ブラウンが、戦後アメリカに移住して陸軍のために開発したレッドストーン弾道弾をさらに改良・大型化して作った中距離弾道ミサイル。1962年のキューバ危機で、ケネディの要求に折れたソ連のフルシチョフがキューバからミサイルを撤退させたとき、その取引でアメリカがソ連に照準を合わせてトルコに展開していたミサイル部隊を撤退させることになったが、それがこのジュピターである。

＊12 **ウィリアム・レイボーン**　ポラリス弾道ミサイルの開発を指揮して名を馳せるなど、正規軍が用いる戦略兵器に関しては先見の明があったが、情報戦のことをまったく理解しておらず、のちにCIA長官になると不評で、1年ほどで辞任に追い込まれた。

なおも経営は不安定

だが、U‐2とポラリスの開発には成功したものの、ロッキードの財務状態を維持するにはそれでもなお充分ではなかった。その原因となった最大の要因が、やはり1950年代に開発した2代目エレクトラ旅客機[＊13]だ。このエレクトラは問題続出で、とくに設計ミスから就航直後に2機が立て続けに空中分解して墜落した事故を受けて全機を改修する事態となり、その費用を含めてロッキードは2400万ドルの出費を余儀なくされた[＊14]。さらに、核兵器以外の国防予算が削られたことから、空軍に採用されることを狙って3100万ドルかけて開発した〝ジェットスター〟小型人員輸送機[＊15]

が少数しか採用されず、大赤字を出した。ほかにも不採用になった計画があり、ロッキードの株価は１９６０年じゅうに半分近くも下落し、ポラリスの水中発射実験に成功して脚光を浴びたわずか１カ月後の同年８月には最安値をつけた。[*16]

ついにロッキードの経営陣は、その年の第一四半期に５５００万ドルの損失を計上する決定を下した。この厳しい状況のなかで、ポラリスは同社の11億ドルにのぼる受注残の大部分を占めており、さらにイギリスでも配備の可能性が生まれたこともあって、この時期のロッキードにとって唯一の輝く光だった。

その後ロッキードに再び活気が戻るまでには2年近くかかった。ケネディ政権が発足するとともに始まった軍備増強の波に乗り、１９６２年3月までにロッキードは再び過去最高の利益を上げる。エレクトラの失敗を機に、この時代のロッキードは民間旅客機の製造から撤退し、軍需と宇宙開発の受注に集中していった。その一例が〝アジーナ〟ロケットだ。[*17]アジーナはその時期にアメリカが打ち上げた宇宙ロケットのペイロードの4分の3を運んでいる。また、そのころ『タイム』誌がロッキードを特集した記事によれば、ポラリスは１９６１年だけで3億７２００万ドルの売上げを同社にもたらしており、同誌は〝最も速いスピードで成長している兵器システム〟と呼んでいる。ケネディ政権はポラリス計画（ミサイルと潜水艦ともに）の予算を3倍近くに引き上げ、はじめは6隻の潜水艦を建造する計画だったものを、60年代後半までに計41隻にする目標を立てた。ケネディの見通しは、死後の１９６６年7月21日に41隻目のポラリス潜水艦が進水して実現した。

だが、60年代前半の成功は長くは続かなかった。同年代後半になるといくつかの大プロジェクトでコスト超過や発注のキャンセルが続き、70年代に入ると経営が悪化、しだいに30年代の倒産以来最悪の収支となってゆき、ロッキードに再び倒産の危機が訪れる。その最大の原因は、次章で述べる二つの大型機だった。

【訳注】

*13　**2代目エレクトラ旅客機**　第2章に登場した、1930年代に作られた初代エレクトラ旅客機とは別の4発ターボプロップ機。海上自衛隊も使用しているP-3C哨戒機はこのエレクトラから発達したもので、基本形が同じである。

*14　**エレクトラの事故率**　コンステレーションと同様、今日の基準では考えられない高い事故率を記録している。就航後最初の3年間に2機の空中分解を含み6機が墜落。その後もさらに2機の空中分解を含み8機が墜落し、最終的には生産された170機のうち58機が墜落またはその他の事故で失われたと言われている。ただし、エレクトラから派生したP-3Cは徹底的に再設計されており、優れた飛行機に生まれ変わっていることが四十数年に及ぶ使用で証明されている。

*15　**ジェットスター小型人員輸送機**　60年代初期から70年代にかけてロッキードが製造した小型エンジン4発の10人乗りジェットビジネス機。アメリカ空軍でC-140として少数が使われただけだった。当時はまだ軍の高官が幅をきかせていた時代で、そういう〝お偉方〟だけを乗せるための、空軍のVIP専用機というふざけたコンセプトによる飛行機だった。要はロッキードが空軍のお偉方の歓心を買うために作った飛行機であり、民間機としては需要もなく販売できる代物ではなかった。

*16　**ロッキードの株価の下落**　その年の5月にU-2の撃墜事件があったことも影響している。U-2は戦略的には重要な飛行機だったが、予算は国の機密費でまかなわれていたうえ生産数も少なく、会社の財務状態には貢献していないと考えられる。

＊17　**アジーナ・ロケット**　おもに大型ロケットの第2段目に使われたため、1段目は違っても2段目はアジーナというケースが多く、出番が多かった。

第4章

C-5Aスキャンダル

【本章に登場するおもな人物】

リチャード・ラッセル：ジョージア州選出上院議員（民主党）。上院軍事委員会委員長

リンドン・ジョンソン：アメリカ大統領（民主党。在任1963年11月～69年1月）

メンデル・リバーズ：サウス・カロライナ州選出下院議員（民主党）。下院軍事委員会委員長

ダニエル・ホートン：ロッキードCEO

ロバート・マクナマラ：ケネディ政権とジョンソン政権の国防長官

ロバート・チャールズ：マクナマラの側近で空軍の次官補

アーネスト・フィッツジェラルド：アメリカ空軍の内部告発者

ウィリアム・プロクスマイアー：政治家と軍産の癒着や軍事予算の無駄遣いを激しく追及した上院議員（民主党）

ウィリアム・ムーアヘッド：同じく下院議員（民主党）

リチャード・ニクソン：アメリカ大統領（共和党。在任1969年1月〜74年8月）。空軍の内部告発者を排除するよう指示する

ヘンリー・ダーハム：ロッキード社員の内部告発者

1960年代半ばごろから激しさを増しはじめたベトナム戦争は、米軍の輸送システムに大きなプレッシャーを与えた。なにしろ大量の兵器や軍事物資を、アメリカ本土から1万数千キロも離れた戦地まで運ばなくてはならない。兵站物資の多くは輸送船で運ばれるにしても、兵員や緊急物資の輸送には大型輸送機が必要になる。

実はアメリカ空軍は、ベトナム戦争が本格化するより何年も前の60年代はじめに、重量物を積める超大型輸送機の開発を決定していた。その根拠とされたのは、地球上のどの地域であろうが数日のうちに部隊を送り込める能力を持つことの必要性だった。一つの戦争が拡大しつつあったときですら、アメリカ空軍は次の戦争に備えているように見えた。

空飛ぶ軍事基地C-5A

C-5A開発計画はこうして始まった。全長75メートル、全幅67メートルのC-5Aは、平均サイズのフットボール場からはみ出してしまうほど大きい。[*1] 尾翼の高さは6階建てのビルほどもある。その名前すら壮大だ。それまでロッキード製の軍用機のほとんどには星にちなんだ名前がつけられ

ていたが、この飛行機はあまりに巨大なので、一つの星の名ではなく全部まとめてギャラクシー（銀河系）となった。

その巨大なサイズにもかかわらず、最初の計画によれば、C-5Aは未舗装のしかも1200メートル級の短い滑走路に着陸できる能力を持つこととされていた。1200メートルというのは、C-5Aよりずっと小さい当時の大型旅客機が使っていた滑走路の長さの半分だ。[*2]

最も議論の的になったのは、「世界のどの地域であろうが、命令が下りしだい、数日のうちに必要な物資を運ぶことができる能力」だった。当時のロッキードの宣伝資料には、「（この輸送機が配備されれば）地球上のほぼすべての戦略的に重要な場所に軍事基地を置いているようなものです」と書かれていた。

だがそれは軍事的には強みかもしれないが、当時の上院外交委員会委員長ウィリアム・フルブライト〔フルブライト奨学金の創始者。ドイツ系〕は、アメリカが負わねばならない政治的な責任が増えることになると考えた。フルブライトはC-5Aの生産が始まってまもない1969年にこう語っている。

「もし、世界のどこで紛争が起きても、ただちにに2個師団か3個師団を派遣できるような大型輸送機の部隊があれば、我々はそれを使いたい誘惑に駆られるにちがいない。だが私は、わが国が世界じゅうに軍事力を投入して、すべての地域の紛争を解決する役を引き受けるようなことはすべきでないと思う」［原注：上下両院統合経済委員会政府経済小委員会における「国防予算と国家経済の優先」に関する証言］

当時、このような介入反対論を唱えたのはフルブライトだけではなかった。ベトナム戦争が泥沼化するとともに、アメリカの多くの議員や一般大衆に同様の考えが広がっていたのだ。

【訳注】
＊1　C-5Aは、ジャンボジェット（ボーイング747）より若干大きい。ジャンボを見慣れた今日の感覚で見ればそれほどではないが、当時としては目を見張る巨大さだった。
＊2　かつてプロペラ双発旅客機が国内線の主力だった時代の、日本のローカル空港の標準的な滑走路が1200メートルだった。現在の大型機が発着する国際線用滑走路には3000メートル級が必要。

ボーイングを逆転したロッキード

その話はともかく、もし兵器調達に関する空軍自身の主張が通っていたなら、そもそもC-5Aは製造されていなかったかもしれない。空軍の新大型輸送機計画の入札に残ったのは、ボーイング、ロッキード・ジョージア、[*3]ダグラスの3社だった。のちにダグラスはマクダネルに吸収合併されてマクダネル・ダグラスとなり、そのマクダネル・ダグラスが1990年代にボーイングに吸収されたのは第1章で述べたとおりだ。

空軍の審査は、まず400人の専門家から成る「C-5A評価グループ」が綿密に検討したのち、さらに4人の将官による「C-5A選定評議会」にかけるという二重の官僚システムによって行なわれ、最終的にボーイングの案が最も優れていると判定された。しかもボーイングの入札額は23億ドルで、ロッキードが提示した額より4億ドルも高かったのだ［原注：上院軍事委員会公聴会における1

970会計年度の軍事調達に関する証言、1969年6月3日」。そのこと一つを見ても、ボーイングの案が優れていたことがうかがえる。

実は、判定が出る前に、ロッキードはボーイングに勝つための機会をさんざん与えられていた。まずロッキードの最初の設計では「短い滑走路での離着陸能力」という空軍の要求を満たせないことがわかったため、ロッキードは設計をやり直す機会が与えられ、主翼とフラップの設計をやり直した。だが不思議なことに、そのような大がかりな変更を行なったにもかかわらず、ロッキードが再提出した見積もりは最初のときとぴったり同じ19億ドルだった。

ボーイングに軍配が上がっても、まだバトルは終わったわけではなかった。選定評議会の判定は推薦であり、最終決定ではない。逆転を狙うロッキードのロビイスト軍団は堰《せき》を切ったように行動を起こした。

まず最初はジョージア州マリエッタ市長だった。同市は、C-130とC-141[*4]を生産するロッキードの工場に大きく依存していた。もしC-5Aの契約が取れなければ、マリエッタ市は最大で2万人の雇用を失うことになる〔C-141の生産が1968年で終了することになっていた〕。市全体の経済がロッキードの従業員の生活費の支出で大きく支えられているうえ、市の財政もロッキードが落とす法人税に大きく依存している。同市市長が、ジョージア州で最も政治力のある同州選出のリチャード・ラッセル上院議員（民主党）に助けを求めたのはごく自然のことだった。

当時ラッセルは、アメリカ議会の上院軍事委員会委員長だったばかりでなく、上院歳出委員会の国防小委員会でも委員長を務めており、さらに当時の大統領リンドン・ジョンソンの師であり親しい友人だったからだ。後年、当時のマリエッタ市長は、「ラッセルはC-5Aが本当に必要とは思っていなかったが、それにもかかわらず尽力してくれた。彼の力なしにマリエッタが契約を取ることはできなかっただろう」と語っている。その数年後に行なわれたC-5Aの完成記念式典に出席したジョンソン大統領は、次のように述べて同市長の発言を裏付けている。

「諸君に知っておいてもらいたいことがある。それは、ここジョージア州マリエッタと同じような状況は、わが国のすべての州にいくらでもあるということだ。それらの町の人々もみな、このC-5Aの生産に参加する誇りを持ちたいと願っている。だが彼らは、ジョージア州のように強力な陳情団を持っていなかったのだ」〔原注：バークレー・ライス著『C-5Aスキャンダル』Berkeley Rice, "*The C-5A Scandal*" に引用された『ニューヨーク・タイムズ』紙、1968年5月7日付の報道。以下の記述の多くは同書より引用〕

一方、ロッキード自身ももちろん動いた。最も露骨だったのは、サウス・カロライナ州チャールストン〔大西洋に面した植民地時代からある古い港町〕にC-5Aの一部を組み立てる工場を建設するかもしれないという発言だ〔原注：その施設は結局チャールストンではなく同州のグリーンビルに建てられた〕。チャールストンは下院軍事委員会委員長メンデル・リバーズ（民主党）の選挙区の中心地だ。ロッキードと組んでC-5Aの入札に参加していたGE〔ジェットエンジンメーカー〕とAVCO〔ロッキードの下請け〕の2社は、すでにそこに工場を建てていた。ロッキードは、チャールストン市中心部の大通りにこの議員の銅像を建てる費用を出すことまで提案した。

こうしてリバーズ議員は、下院におけるC-5Aの最も熱心な擁護者の一人となったのだ。リバーズは以前から利権政治を恥じることもなく、サウス・カロライナに引っ張ってきた基地や軍事産業の工場の数を大っぴらに自慢していることで有名だった。チャールストン周辺には軍関係の施設があまりに多いため、そのころサウス・カロライナでは、「もしリバーズがチャールストンの近くに基地をもう一つ持ってきたら、チャールストンは基地の重みで大西洋に沈んでしまう」と言われていたほどだ。本章で詳しく述べるように、ロッキードC-5Aの大幅な予算超過と、予定された性能が出ないことが他の委員会の調査で明らかになったときも、下院軍事委員会が一度も真剣に調査しなかったのは、リバーズが委員長だったことがおもな理由だ。リバーズは同委員会の公聴会で証言に立ったロッキードのCEOダニエル・ホートンに援護質問し、「この飛行機にケチをつけるのはバカげています。私にはよくわかっていますよ。この飛行機は、すべての関係者のどのような期待をも凌ぐ優れた飛行機です。そうですよね?」とあからさまにゴマをすった。

するとホートンは、我が意を得たりとばかりに「C-5Aは期待された性能を約7パーセント上回っています」と具体的な数字まであげて答えた。さらにリバーズは予算超過について、「いくらカネがかかろうと、私たちはこの飛行機を必要としています。この飛行機を配備しなくてはなりません」と述べ、それで彼の質問は終わりだった。

ラッセルやリバーズのような議員の動きはもちろんロッキードの助けになったが、ロッキードのロビー活動の最も強力な武器は、「ロッキード・ジョージアを〝防衛産業の基盤〟の一部として維持する」という、ペンタゴン(国防総省)の願望だったかもしれない。〝防衛産業の基盤〟とは、工場、工作機械その他の機器類、研究所、熟練工など、一朝有事となったときに兵器を生産するために必要な、ペンタゴンにとってなくてはならないものだ。ライバルのボーイングは民間旅客機で成功を収めているうえ、軍用機の生産も順調だったが、軍用輸送機専門だったロッキード・ジョージアは仕事がなくなりつつあった。ペンタゴンはどうしてもロッキード・ジョージアを支援しないわけにはいかなかったのだ。

　ペンタゴンがある兵器メーカーに兵器を発注するときの理由が、その兵器が他のメーカーのものよりとくに優れているからではなく、そのメーカーに仕事を与える必要があるためというのは、軍産複合体で長年行なわれてきた習慣だった。近代兵器の生産施設を常に稼働できる状態に保っておくにはカネがかかる。その結果、ペンタゴンと主要兵器メーカーとのあいだに、お互いの繁栄のためにお互いを必要とする共生的な関係が生まれた。

　だが、ロッキードを支援するためにC-5Aを発注するという決定は、当時の国防長官ロバート・マクナマラ〔アイルランド系〕が1966年に国防予算案を提出したときに行なった演説の内容と完全に矛盾している。そのときマクナマラはこう言っているのだ。

「国防総省は、経営が苦しい兵器メーカーや財政状態が悪い自治体を救うために、軍のニーズと運用上の効率における最も厳しい基準からはずれることがあってはならない」〔原注：アーネスト・フィッツジェラルド著『浪費の親玉』A. Ernest Fitzgerald, "*The High Priests of Waste*" より。以下の記述の多くは同書より引用〕。素晴らしい言葉だが、彼自身が長官をしていたペンタゴンがロッキードに対して行なったことは、それとはまったく反対だ。

　結局、空軍は、「ロッキードの案が〝国益にかなう〟」という、曖昧かつありきたりな言葉以上の根拠もあげず、自分自身の「選定評議会」の判断をくつがえし、ボーイング案を破棄してロッキード案を採用した。*5 空軍が示した唯一の具体的な理由は、ロッキードの入札額のほうが低いということだけだった。

だがその後まもなく、記録的な予算超過が次から次へと襲いはじめ、「こちらのほうが安いから」と言っていたのは納税者への質《たち》の悪い冗談でしかなかったことが明らかになったのだ。

リチャード・ラッセルやリンドン・ジョンソンなどの有力者が、ボーイングに決まりかけていた判定をくつがえすうえで大きな影響を与えたのは疑う余地がない。だが、その結果が国の財政と安全保障に与えた損害は計り知れない〔最終的にはジョンソン大統領の一存で決まったと言われている〕。

【訳注】

＊3 **ロッキード・ジョージア** ロッキードの本拠地はロサンゼルスの北に隣接するバーバンクにあったが、ジョージア州マリエッタにも航空機部門の大きな生産拠点があり、「ロッキード・カリフォルニア」と「ロッキード・ジョージア」に分かれていた。

＊4 **C-130とC-141** C-130は中型、C-141は大型のともに軍用輸送機。C-130は初飛行以来50年以上も改良と生産が続いている名機で、日本の航空自衛隊も使用している。皮肉なことに、ロッキードを代表する名機は戦闘機ではなく、C-130とP-3Cである。C-130とP-3Cはともにターボプロップ4発のプロペラ機で、基本的に同じエンジンを搭載している。

＊5 空軍の新大型輸送機の選定に敗れたボーイングは、そのときの設計をもとに民間旅客機に作り変え、それがのちにボーイング747（ジャンボジェット）となって大成功を収めた。747の前部が2階建てになって操縦席が上に突き出ているのは、もともと機体の最前部にC-5と同じような大きな貨物扉があったためだ。

マクナマラ長官の「トータルパッケージ契約」

ベトナム戦争におけるぶざまな業績を考えれば思い出しにくいことだが、当時の国防長官ロバート・マクナマラは、ケネディ政権に請われて長官に就任したとき、「効率の専門家」として知られていた。長らくフォード自動車に勤め、社長にまで昇りつめたマクナマラは、民間企業で培った豊富な経験をペンタゴンで活用することが期待されていた。その目的のために彼が引き入れたスタッフは、ハーバードのビジネススクールを出て経営学修士の肩書きを持つ者などの若い民間人のエリートたちだった。彼らはペンタゴンが調達する兵器システムについても、コンピューターを使って複雑なコスト対効果を分析〔ある事象にかかる費用と効果の関係を、複数の代案と比較して分析する方法〕する作業にかかわった。

このマクナマラの方針を実行するため、彼の腹心の部下だったロバート・チャールズという空軍の次官補（施設と兵站を担当）が、予算超過を未然に防ぐためのセーフガードとして「トータルパッケージ契約」という方法を考案した。この次官補は、その少し前までマクダネル・ダグラス社の副社長だった男だ。そして、この方法が最初に試されたのがC-5Aの契約だった〔原注：フィッツジェラルド著『浪費の親玉』による。以下の記述の多くは同書より引用〕。

この方法がそれまでの契約と違う点は、それまでの方法では、航空機メーカーは新型機の研究開発の入札に参加するときに、生産に入った場合のコストの見積もりまで示さなくてよかったものを、「トータルパッケージ契約」では、研究開発のコストと生産コストの見積もりをはじめから両方併せて提出しなくてはならなくしたことだった。

このように変更した理由は次のようなことだ。それまでも軍用機の開発・生産においては、ほとんどの場合、研究開発の契約を勝ち取ったメーカーが生産契約もまた取るのが普通だった。なぜなら、その試作機を開発したのは当然そのメーカー一社しかないので、生産を入札にしたところで他のメーカーはその飛行機を作ることができないからだ。だがそうなると、そのメーカーはひとたび開発契約を勝ち取れば、生産契約を結ぶ段階で価格を大幅に引き上げることが可能になり、ペンタゴンはいくら高くてもそのメーカーと生産契約を結ぶ以外になくなってしまうことになる。もしそれが嫌なら、ペンタゴンはもう一度研究開発の入札をやり直さねばならないが、もうその時点ではそんなことをしている時間もカネもない。

そこでこの新しい「トータルパッケージ契約」では、最初から研究開発と生産のコストの見積もりをパッケージにして両方提出するようメーカーに義務づけ、完成期日と契約に盛り込まれた性能の実現も誓約させることにしたのだ。

この契約法に従い、もしC-5Aの開発・生産でスケジュールの遅れが出たら、1日につき1万2000ドル、最大で1100万ドルまでのペナルティをロッキードに課すことが決められた。またもし機体に構造的な欠陥があることがわかったら、ロッキードは改修の費用を負担することとされた。ロバート・チャールズはこの契約法を自賛し、マクナマラも議会で「軍用機導入の画期的な契約法を実現した」と語った。

だが事はそう簡単ではなかった。その後C-5A計画が進むにつれてしだいにわかってくることだが、問題は「トータルパッケージ契約」がメーカーに非常に長い期間にわたる生産コストの見積もりを示すよう求めていたことだった（なかには10年にもわたるケースもあった）。その長い年月のあいだに、メーカーが昔ながらの〝バイ・イン〟〔第1章15ページを参照〕を行なう余地を与えてしまうのだ。第1章で述べたように、ロッキードなどの兵器メーカーは契約を取るために安い値段で入札し、契約を取ってから少しずつ値段をつり上げて、最後には実際にかかった費用より何億ドルも何十億ドルも多くペンタゴンからむしり取ろうとする。「トータルパッケージ契約」によれば、それはもちろんペナルティの対象になるが、ペナルティは最大で1100万ドルまでと上限が決められている。C-5Aのように最終支払い額が何十億ドルにもなる場合は、1100万ドルのペナルティなどほとんどゼロに等しい。

しかも、C-5Aはこの契約法を適用した最初のテストケースとなったが、その後ペンタゴンは、大きな契約に対してはこの控えめなペナルティすら厳密に適用しなくなっていった。つまり、ロッキード首脳陣にとってこの〝厳格な〟はずの「トータルパッケージ契約」は、はじめから夜も眠れなくなるほど心配すべきものではなかったのだ。

そのほかにも「トータルパッケージ契約」には抜け道がいくつかあった。たとえばロッキードにとって最も重要だった抜け道が、「価格再設定方式」と呼ばれるものだ。どういうことかと言うと、C-5Aの発注は2回に分けて行なわれ、ロッキードは第1次発注分（最初のひとかたまり）の生産を行なっているあいだに予算超過になることがわかったら、第2次発注分（次のひとかたまり）の生産価格を、超過するとわかっている分を上乗せして設定することができたのだ。この隠された特典は、ペンタゴンが表向き強調していたペナルティの効果を帳消しにするものだった。第1次発注分の生産で予算超過した分を第2次発注分の生産で埋め合わせることができるこの契約を、業界をよく知る批判者は〝黄金の握手〟と呼んだ〔原注：ライス著『C-5Aスキャンダル』による〕。

空軍調達局の内部告発者

もしこの男がいなければ、C-5Aの巨額予算超過のスキャンダルは外部の人の目にとまることもなく、ペンタゴンという巨大官僚組織の書類の山に埋もれて静かに葬り去られたことだろう。その男とは、アーネスト・フィッツジェラルド〔アイルランド系〕という名の、アメリカ空軍調達局の勇気あるコスト審査官だった。フィッツジェラルドは空軍内部で頑固さと旺盛な探究心でよく知られていた男で、そういう彼の性格がC-5Aのスキャンダルを白日のもとに引きずり出す原動力となったのだ。フィッツジェラルドが告発を始めると、議会やマスコミも彼の声に耳を傾けはじめた。彼は何事もいい加減にすませることができない人間だった。だがそのために、彼は波乱の人生を送ることになる。

何か妙なことが起きていると彼が初めて感じたのは、空軍の担当官が、「C-5Aの生産では、第1次調達分で生じた予算超過を第2次調達分の予算に組み入れる」とこっそり教えてくれたときだった。そのときその担当官が「第2次発注分のコストは上向きに見直す」と言ったのだ。不審に思ったフィッツジェラルドが詳しく調べてみると、1964年はじめに最初の見積もりが出されたときに比べて、C-5Aの予想生産コストはすでに20億ドル近くも増加していた。そもそもC-5A計画は、予算超過がなくてもアメリカ空軍始まって以来最も高価なプロジェクトだった。それが今や、予算の超過分でも空軍始まって以来の記録を作ろうとしているのだ。

フィッツジェラルドが入手した内部資料には、空軍がごく初期のころから予算超過の見通しを知っていたことがはっきりと示されていた。だが、空軍の担当者たちは議会で繰り返し「すべて順調に進んでいる」と証言していた。下院軍事委員会委員長のメンデル・リバーズも、上院軍事委員会委員長を長年務めたリチャード・ラッセルも、自分の選挙区に利権がからんでいるため、空軍の担当官に厳しい質問をする気はさらさらなかった。ラッセルは、さらに権力のある上院歳出委員長に就任するため1969年に軍事委員長の職を辞したが、後任の委員長も自分の選挙地盤であるミシシッピー州に軍の基地や兵器プロジェクトを誘致するためにさんざん働いた人物だった。自分の選挙地盤に何十億ドルもの利権プロジェクトをもたらしてくれる軍産複合体に、彼が刃向かうことなどありえなかった。

こうした事情から、C-5A計画に対するおもな批判は、軍事委員会ではなく他の二つの委員会から起きた。その二つとは、「上下両院合同経済委員会」の「政府経済小委員会」と、下院の「政府運営委員会」（現在の「下院監督および政府改革委員会」）の「軍事運営小委員会」の二つだ。政府経済小委員会の委員長はウィスコンシン州選出のウィリアム・プロクスマイアー上院議員（民主党）で、プロクスマイアーは政府の浪費に対する追及で有名な伝説的な人物だった。また下院の軍事運営小委員会にもペンシルベニア州選出のウィリアム・ムーアヘッドという、C-5A計画に強い疑問を抱いている議員がいて、ムーアヘッドはスタッフに調査を命じた。

最初に行動を起こしたのはプロクスマイアーの政府経済小委員会だった。１９６８年11月はじめ、プロクスマイアーのスタッフが空軍のフィッツジェラルドに接触し、政府経済小委員会の公聴会で空軍の兵器調達に関する問題について証言するよう要請した。フィッツジェラルドの上官たちは証言を阻止しようとしたが、プロクスマイアーの権限のほうが上だった。こうしてフィッツジェラルドは同年11月13日に証言台に立つことが決まった。C-5A計画がはじめの予算を20億ドルも超過するという見積もりが世に知れたのは、そのときの証言によってである。

まだ若いフィッツジェラルドは、それまで議会の公聴会に出席したこともなければ、まして証言に立った経験などもちろんなかった。彼はたくさんの傍聴人や新聞記者やテレビカメラを見て驚いたという。彼は空軍次官補のロバート・チャールズから「C-5Aのことには触れないように」と言われていたが、プロクスマイアーの質問を逃れることはできなかった〔答えを偽れば偽証罪に問われる〕。20億ドル近く超過する可能性を問いただされたフィッツジェラルドは、ペンタゴンの上層部を怒らせないように、その可能性を認めて次のように曖昧に答えた。

「もしコスト総額に変動が生じた場合は、……それが生じるかどうかを私が知るすべはありませんが……つまりそれはロッキードとGEの両者においてということでありまして……GEはC-5Aのエンジンを供給しております。……そしてもし私たちが『価格再設定方式』を用いて第2次生産分を調達すれば、……そしてそれに従って（価格が）上昇すれば、……あなたがおっしゃった額はおおむね正しいと言えるかもしれません……」

だが翌日の新聞は、彼が語ったように遠回しには書かなかった。どの新聞もみな、「C-5A、20億ドルの予算超過」と断じていたのだ。のちにフィッツジェラルドは、そのときになって初めてトラブルになったことを知ったと述べている。

公聴会のあと、ペンタゴン内の自分のオフィスに戻ると、秘書が心配そうな顔で「まだ首はつながっていますか?」と尋ねた。彼はクビにはならなかったが、まもなく兵器製造コストの評価に関係するすべての仕事からはずされ、タイの基地で消費する食料と小さな建設工事のコストを調べる仕事に左遷された。その建設工事とは、その基地の空軍スタッフがプレーするためのボウリング場の建設だった。しかし、そこでも彼は自分のやり方を通した。彼はまず、そもそもそんなところにボウリング場を作る必要があるのかと疑問を唱え、さらに300パーセントのコスト超過を指摘した。

こうして空軍はフィッツジェラルドを内部情報から遠ざけたが、C-5Aを査定する部署には彼に同情して協力してくれる人たちがいた。彼らは密かに重要な内部資料を送りつづけてくれたのだ。また、フィッツジェラルドは左遷される前にたくさんの記録やコスト評価の資料を保存していたので、空軍と闘う材料には困らなかった。

ハラスメントとの闘い

だが、腐敗に対して声を上げた彼の決断には大きな代償がともなった。1969年5月、空軍は

「特別調査局」にフィッツジェラルドの身辺調査を指示した。ペンタゴンのあるインサイダーの説明によれば、特別調査局の調査というのはプライバシーを調べあげることで、たとえばどこかに愛人を作っていないかとか、ドラッグをやったことはないか、アルコールの乱用はないか、同性愛の行動はないか、などがおもだという。だが調べたが何も見つからなかったため、特別調査局は彼が機密資料を無許可で持ち出して部外者に回覧させたという、事実と異なる話をでっち上げて告発した。だが、彼が外部の人間に見せた書類は、最も機密性が高いものでも「秘」扱いで、分類上の「機密情報」ではなかったうえ、[*6] 彼はコピーを取って人に見せても違法行為や不適切行為にはあたらないとの確認を上司からもらっていたのだ。

これらさまざまな脅しはあったが、フィッツジェラルドはその8カ月前の1968年9月に、公務員規定による「在職権」を与えられていることを明記した文書を受け取っていたので、比較的安心していた。次に空軍は、その文書が「コンピューターの誤作動により誤って印刷された」と奇怪な理屈をつけて無効性を主張してきたが、その文書には空軍司令部の背広組トップの手書きによる署名が入っていたため、無効とすることはできなかった。

一方、委員長のメンデル・リバーズがロッキードと癒着しているためまともな調査をしなかった下院軍事委員会にも、数は少ないが精力的なC-5A計画批判派がいた。1969年5月、フィッツジェラルドはその一人であるニューヨーク州選出の議員に指名されて公聴会の証言に立ち、さまざまな資料を示しながら、コスト超過が最低でも推定20億ドル以上であることや、それればかりか空軍の高官たちはそのことを1966年から知っていたことを明らかにした。言葉を換えれば、それらの高官たちはその事実を議会に対して3年間も隠しつづけ、もしフィッツジェラルドが暴露しなければそのまま逃げきるつもりだったということだ。

その日、リバーズは一日じゅう、旗色が悪かった。彼はフィッツジェラルドの証言を論破することができなかったばかりか、C-5A計画批判派の議員が展開したC-5Aのスペアパーツのコストに関する決定的に重要な議論にも反論できなかった。その議員の追及に、議会の調査機関である会計検査院の調査官まで「今後C-5Aのスペアパーツにいくらかかるか、空軍自身さえわかっていないと思う」と認めたからだ。批判派議員は、「契約でスペアパーツはロッキードが提供してはならないと謳《うた》っている一方で、契約にはその価格が入っていない。これではロッキード以外が好きなように値をつけられる」と指摘して、リバーズを反論不能に追い込んだ。そのときリバーズが苦しまぎれに言った言葉は、C-5A推進派の本音をよく表わしている。彼はこう言ったのだ。

「契約がどうなっていようが、知ったことか」

それに対して批判派議員はこう結んだ。

「(空軍は) これまでにも何度も何度も、機材を調達するたびに (癒着を指摘されて) トラブルに陥ったので、今回は法外な料金の支払いをスペアパーツにまぎれ込ませたのだ。そうすればどうしても払う以外なくなるからだ。機体を購入すれば、スペアパーツは必ず必要になるのだから」［原注：ライス著『C-5Aスキャンダル』による］

それから10年以上たったレーガン政権の時代になって、P-3Cのトイレの便座に640ドル、C-5Aのコーヒーメーカーになんと7662ドルもの請求がなされていたことが発覚するが、これはそのドラマの前ぶれだった。

フィッツジェラルドをなんとしてでも取り除きたい空軍は、新たな方法を考えた。プロクスマイアーの公聴会で初めて証言してからまもなく1年が過ぎようとしていた1969年11月4日、フィッツジェラルドは〝分離通告〟なるものを受け取った。その内容は、空軍の「管理システム担当官事務所」内にある彼が所属しているセクションを、〝経費節減のために〟廃止することが決まったということだった。所属部署がなくなれば、当然彼は異動になる。それは実質的な解任だった。空軍の官僚たちは、納税者の税金の膨大な無駄遣いを暴露した男を追放するために、〝経費節減〟を口実にその男が所属する部署を廃止するという、冗談にもならない方法を取ったのだ。

だが、彼を解任した空軍の動きは、彼を支援する多くの議員たちの強い反対に出合った。60名の下院議員が連名で大統領リチャード・ニクソンに書簡を送り、彼をもとの職場に復帰させるよう要求した。プロクスマイアーはフィッツジェラルドの解任についてさらに議会で追及した。司法省の高官は「優先的に調査する」と確約したが、フィッツジェラルド本人から一度も話を聞くことなく調査は1年後に中止され、司法省の係官は「もう再調査はないだろう」と述べた。

解任されたフィッツジェラルドの後任者選びが、また怒りのさざ波を巻き起こした。空軍はアーサー・ヤング会計事務所*7の共同経営者をコンサルタントに選んだのだ。だが、アーサー・ヤングはロッキードの財務処理を一手に引き受けている会計事務所で、C-5Aの予算超過をロッキードと一緒になってもみ消したのもアーサー・ヤングだった。

空軍がそのような人物をフィッツジェラルドの後任に決めたことに、議会やマスコミから嵐のような非難がわき起こった。ムーアヘッド下院議員は「これはまるで、ハンバーガーを守るのにブルドッグを連れてきたようなものだ」と述べた。空軍はなんとか言い逃れを試みたが非難の嵐は収まらず、やむなくその人物がわずか1日出勤しただけで解任せざるをえない羽目になった。

一方、フィッツジェラルドを援護する議会の動きにもほとんど効果が見られず、時間だけが流れた。彼は約4年半後にようやくペンタゴンに戻ることができたが、重要な役割からは注意深く遠ざけられた。彼が職場復帰の訴訟を通じて再び複雑な兵器システムの開発や進行状態を査定する仕事に戻れたのは、それからさらに8年後のことだった。1982年6月15日、彼を空軍次官補（経理管理担当）の下で働く管理システム担当官の職に戻すよう空軍に命じる判決がようやく下った。だが彼は笑顔で迎えられたわけではない。記者の取材に対し、空軍長官は「彼は空軍で最も嫌われている男だ」と述べた。

【訳注】

＊6　**機密のレベル**　国防総省の書類の「機密」のレベルは、機密度の高い順に「最高機密」「機密」「秘」「限定」「機密性なし」の5段階に分類される。

＊7　**アーサー・ヤング会計事務所**　もと世界有数の会計事務所。1989年に合併により、いわゆるビッグ4の一つで世界最大規模とも言われるアーンスト・アンド・ヤング会計事務所になった。同会計事務所は2008年にリーマンショックを引き起こしたリーマンブラザースの倒産に関して、リーマンが不正行為を繰り返し行なっていたことを知りながらもみ消していたことが明るみに出ている。

ニクソンが指示した内部告発者潰し

フィッツジェラルドが起こした地位保全の裁判で明るみに出たぞっとするようなことの一つは、彼を解任する決定がどこから出たのかをたどっていくと、大統領まで行っていたことだ。

１９７３年1月31日、大統領2期目に就任してまもないリチャード・ニクソンは、前年11月の大統領選で対立候補に圧勝した安堵感から、その日に行なわれた記者会見を振り返って側近たちとリラックスした会話を交わしていた。ニクソンは上機嫌でこう言った。

「今日の記者会見で私はずいぶんいろんなことをしゃべったな。かなり長いことしゃべっていただろう。しゃべりたい気分だったんだよ。ムレンホフと冗談を言いあったりまでした。むろん、あいつがしつこく訊いてきたからだが……」

ここでニクソンが名前をあげたムレンホフというのは、もとニクソンのスタッフだったジャーナリストで、彼はそのときの記者会見でニクソンに、フィッツジェラルドの解任に関して開かれることになっている公聴会について質問したのだった。ムレンホフは、「空軍長官には、この公聴会で質問に答えることを拒否できる法的特権があるのかどうか」というようなことを尋ねた。それに対してニクソンは「フィッツジェラルドの解任騒動のことは承知していた」と答えた。

その少しあと、ホワイトハウスの大統領執務室で、ニクソンはさらに踏み込んで取り巻きたちにこう語っている。

「解任されたあの男な、私はその件について、日々の報告[*8]で聞いて注目していたんだ。ああいうことになるんだよ。私は、あのクソ野郎《サン・オブ・ア・ビッチ》を取り除け、と言ってやったのだ」

ニクソンはさらに言葉を続け、「あの男の罪は、はっきり言えば、命令を聞かずに予算超過を他言したことだ」と言った。

だが、彼を黙らせようとする空軍のキャンペーン（今見たように、それは明らかに大統領自身が後押ししていた）にもかかわらず、フィッツジェラルドは最初に証言をした1968年11月から69年11月に解任されるまでのあいだに、かなりの量の情報をおおやけにすることができていた。

【訳注】
＊8　**日々の報告**　毎朝ホワイトハウスの大統領執務室で、CIA長官その他によって行なわれる〝日々のブリーフィング〟のことを指していると思われる。

ロッキード首脳陣のインサイダー取引疑惑

実は、フィッツジェラルドが下院軍事委員会で空軍のもみ消しについて証言した内容は、すでにその1カ月前に下院の「政府運営委員会」の「軍事運営小委員会」の公聴会で空軍の制服組高官が認めていたことを、さらに動かぬものにしたのにすぎなかった。その小委員会で、ペンシルベニア州選出のウィリアム・ムーアヘッド下院議員が、選挙区に軍需企業をたくさん抱えているカリフォルニア州選出のC-5A推進派議員とやりあったときに、ムーアヘッドは空軍の内部資料を示しながら、「空軍は意図的に金額を書き替え、C-5A開発コストの本当の超過額を議会に隠していた」と追及し、問いつめられた空軍のC-5A計画担当責任者の制服組高官（大佐）が、もみ消しを認めたのだ。その大佐はもみ消しの理由を追及され、「もしこのことがおおやけになったら、〝公共の市場〟でロッキードの立場が危険にさらされるかもしれなかったからだ」と答えた。

そしてまもなく、彼が言った〝公共の市場〟とは、株式市場のことだったことが明らかになる。はたして空軍は、ロッキードの株価を支えるために、製造コスト超過の重大な情報を議会に隠していたのだろうか？

その疑いが濃厚だったことは、証券取引委員会〔企業の不正会計を摘発する連邦政府の機関〕がただちに調査を開始したのを見れば明らかだ。証券取引委員会は空軍とロッキードがともにC-5Aのコスト超過を隠匿していたことを確認したのに加え、空軍がC-5A開発の行方に深刻な懸念を表明しはじめたころ、ロッキードの首脳陣たちが自社株を大量に売りさばいていたことを突き止めた。ロッキードの株主だったある不動産会社は、「ロッキードの首脳陣が自社株を大量に売却したため、同社の社債が50パーセントも値下がりして大損した」とロッキードを告訴した。

最終的に、証券取引委員会はインサイダー取引は発生しなかったと結論づけたが、「ロッキードの首脳の一人を刑事告訴する一歩手前だった」と議会に報告した。そして証券取引委員会は、ロッキードがC-5Aの問題について同委員会に情報を適切に開示したかどうかに〝重大な関心〟を表明したが、開示しなかったことがただちに刑事事件になるとまでは言えないとして幕を引いた。

次々に起こる事故・トラブル

話をさらに核心に進めよう。C-5Aに関するロッキードとペンタゴンとの甘い取引と、彼らがそれをもみ消そうとした話は、実はこの物語のごく一部にすぎない。結局のところ、究極的な議論は、この輸送機の支持者たちが主張したように、「国の安全保障にとって絶対に欠かせないものを作るのに、予定より10億ドルや20億ドル余分にかかったからどうだと言うのだ」ということになるのだ。

だが、この輸送機が絶対に必要だと考えるかどうかは、「アメリカは、世界のいかなる場所で起きる紛争にもただちに介入できる軍事力を持っていなければならない」と考えるかどうかによって変わってくる。そしてロッキードや空軍は、その能力を持つことは国益にかなうと主張する。だが、たとえばフルブライト上院議員のような批判派は、「そのようなものはアメリカを不必要な紛争に巻き込む危険な道具になる。もし紛争に〝素早く〟〝容易に〟介入できれば、我々はますますそういうことをしてしまう可能性が増す」と主張した。

だがその議論をするには、さらに根本的な大前提がある。それは、この輸送機にその能力があるのかどうかということだ。たとえ推進派が海外の紛争に素早く介入するのに役立つ輸送機を望んでも、C-5Aにその能力がなければ議論は無意味だ。

そして推進派にとって困ったことに、C-5Aにはその能力がほとんどないことが判明したのだ。

下院軍事委員会でフィッツジェラルドが証言した直後の1969年6月、『ワシントン・ポスト』紙が、「空軍は第2次生産分のC-5Aを必要としていない」というペンタゴンの内部レポートを署名記事ですっぱ抜いた。その内部レポートはペンタゴンのシステム分析局が作ったもので、「世界各地の紛争にC-5Aが役立つのは、平均で最初の10日間だけで、あとは通常の輸送船や現存する輸送機を使ったほうがはるかに安く、かつ充分な物資を運べる」と結論していた。だがロッキードが、第1次生産で出した赤字を第2次生産分で埋める目算だったことはすでに述べたとおりだ。

つまり、それまでのすべての論争で抜けていたのは、この飛行機は宣伝に謳われていたとおりの性能が本当に出るのかどうかということだった。約束どおりの積載力はあるのか？　予定どおりのスピードは出るのか？　耐久性や寿命はどうなのか？　そして本当に未舗装の短い滑走路に着陸できるのか？　これらの問いに答えないかぎり、紛争の介入に使うのどうのという議論は無意味である。

C-5Aの技術的な欠陥の深刻さが初めて正式に認定されたのは、1971年3月になってようやくのことだった。会計検査院が次のような報告を正式に出したのだ。だがそれはフィッツジェラルドが初めてその問題を明らかにしてから何年もあとのことだったうえ、すでに空軍には数機が引き渡されて実際に使われはじめていた。

「空軍が受領しているC-5Aには、降着装置、主翼、アビオニクス〔航空機に搭載される電子機器類の総称〕に大きな欠陥がある。それらの欠陥のため、C-5Aはごく基本的な貨物運搬に任務が限定されており、主要な欠陥が直されるまで戦術的な任務には使用できない。（中略）……この輸送機は舗装された正規の滑走路にしか着陸できず、未舗装の滑走路に着陸しようとすると、エンジンその他の機体の重要な部分に与える損傷が激しいため、空軍はその能力をテストする着陸試験を中止した……」

議会がC-5Aの技術的なトラブルについて初めて耳にしたのは、この報告が出るよりずっと前の1968年11月にさかのぼる。だが、トラブルが見つかりはじめたのはそれよりさらに2年以上も前の、まだ開発が始まってまもない1966年のことだった。ジョージア州マリエッタにあるロッキードの組み立て工場で、原因不明の技術的トラブルが次から次へと起きていたのだ。一つの問題に対策を講じると、さらに大きな別の問題を引き起こすこともあった。

そして『ワシントン・ポスト』紙がすっぱ抜いた1カ月後の1969年7月、地上で試験を行なっていたC-5Aの主翼に亀裂が入るという深刻な事件が起きた。空軍は、亀裂が入ったのは通常の搭載量より28パーセントも重い荷重で試験をしていたからだと釈明したが、設計では通常の搭載量より50パーセント重い積み荷にも耐えうることになっていたのだ。そしてその3カ月後、事態はさらに悪化した。主翼を補強したC-5Aを、設計搭載量のわずか83パーセントの荷重で試験していたところ、また主翼に亀裂が生じたのだ。ウィリアム・ムーアヘッド下院議員は、この輸送機を「粗悪品」「欠陥機」と呼んだ。だがそれにもかかわらず、空軍は1969年12月、第1号機を受け取った。

その最初のC-5Aが空軍に引き渡されるわずか数日前に、ムーアヘッド下院議員が要求していたC-5Aの技術的な問題に関する調査報告を会計検査院が出していた。それによると、C-5Aは予定の半分以下の重量までしか貨物を積めないうえ、最高速度を制限しなければならないほか、降着装置の欠陥、レーダーの作動不良など、合計25件の欠陥が指摘されていた。ロッキード擁護派が「20億ドルや30億ドルよけいにかかってもそれだけの価値がある」と主張していた飛行機が、前代未聞の20億ドルの超過に加えて、最初に要求された性能すら満たしていないことが明らかになったのだ。もはやこの飛行機の問題は、戦略的なニーズがどうのという以前に、巨大な税金の無駄遣いと、パイロットはじめ搭乗員の生命の安全にかかわる問題となった。

C-5Aの欠陥を追及する人たちは、会計検査院の報告を隅々まで読む必要はなかった。その後まもなく、もみ消しようのない派手な事故が続けて起きはじめたのだ。1970年10月17日、空軍に引き渡されてまだ1年もたたないC-5Aの第1号機が、滑走路上で火災を起こして爆発した。この機体は、追加の試験を行なうためにジョージア州マリエッタのロッキードの施設に戻されていたものだった。この事故で整備士一人が死亡、一人が負傷し、スタッフの消火作業にもかかわらず機体は2時間以上にわたって燃えつづけた。

翌71年9月29日、オクラホマ州の空軍基地から離陸しようとしていたC-5Aの、4基のエンジンのうちの1基が主翼から脱落し、機体をその場に残したまま前方に突進、滑走路上で火の玉となって炎上する事故が発生した。さらに、サウス・カロライナ州のチャールストン空軍基地で、視察に来ていたお偉方の一行の目の前に着陸したC-5Aのタイヤ2個がパンクしたうえ脱落。まずいことに、その一行にはC-5Aの最も強力な支持者の一人である、下院軍事委員会委員長で地元のボス、メンデル・リバーズも加わっていた。同行していた記者によると、空軍の広報担当官があわてて飛んできて、「心配いりません。タイヤはまだ26個もついていますから」と言ったという。

ロッキード社内からも告発者が

C-5Aの問題を最初に暴露したのは空軍のフィッツジェラルドだったが、この輸送機のお粗末な性能と前代未聞のコスト超過の実態を白日の下にさらしたのは、ロッキード社内部から声をあげた告発者だった。その人物、ヘンリー・ダーハムは、マリエッタ工場で生産管理の仕事をしていた。フィッツジェラルドが空軍とロッキードの癒着ぶりを暴露したのに対し、ダーハムはロッキードの工場内で実際に行なわれていたことを新聞記者に語ったのだ。

フィッツジェラルドが解任される少し前の1969年夏、ダーハムは組み立てが終わったC-5Aに飛行試験の準備を施す作業を監督していた。彼によれば、工場内のあらゆる部署で管理の不備と無駄が横行しており、さらに不快なことに、やるべき仕事を全部終えていないのに、したことにして支払いを受ける、空軍とのなれ合いが常態化していたという。それらを目にしたダーハムは、マリエッタ工場の実態を一人で調べはじめた。

だが彼の努力は、幹部たちから良く思われなかった。工場の生産本部長は、「おまえはワシントンで物議をかもしたあのフィッツジェラルドという男がどうなったか知っているか。あいつはな、今では閑職をあてがわれていて、もう二度といい仕事には戻れないんだぞ」と言って彼を黙らせようとした。のちにダーハムはそのことについて、「あれは、空軍やロッキードに盾突く者はその後一生困ったことになるという脅しだった」と述べている〔原注：上下両院統合経済委員会政府経済小委員会の兵器システム調達に関する公聴会の証言、1971年9月29日。以下「ダーハム公聴会」と記す」。

この本部長のように、ロッキードの管理職たちは彼の将来を脅かすようなことを言ったが、工場の同僚やマリエッタの住人のなかには彼の命を脅かす者もいた。

彼が『ワシントン・ポスト』紙の取材に応じて工場の内情を詳しく語った記事が出てから、殺害を予告する一連の脅迫状が舞い込むようになったのだ。「娘を痛めつけてやる」という脅しもあった。マリエッタ工場には「プロクスマイアーを殺せ！」「ダーハムを殺せ！」と書かれた貼り紙があちこちに貼られるようになった。このような危険な状況が生まれはじめたため、プロクスマイアー議員は、ダーハムとその家族に身辺警護をつけるよう連邦警察に要請した。

明らかに、マリエッタのロッキード関係者や住民の一部に、ダーハムの暴露のせいで会社や自分たちの仕事が脅かされると考えた者たちがいたのだ。とはいえ、彼らがそのような行動に出たのは、ロッキードの経営陣に扇動されたためでは決してない。CEOダニエル・ホートンは、ただちに次のような手紙をすべての社員に送った。

［特別広報］

対象：すべての部門、工場、オフィス

1971年7月22日

社員諸君へ

ご存じのように、いま議会では、政府によるわが社への融資保証について審議が行なわれていますが、最近、わが社を批判する人たちを、わが社の社員がさまざまな形で脅迫しているという報告があります。

私たちの仕事や将来に対する脅威に対して感情的になることは理解できますが、批判者を脅迫するような行動は許容できるものではありません。

次の1、2週間のうちに、議会において、選挙によって選ばれた私たちの議員が、私たちの運命を決めることになっています。彼らの審議と賛否の投票は、冷静な討議とすべての側が自由に意見を主張できる雰囲気のなかで行なわれなければなりません。

強い（怒りの）感情はありましょうが、みなさんも私と一緒に、そういう気持ちをロッキードの伝統にふさわしく、冷静かつよく考えたやり方で表現するよう希望します。

ロッキード航空機製造株式会社社会長　ダニエル・ホートン

ホートンはこの手紙のなかで、ロッキードの無駄と腐敗を白日の下にさらしたダーハムたちの努力を〝私たちの仕事や将来に対する脅威〟と呼んではいるが、彼が暴力的な脅迫を許容しなかったことは明らかである。

この手紙のなかでホートンが触れている〝投票〟というのは、連邦政府がロッキードに2億5000万ドルの融資保証〔政府が銀行に返済を保証することにより融資させる方法〕を行ない、ロッキードを救済すべきかどうかを決めるための議会の決議のことだ〔詳しくは次章〕。C-5Aに関する不正行為についてのダーハムの証言は、その決議に大きな影響を与えていた。

ダーハムは脅迫にもめげず、1971年9月29日にプロクスマイアーが委員長を務める政府経済小委員会で証言を行ない、ロッキードの価格のつけ方の詳細を赤裸々に語った。それによると、ロッキードはただのボルトに1本65ドル、単位当たり67セントのシートメタル〔おそらくジュラルミンの薄板〕に19ドルなどといった法外な請求をしているほか、同社の工場の裏に42トンの鉄鋼が放置されて錆《さ》びるままになっているなど、何百万ドルもの納税者のカネが浪費されているということだった。さらにダーハムは、C-5Aの生産で問題にされているパーツの多くはロッキードの他の施設に在庫があるにもかかわらず、在庫管理のずさんさから、ジョージア州マリエッタ工場はきわめて高い価格で新たに仕入れていることや、そういう重複した資材の購入やずさんな管理がすべての生産過程に広く浸透していることを暴露し、それらのことがC-5Aのコスト上昇のおもな原因になっていると断言した。

彼はまた、安全性についての問題も取りあげた。ロッキードは空軍から〝中間支払い〟を受けられるように、重要なパーツが取り付けられていようがいまいがかまわずC-5Aの生産を急いでいるというのだ。〝中間支払い〟というのは、生産過程の各段階の重要な区切りを達成するごとに分割して行なわれる支払いのことだ〔どこまで終えたらいくら支払われるかが契約で規定されている〕。ダーハムは、組み立てが終わって飛行試験に向かう機体に、取り付けられていないパーツが無数にあるのを発見して、あわてて初飛行の直前に取り付けたことや、努力しても全部を取り付けることができなかったこともよくあったと証言した。

なおも膨れあがる損失

話は少し戻るが、C-5Aのスキャンダルが次々と明るみに出始めたころ、ロッキードの財務状態は急速に悪化しはじめていた。空軍はコスト超過にかなりの妥協をしたが、それでもなお損失は5億ドル近くになっていたのだ。さらにロッキードはもう一つの大きな問題を抱えていた。それが当時、〝新世代の旅客機〟と言われたワイドボディの3発ジェット旅客機〝トライスター〟の開発・生産だ。トライスターは民間旅客機市場でボーイングの747（ジャンボ）とダグラスのDC-10と競争していたが、性能も優れ人気も高いボーイングのジャンボに大きく水を開けられていた。C-5Aとトライスターという、二つの大きな問題を同時に抱え込んだロッキードは、倒産する可能性が現実味を帯びはじめていた。

次章で詳しく見ていくように、ロッキードの資金難は最終的にアメリカ政府が巨額の融資保証をすることで救済されることになるのだが、そうなるよりずっと前から、ペンタゴンと空軍はロッキードを救うために、C-5Aの第2次生産分については第1次生産分のときより条件をゆるめて買い取ることを提案していた。

つまり、空軍がフィッツジェラルドの所属部署を廃止するまでして、彼を解任してC-5Aの問題をもみ消そうとしたのは、ロッキードを救うために、どうしても第2次生産分の調達を議会に承認させる必要があったからだったのだ。なぜなら、最初の契約にある「価格再設定方式」により、第1次生産で生じたコスト上昇分を第2次生産分の価格に上乗せして吸収させねばならなかったからだ。「トータルパッケージ契約」を考案した空軍の担当次官補ロバート・チャールズは、契約にその条項をつけた理由を、「ロッキードに〝壊滅的な〟打撃を与えるのを防ぐため」だと説明している。C-5Aの第1次調達分は53機に固定されていたため、第1次で出した損失を埋めあわせるには、第2次調達分を57機以上生産する必要がある計算になった。

だが第1次分の生産が始まると、製造コストが予想以上に膨らみ、最初の見積もりのおよそ100パーセント増し（2倍）にもなることがわかってきた。それをもとに「価格再設定」の計算をやり直したところ、第2次調達分の57機のコストは、最初の予定の240パーセント（2・4倍）にもなることが予想された。もしこれが支払われれば、ある意味でロッキードはみずからの失敗によるコスト超過によって報酬を得ることになる。だがそれはあくまでも、議会が第2次生産を承認すればの話だ。もし第2次生産が予定どおり行なわれなければ、ロッキードは最初の53機の生産で生じると予測される6億7000万ドルの損失を抱えたまま倒産する可能性が充分考えられた。

1969年1月半ば、重要な兵器メーカーであるロッキードがこのように大きな損失を出す可能性に直面している状況を受け、空軍は、議会にも、まもなく発足するニクソン政権〔同年1月20日に発足〕にも伝えずに、第2次生産分の調達を強行する決定を下した。それはプロクスマイアーがこの調達に関する公聴会を開くわずか数時間前、ニクソンの大統領就任式が行なわれる4日前のことだった。空軍のこの決定には、軍の支持者である『軍事ジャーナル』誌ですら、「なんとみっともない急ぎぶりだ」とあからさまに批判した。
さらに空軍は、第2次調達の発注を急いだのと並行して、第1次調達分にも価格設定がやり直せるように契約を変更した。空軍はそれを「新たに設定した価格を、第1次と第2次の生産分に〝分散〟させただけ」だと説明したが、空軍自身の財務管理局の見積もりでは、この変更によりC-5A調達の総コストが少なくともさらに3億ドル上昇するとなっていた。
さらにわかったことがあった。それは、〝C-5Aの契約の生みの親〟と呼ばれたロバート・チャールズが、最初からロッキードに第2次発注をすることしか考えていなかったということだ。というのは、C-5A開発のつまずきを受けて、ボーイングが空軍に、ロッキードに第2次発注をするかわりに747旅客機を軍用輸送機型に改造する案を提示していたが、まったく検討されていなかったことがわかったのだ。そのボーイング案によれば、1機当たりの提示価格は2300万ドルで、C-5Aの第2次発注分の1機当たり4500万ドルの約半額だった。公聴会で「なぜ第2次発注をボーイングとの競争入札にしなかったのか」と問われたチャールズは、「それは私の管轄ではありません」とまさに典型的な役人の答弁をした。[*9]
プロクスマイアーの公聴会では、空軍がなぜこれほど第2次の発注を急いだのかについて質問が集中し、空軍は「なぜこのタイミングで行なわれたのか」と追及された。その答えは、「ロッキードに急いでカネを注ぎ込む必要があったから」以外にはありえない。なぜなら、その時点で第1次生産分のC-5Aはまだ4機しか完成しておらず、生産ラインにはまだ未完成の17機があっただけで、第2次分の生産などまだはるか先のことだったからだ。

こうして空軍は、その最もお気に入りの兵器メーカーを救うために、道理を曲げてでもコスト超過を埋めあわせようと最善の努力をしたが、次章で詳しく見ていくように、それでもまだロッキードを救うには充分ではなかった。ロッキードにとって最初の大きな壁は、議会がC-5Aの総調達数を、最初の計画の120機から81機に削減しようとしたことだった。まず上院で、最後の24機の生産の承認を90日間遅らせて、その間に、この輸送機が生産コストと性能の問題を考慮したうえで本当に必要かどうかをもっと注意深く査定すべきという修正案が出された。

だが激しい討議の結果、プロクスマイアー上院議員率いる生産見直し派は続行派に大差で敗れた。たとえさらにコストがかかっても、すでに大金を投じた以上、中止すれば今までに投じた大金が無駄になってしまう、という理屈には説得力があった。

しかしこうして議会は承認を与えたが、意外なことが起きた。ペンタゴン自身が調達を中止する決定を下したのだ。C-5Aをめぐる一般社会の論争に火がついたことに加えて、ペンタゴンはそれが国防予算全体を引き下げようとする動きに発展することを心配しはじめていたのだ。*10 1969年11月、ペンタゴンはC-5Aの調達を合計81機で打ち切ると発表し〔つまり第2次発注は28機のみ〕、ロッキードは損失を免れることができなくなった。もっとも、その前に空軍が契約を変更してくれたおかげで、損失は予想よりは小さくなっていたが。

【訳注】

*9 **ボーイング747を軍用輸送機型に改造** 実現しなかったが、もともと747は軍用輸送機として計画されたものを旅客機型に変えたものであることを考えれば、改造は難しくなかったにちが

いない。

＊10　**ペンタゴンによるC-5Aの削減**　当時はベトナム戦争が泥沼化し、アメリカ国内ではおもに徴兵に対する若者の反発から反戦運動が拡大して大学キャンパスを中心に騒乱がうねりのように広がり、アメリカじゅうが大混乱に陥っていた。ペンタゴンは、ロッキードを救うために巨額の予算を注ぎつづけることが戦費を圧迫し、他の兵器の調達にしわ寄せが出て、戦争の遂行に影響が出ることを心配しはじめたとも言われる。さらに、ロッキードがC-5Aの生産でペンタゴンから受け取った資金の一部を、トライスター旅客機開発の穴を埋めるために使っていた疑惑が生じていた。

ペンタゴンの支払いでトライスターの赤字を穴埋め

先ほども述べたように、ロッキードはC-5Aだけでなく、民間航空市場を狙った〝トライスター〟旅客機の開発でも問題を抱え、綱渡りの経営が続いていた。トライスターは競争相手のボーイングとダグラスに大きく水を開けられたまま、追いつくことができないでいたのだ。[*11] 確定した販売契約はまだ100機分しか取れていなかった。100機では開発にかかった費用を回収することすらできない。まして利潤など出るわけがなかった。空軍のフィッツジェラルドや上院のプロクスマイアーは、ロッキードの資金流出の最大の原因は、実はC-5Aではなくトライスターのほうなのではないかと疑っていた。そしてフィッツジェラルドは、ロッキードがC-5Aの開発で超過したとして受け取っている資金の一部が、トライスターの開発で直接・間接的に生じた穴を埋めるために使われていたことを示す証拠を手に入れた。

議会でその件を取りあげたのもプロクスマイアー議員だった。プロクスマイアーは、C-5Aが「政府が所有する工場と機器類を使って製造され、実際にかかったコストの90パーセントまでが政府の中間支払いによってまかなわれているだけでも呆れた話なのに、ロッキードは民間機の製造にまで、政府の特別な計らいで賃料が格安になっている政府所有の工場と機械を使っている」と指摘した〔原注:『ワシントン・ポスト』紙、1970年5月29日付の記事。ライス著『C-5Aスキャンダル』より〕。さらにプロクスマイアーは、トライスターでロッキードが7億ドル以上の損失を出す可能性があるとペンタゴンが試算していることを暴露した。

ロッキードはC-5Aの生産コストが超過したとして、3億4400万ドルの支援と、将来のコスト超過に備えて2億ドルの〝臨時費〟を議会に求めていたが、その同じ年(1970年)に、トライスターによるこの損失が発生していたのだ。フィッツジェラルドによれば、〝臨時費〟とは、実際はコストに関する将来のトラブルに備えて贈賄に使うためのカネなのだという。彼は「もし政府からの支援が行なわれても、そのカネはすでに起きたコスト超過分の埋め合わせに使われて消えてしまい、新たにC-5Aを1機も買うことはできない」と述べている。C-5Aの生産が巨額のコスト超過を引き起こしていたのはまぎれもない事実だが、これほどまで巨額になったことは、「そのうちの何億ドルものカネが、実はトライスターの穴を埋めるために使われていた」というフィッツジェラルドの主張を強く支えている。

上院では、プロクスマイアーとその同僚議員が、少なくとも政府が拠出する2億ドルの〝臨時費〟がトライスターのために使われるのではないことを証明するよう空軍に義務づける修正案を提出した。だがその修正案は40票対30票で否決され、合計5億4400万ドルの全額がロッキードに支払われることが決定した。ロッキード支持派が例によって、「ロッキードへの支援を少しでも減らせば国の経済が崩壊する」「ソ連にやられてしまう」という大合唱を始めたのが功を奏したのだ。とくに、ロッキードの主要な生産施設があるジョージア州とカリフォルニア州選出の議員の「大量の職が失われる」という主張は強硬だった。

それから40年たって、F-22ラプター戦闘機をめぐる争いで繰り返されたのは、これとまったく同じ論争である。納税者のカネがどう使われるのかを公表することが、なぜロッキードを破綻させることになるのかについての説明はまったくなかった。

だが、これでロッキードの根深い財務上のトラブルが消えたわけではなかった。アメリカ政府から山のような巨額の支援を受けてもなお、ロッキードの経営状態は悪化しつづけていた。トライスター旅客機の開発・生産による損失が膨れあがり、C-5Aの生産で受け取る金額に政府の支援を合わせても、損失を埋めあわせられる見込みはなく、ロッキードは倒産に向けて進んでいるように見えた。

【訳注】
＊11　トライスターはC-5Aに少し遅れて1960年代半ばに開発が始まっていた。

第5章

大きすぎて潰せない？

昨今の金融危機のときのように、それこそ何千億ドルもの公的資金をほとんど無条件に近い形で銀行に注入したり、デトロイトの自動車業界に納税者のカネを数百億ドルも融資して救ったのに比べれば、1971年に繰り広げられたトライスター旅客機の開発であけた穴を埋めるためにロッキードに与える2億5000万ドルの政府の融資保証をめぐる政治バトルなど、大昔の滑稽《こっけい》な物語に見えるかもしれない。だが当時プロクスマイアー上院議員のスタッフだったある人物は、最近の出来事を見て私に言った。

「あのときと薄気味の悪い共通性がありますね。金額は違っても、闘わされた議論はまったく同じです。つまり、大きすぎて潰せないということですよ」

それ以前にも政府に救ってもらった企業はあったが、ロッキードのケースは特異だった。一つの企業に対してあれほどまでの多額な支援が行なわれたことも、ロッキードのように大きな企業が救済の対象になったことも、それまでなかったのだ。ロッキードを救うかどうかについて議会で行なわれた討論は、政府の歳出が国の経済に果たす役割や、資本主義の根本的な意味とは何かといった基本的な問題について、徹底的に、時には激しいやり合いを交えた論争を巻き起こした。

上院議員プロクスマイアーの闘い

このときも、論争を起こした中心人物は、連邦政府の予算を無駄な浪費や詐取などの腐敗から守る力強い活動で有名な、プロクスマイアー上院議員だった。同議員は、少し前に超音速旅客機（SST）の開発に政府が補助金を出す計画を葬り去ったばかりで、次は政府がロッキードに融資保証を与えて救済しようとする動きと闘う準備を整えていた。第4章で述べたように、ロッキードはすでにC-5Aのトラブルを暴露されて生産中止に追い込まれており、CEOのダニエル・ホートンや首脳陣にとって、プロクスマイアーとまた一戦交えるのは避けたいところだった。

プロクスマイアーは、50年代にニクソンがアイゼンハワーの副大統領だったときからニクソンの政敵だった。清廉潔白を絵に描いたような人物で、いっさいの贅沢をせず、安い背広を着て、毎朝8キロほどの道をジョギングをして自分のオフィスに出勤するのが日課だった。彼はワシントンに議員専用の高価なスポーツジムを作ることにも反対したほどで、昼食はレストランに行かず自分のオフィスで食べ、選挙資金の寄付も断わっていた。他の議員たちが何十万ドルもの資金を集めていたのと対照的に、彼が受け取ったのは多くてもせいぜい数百ドル程度で、しかもそのほとんどが、一般市民から送られてくる小切手を送り返すための切手代に使われた〔アメリカでは個人用小切手が日々の支払いに使われ、銀行振込みはほとんどない〕。

しかもスタッフも驚いたことに、毎年国から支給される上院議員の必要経費のおよそ3分の1を返納していたという。

納税者にとって幸運なことに、彼はそういう生活態度を政治活動でも貫いていた。自分の選挙地盤であるウィスコンシン州においてですら、予算の無駄遣いと判断した政府の事業を謝絶したことも何度かあったほどだ。彼はそういう態度で政府の予算の使途を容赦なく追及したので、誰も彼を攻撃することができなかった。またそういう生き方のため、選挙でも他の活動でもカネがかからないので、買収されることもなかった。しかも政界でのし上がろうとも考えていないので、時には他の議員と連帯することもあったが、必要とあれば一人でも勇気ある行動ができたのだ。

そのような人物であるプロクスマイアーにとって、政府によるロッキード救済の動きは格好の標的となった。当時は大企業や政府のやることへの国民の不信が高まっていた時代でもあり、そういう時代背景もあって彼はいかんなく力を発揮できた。

【訳注】

＊1　**アメリカの超音速旅客機（SST）開発計画**　60年代半ば、アメリカは英仏共同開発のコンコルドに対抗すべくマッハ3クラスの超音速旅客機を計画し、ボーイングの案がロッキード案を破って採用されたが、本文にあるように政府の出資が中止されたため、1971年に開発が中止された。中止の理由には環境破壊（連続超音速飛行によるオゾン層の破壊と、地上に及ぼすソニックブーム（衝撃波）、空港周辺の騒音）があげられたが、資金難と技術的な困難も大きかった。超音速飛行時には空気との摩擦で機体が高温になり、熱のためにジュラルミン（通常の飛行機に使われるアルミ合金）の強度が落ちるため、コンコルドは最高速度を強化ジュラルミンの強度いっぱいのマッハ2・2に

設定してあったが、アメリカはコンコルドを凌ぐ性能にする必要から、マッハ２・７を目指し、チタニウムを用いる計画だった。

自国の計画が挫折したアメリカは、コンコルドの成功を阻止すべく、環境破壊を理由にコンコルドの北米大陸上空の超音速飛行を禁止した（はじめはヨーロッパからニューヨークへの乗り入れすら禁止したが、国民の猛烈な抗議にあい撤回した）。そのためコンコルドは洋上を飛ぶときしか超音速飛行ができなくなり、ヨーロッパからニューヨーク経由でロサンゼルスなど西海岸の都市に飛んだり、東京からニューヨークに向けて飛ぶ場合にあまり時間が縮まらなくなったことからメリットがなくなり、英仏以外の航空会社が発注をキャンセルしてしまった。そのためブリティッシュ・エアウェイズとエールフランスのみが国の威信をかけて運行したにとどまり、生産数は試作機を含めて20機以下だった。

その後、世界の旅客機開発の趨勢《すうせい》は大型化と燃費の向上による経済性の向上と、有害な排気物の少ないエンジンの開発に移っていった。

だが、よく言われたコンコルドの離着陸時の騒音については、実はコンコルドより音の大きい飛行機は当時たくさんあり、マスコミを動員したアメリカのネガティブ・キャンペーンだったという説もある。

ペンタゴンを恐喝したロッキード

実はロッキードは、トライスター旅客機のために政府から２億５０００万ドルの融資保証を受ける前に、それよりはるかに多額の支援をペンタゴンから受けていたのだ。だがそれについては議会の反対も少なく、マスコミもあまり注目しなかった。その支援とは、前章で取りあげたC-5Aに加えて、シャイアン攻撃ヘリコプター〔後述〕、短距離攻撃ミサイル〔B-52爆撃機に搭載し、空中から発射して地上を攻撃する空対地核ミサイル〕、そして何隻かの艦艇建造計画〔ロッキードはフリゲートや揚陸艦を建造する造船所を子会社に持っていた。同造船所は80年代末に閉鎖された〕の四つの大きなプロジェクトに関するものだ。

ペンタゴンはロッキードの圧力により、これらのプロジェクトのコスト超過分のうち7億5700万ドルを払い戻すことに同意した［原注：『ニューヨーク・タイムズ』紙、1970年12月31日付のニール・シーハンによる記事「ペンタゴン、ロッキードに和解金を提示」］。だが、C-5Aの予算超過を暴露して名を馳せたフィッツジェラルドは、7億5700万ドルというのは帳簿上のトリックで、実際には10億ドル以上が支払われることになると主張していた。正確な額がいくらだったかはともかく、ロッキードがペンタゴンからこのように何億ドルもの〝支援〟を受けるために使った理屈が、のちにトライスター旅客機のために政府が2億5000万ドルの融資保証を与えることの是非をめぐる論争へと発展していくことになるのだ。

この四つのプロジェクトのための資金をできるかぎりたくさん調達するため、ロッキードはまず、契約でもめていた5億ドル以上を前払いで払うようペンタゴンに要求することから闘いをはじめた。言葉を換えれば、ロッキードは自分にそのカネを受け取る資格があることを証明することなく、まずそれを先に払ってくれと要求したのだ。プロジェクトは四つあるので、もしそのうちの一つか二つの契約が取れなければ、そのときになってからどうやってその分のカネを返したらよいか心配すればよいというわけだ。ロッキードはこの要求を、「〝継続的な運営が阻害される状況〟を回避するための〝暫定的な資金調達行動〟」と呼んだ［原注：『ニューヨーク・タイムズ』紙、1970年3月6日付の記事「ロッキード、ペンタゴンの助けを求める」］。だがその要求の奥にあるものが何かは明らかだった。〝恐喝〟である。

ロッキードはペンタゴンに送った書簡のなかで、こう論じているのだ。

「もしこの資金が与えられなければ、わが国の経済に破滅的な結果がもたらされる可能性があるうえ、今後、国防総省が産業界から引き続きサポートを受けるための能力に深刻な結果をもたらすであろう。歴史的に、（国防総省と産業界の）どちらが最終的に勝つかにかかわりなく、国防総省は産業界のサポートを常に必要としてきた」*2

このような不穏な物言いは、要するに「もしカネを出さないなら、我々は四つの兵器システムの開発をやめてしまうぞ」、または「我々は倒産して〝企業自殺〟してやるぞ。そうなったら、おまえらは兵器の調達ができなくなるんだぞ。ひいてはわが国の経済が打撃を受けることになるんだぞ。それでもいいのか」と脅しているのと同じだと言う人もいる。実際、ロッキードのスポークスマンは、同社の救済に関するペンタゴンとの話し合いの席でこう強く言った。

「もし要請しているカネが与えられなければ、我々はC-5Aの開発を中止する。そうすれば我々は資金繰りに困ることもなく、倒産することもない」［原注：『ニューヨーク・タイムズ』紙、1971年1月27日付のニール・シーハンによる記事］

このロッキードの脅しについて、ムーアヘッド下院議員はこう述べた。

「これはまるで、80トンもある巨大な恐竜が家のドアの前にやって来て、『食べ物をくれ。もしくれなければここで死んでやるぞ。そうなったら、腐乱して悪臭を放つ80トンの巨大な死体をあんたはどうするんだ』と言っているようなものだ」

だが、ムーアヘッドやプロクスマイアーの強い反対にもかかわらず、このロッキードの主張は驚くほど効果があった。ニクソン政権はロッキードの救済を発表し、国防副長官デービッド・パッカードはロッキードの言い分とまったく同じことを理由にあげた。このパッカードという男は、今ではパソコンや周辺機器のメーカーとして成功して有名になったヒューレット・パッカードの創始者で、同社ははじめ、電子機器を軍に納める防衛産業の小さなメーカーだった。パッカードは救済の理由をこう述べた。

「ロッキードの活動は、防衛産業の他のたくさんの企業と複雑にからみあっているので、倒産したらそれらの企業への連鎖反応が起きる」

ロッキードの脅しが利いたわけだ。

支援の条件は実に気前がよいもので、ロッキードはC-5Aの巨額の予算超過のうち2億ドルだけ負担すればよいことになり、しかもとりあえずその半分をかぶればよく、残りの1億ドルは3年後から返済を始めて数年間にわたる分割払いでよいことになった。さらに、ロッキードが求めていた追加の13億ドルのうち、ほぼ3分の2に近い7億5700万ドルを負担することにペンタゴンは同意した。これがこの項の冒頭にあげた救済の額だ。ロッキードはそれでもなお4億8400万ドルを負担することになると主張したが、同社を批判する人たちは、その数字は大きく誇張されていると思った。

【訳注】

＊2　**国防総省と産業界のどちらが最終的に勝つか**　軍産複合体の内部は常に居心地のよいなれ合いのように思われることが多いが、彼らは内部でもまた勝つか負けるかの闘いに明け暮れている。

なおも政府の融資保証を要求

だが、これほど大きな支援をしてもらったにもかかわらず、ロッキードはそれで終わりにはしなかった。この支援の決定がなされてからわずか2、3カ月後のこと、ロッキードは「C-5Aで生じたコスト超過のうち、わが社が負担することになった4億8400万ドルは、ペンタゴンが国防計画の運営で失敗したためだ」と言いだしたのだ。そして要求したのが、2億5000万ドルの融資保証[＊3]だった。

ロッキードの役員たちは、まず手始めに、「巨大な予算超過は自分たちの失敗のためではなく、ペンタゴンの不公平な方針のせいで生じたのだ」と言い張った。……だから私たちは、政府から2億5000万ドルの融資保証を受ける資格があるのだ。ペンタゴンが私たちをあんなにひどい目にあわせたのだから、政府は少なくともこれくらいのことはしなくてはならない。私たちは被害者だ、だから要求する——というのだ。

1971年6月、ロッキードCEOダニエル・ホートンは上院銀行委員会でこう証言している。

「目下の状況はまともではありません。……しかもその状況の大部分は、わが社のコントロールの及ばないところからもたらされたのです。C-5A計画でわが社が出した4億8400万ドルの損失の大部分は、空軍の『トータルパッケージ契約』が原因で生じたのです。この契約法は以前はなかったもので、まともに機能しなかったため今では破棄されています」

そーら来た。60年代半ばに導入されたときに、マクナマラ長官とその補佐官たちが「最高の契約法だ」と大自慢していた、マクナマラのお気に入りの「トータルパッケージ契約」のことだ。それを今になってロッキードは、「すべてのトラブルの根源」だったと言っているのだ。

ホートンは、一連のトラブルはペンタゴンがこの契約法によって〝厳しすぎる保証や性能の要求をセットにして〟〝杓子《しゃくし》定規に強制〟したために生じたのだと主張した。ロッキードとしては、C-5Aの設計や製造をやり直さねばならなくなるなど、最初の時点でどうして知りえただろうか、というわけだ。

だが、ホートンはその発言をしたとき、C-5Aが性能の面で起こしている問題についてはまったく触れていなかった。はじめに彼らが宣伝していたのよりずっと低い貨物積載能力しかないことや、主翼に亀裂が生じたことや、前線の未整備滑走路に着陸できないなどの、さまざまなトラブルについては都合よく省略しているのだ。実際、ロッキードはC-5A批判派のムーアヘッド下院議員とそのスタッフを試乗に招待したとき、ムーアヘッドはそれをピッツバーグ〔ペンシルベニア州にある都市で、ムーアヘッドの地元〕で行なうことを望んだが、ロッキードはピッツバーグの小さな空港に着陸すると機体が破損するかもしれないと恐れ、長い滑走路があるジョージア州のロッキードの施設に彼らを招待したほどだ。

上院銀行委員会でホートンが「厳しすぎる」と主張した「トータルパッケージ契約」は、第４章で述べたように、実際には厳格とはまるで言えない代物だった。しかも、ニクソン政権の国防長官メルヴィン・レアードは１９７０年にその方法をやめて、それ以前に行なわれていた方法によく似た「納入前に飛行試験を行なう」という契約に変えている。その方法によれば、メーカーはまず最初に新型機の研究開発に応札し、書類審査で選ばれたメーカー〔通常は2社に絞り込まれる〕が試作機を作る段階までの契約を結ぶ。そして、それぞれの試作機が完成したら飛行試験を行ない、性能と予測生産コストを比較し、優れているほうのメーカーと量産契約が結ばれる、という仕組みだ。レアードは「量産契約を結ぶ前に、試験と評価を充分に行なう。買う前に実際に飛ばしてみるということだ」と言っている〔原注：『ニューヨーク・タイムズ』紙、1970年7月28日付のロバート・センプル・ジュニアによる記事「今後のペンタゴンの契約は段階的に与えられる」〕。レアードによれば、その方法の利点は、一社だけにコミットして将来契約を取り消せなくなる事態を防げるということだった。

だがレアードは、その契約法が飛行機を買う側であるペンタゴンにとって有利だとは言っているが、ロッキードのホートンが証言で強調したように「トータルパッケージ契約」が兵器メーカーにとってとくに負担が大きいとは言っていない。実際、第４章で見てきたように、C-5Aの契約には「価格再設定」の条項があり、ロッキードはこの悪名高き〝黄金の握手〟〔130ページ参照〕により、もし第１次生産がコスト超過になって赤字になったら、第２次生産分で損失を埋めあわせることができるようになっていたのだ。

それにもかかわらずロッキードが危機に陥ったのは、C-5Aの性能があまりにお粗末だったので、ロッキードは第2次生産の数を削られ、「価格再設定」方式による恩恵を充分に得ることができなかったからである。C-5Aの調達は最初の予定の120機から81機に減ってしまい、第1次生産で生じた損失を埋めるには第2次生産の数が少なすぎたのだ。そのために、ロッキードは20億ドルに上るコスト超過をすべて埋めあわせるに充分な支払いを受けることができなかった。

一言で言えば、ロッキードに対する「トータルパッケージ契約」は充分気前がよかったのだが、コスト超過があまりに巨大だったため、埋めあわせても足りなかったということだ。

【訳注】

＊3　2億5000万ドルの融資保証　ロッキードの作戦を一言で言えば次のようになる。まずC-5Aその他の四つのプロジェクトはすべて軍用機や兵器なので、必要な資金はペンタゴンから引き出す。だがトライスターは民間の旅客機なので、開発・生産に必要な資金は銀行から借りなければならない。だが、その額の巨大さとロッキードの業績の悪さのため、銀行は融資を認めない。そこで政府に返済を保証してもらうことで、無担保で融資を実現させる。ロッキードはこの二つを同時に進めたが、それらはともに議会の承認を必要とした。

だが、カネの出所がペンタゴンか銀行かという違いはあっても、それが入るロッキードのサイフは一つである。また民間機であろうが軍用機であろうが、開発や製造に使われる施設や工作機械などの設備は同じものだ。製造する機種ごとに独立採算にするわけにはいかないので、ペンタゴンのカネも銀行のカネもごちゃ混ぜになり、どちらのカネを何にどれだけ使っているか部外者にはわからなくなってしまう。C-5Aのためにペンタゴンから受け取ったカネをトライスターのほうに回していたという疑惑はそこから出ている。また、ペンタゴンから受け取るカネは借金ではないので、銀行からの融資のように利息をつけて返す必要がない。そちらを多くして銀行の融資のほうを少なくしようとしたと考えるのが自然だろう。

新攻撃ヘリでの大失敗

これまで見てきたように、ロッキードの財務上のトラブルについては（それは大部分がみずから作り出したものではあったにせよ）メディアは大きく取りあげたが、同社が製造した兵器のお粗末な性能については、C-5A以外についてはあまり語られることがなかった。だが実は、当時〝ロッキードのビッグ4〟と呼ばれていた、先ほど述べた4種類の兵器の、C-5A以外の三つに起きたトラブルもまたC-5Aに劣らず大きかったのだ。ここで、その一つである〝シャイアン〟攻撃ヘリコプターについて少し記しておこう。

1967年秋に初飛行したシャイアンは、はじめから〝技術の驚異〟という派手なふれこみだった。同年12月に試験飛行を取材した『ニューヨーク・タイムズ』紙は「垂直に離着陸できるヘリコプターでありながら、小型飛行機のようなスピードと運動性を備えている」と書いている。当時のロッキードの航空機部門社長カール・コーチャンは「これはヘリコプターという分野だけにおける新たな達成ではない。航空機のすべての分野から見ても新たな達成だ」と自画自賛し、ペンタゴンの技術開発本部長も「シャイアンが、現在陸軍が保有するどの航空機より優れていることは疑う余地がない」と太鼓判を押した。

当時はベトナム戦争が激しさを増してきたころで、シャイアンはまだ量産型が作られてもいないうちから、アメリカ陸軍がベトナムで使用中の〝コブラ〟攻撃ヘリコプターをあらゆる面で上回ると言われていた。陸軍の高官は、「シャイアンの開発のために戦車の予算を削っているが、それだけの価値があるものと考えている」と語っている。[*4]

このように鳴り物入りで開発されたシャイアンは、もし大宣伝どおりの性能を発揮していれば、航空機の歴史に残る名機となったかもしれない。だが残念ながら、出来上がったものはまったく期待はずれだった。2年間に製造コストが1機当たり100万ドルから300万ドルにはね上がっただけでなく、技術的な問題が次々と明らかになるにつれ、陸軍はしだいに懸念を深めていった。

陸軍が指摘した問題点は、回転翼の設計不良とエンジンのトラブルが原因による運動性の不良、機体に構造的な問題があるため過剰な左右への傾斜が起こり、墜落する危険性があることなどだった。この問題については、1969年3月12日、試験飛行中の試作機がコントロール不能に陥り、太平洋に墜落してテストパイロットが死亡する事故が起きて、深刻さが浮き彫りになった。[*5]

その1カ月後、陸軍はロッキードに改善通告を出し、妥当な期間内に回転翼その他の問題を解決できなければ開発計画をキャンセルすると伝えた。だがロッキードは期限までに問題を解決することができず、初飛行から1年半後の69年5月、シャイアンの生産はキャンセルされた。陸軍から送られた正式なキャンセルの理由は、「回転翼の安定と制御の諸問題に対し、適切な解決がなされず、安全に飛行できる速度と運動性が制限された状態のままであった」となっている。こうして、375機を生産するはずだった新攻撃ヘリコプター計画は、試作機が10機作られただけで終わりとなった。ある下院議員は公聴会で「5億ドル近い国のカネがドブに流された」と激怒した。

だが生産がキャンセルされたにもかかわらず、陸軍はその後も引き続き開発費をロッキードに与えつづけた。そして研究だけが細々と続けられたが、改善の見込みが立たないとしてようやく３年後にシャイアン開発計画は打ち切られた。シャイアンのおもな支持者には、ベトナム進駐軍司令官ウェストモーランド将軍[*6]やバリー・ゴールドウォーター・ジュニア下院議員（１９６４年の大統領選で共和党の候補者となったバリー・ゴールドウォーター[*7]の息子）がいた。息子のほうのゴールドウォーター議員は、自分の選挙区にシャイアン製造工場を抱えていた。

【訳注】

＊４　**コブラ攻撃ヘリコプター**　ヘリコプターの老舗ベル社が、同社の輸送用ヘリコプターをもとに開発した、攻撃ヘリコプターの元祖である。のちに日本の陸上自衛隊も採用し、今でも使われている。

＊５　**シャイアンの根本的な問題**　シャイアンは高速を出すために最後尾に推進用のプロペラを備えていたが、そのため加速するたびに急激なトルクが加わって機体が急激に左右に傾斜する問題が解決できず、このときは回転翼がねじれて機体後部を叩いてしまい、墜落した。ヘリコプター製造のノウハウが豊富なメーカーならこのような設計は絶対にやらない。

＊６　**ウェストモーランド将軍**　超タカ派の軍人として知られ、引退後も最後までベトナム戦争の失敗を認めなかった。当時の国防長官マクナマラが90年代半ばに回顧録を出版し、「ベトナム戦争は甚だしい誤りだった」と書いたことについてコメントを求められると、すでに80歳を過ぎている老将軍は「めそめそ泣き言を言うやつめ」と切り捨てた。

＊７　**バリー・ゴールドウォーター**　アリゾナ州選出の共和党タカ派で、ベトナム戦争中には北ベトナム爆撃に核兵器を使用するよう主張したこともある。だが、レーガンの古い友人ではあったが、宗教右翼は個人の自由を侵害するとして反対し、リベラル派は右派とバランスを取るために必要で

あり反対ではないとも述べている。自由主義者としてニクソンの弾劾に手を貸したうえ、のちにはレーガンのイラン・コントラ事件を激しく非難した。キリスト教に改宗したユダヤ系で、自由主義者として信念を通した話が本章の最後に登場する。

〝回転ドア〟から生まれる癒着

実は、ロッキードが陸軍からシャイアン攻撃ヘリコプターの開発を受注したのには理由があった。この契約をロッキードに与えた陸軍省の担当部局トップのウィリス・ホーキンズという男は、わずか2年前にその職に就いたばかりで、その前はロッキードの重役だったのだ。ホーキンズはペンタゴンで仕事を始めるにあたり、自分が所有するロッキードの株をすべて売り払ったが〔ペンタゴンという官庁の官僚になったので、利権がからむ企業の株主でいることはできない〕、その後も引き続きロッキードから延べ払いのボーナスを受け取っていた。ホーキンズとロッキードのこの関係は、その40年後にブッシュ（子）政権の副大統領になったディック・チェイニーと、エネルギー関連巨大企業ハリバートンとの関係とまったく同じである。*8

業界を知る人たちは、ロッキードが新攻撃ヘリコプターを受注したのに驚いた。というのは、ロッキードはそれまで、シャイアンのような高性能ヘリコプターはおろか、いかなるヘリコプターも開発した経験はなく、ヘリコプター製造のノウハウを持っていなかったからだ。ホーキンズはシャイアン計画が1972年に頓挫したあと、部下の将官を連れて再びロッキードに戻った〔原注：リチャード・カウフマン著『戦争で儲ける者たち』Richard Kaufman, "*The War Profiteers*" より〕。

ホーキンズとシャイアン攻撃ヘリコプターのケースは、主要企業とその企業を監督する立場にある官庁の要職のあいだを同じ人物が行ったり来たりする〝回転ドア〟と呼ばれる癒着の好例である。ホーキンズの例は氷山の一角にすぎない。プロクスマイアー上院議員の事務所が１９６９年に出したレポートによると、その年だけで軍部の２０００人にのぼる高官〔おそらく制服組（軍人）と背広組（ペンタゴンの官僚）の両方を含む〕が防衛産業の主要企業に天下りしており、その数は10年前の3倍になっていたという。そして天下りが最もたくさんいたのがロッキードで、その年にロッキードは２１０人もの軍の元高官を雇い入れていたという。それについて、プロクスマイアーは次のように述べている。

「このように、軍の高官が主要兵器メーカーに就職したり、またその逆に主要兵器メーカーの重役がペンタゴンの要職に就くようなことが、いとも簡単に行なわれていることこそ、軍産複合体というものが現実に活動していることの動かぬ証拠である。このような動きは権力の腐敗を呼び、公共の利益への真の脅威となる。……兵器の調達や仕様の決定にかかわっている軍の高官が、あと1年か2年で定年を迎えるとしたら、その高官はどれほど骨を折って兵器メーカーと交渉するだろうか。しかも彼らは、引退後にいい思いをしている２０００人もの例を見ているのだ」［原注：『ニューヨーク・タイムズ』紙、１９６７年3月23日付のロバート・フェルプスの記事］

シャイアン計画に関するホーキンズとロッキードの癒着を最も激しく追及したニューヨーク州選出の下院議員は、ペンタゴンによるこの計画への1億３８００万ドルの支出が、〝非常に奇妙な〟

状況のもとで行なわれたと指摘している。だが彼の追及も、ペンタゴンがシャイアン計画に注ぎ込むカネの流れを止めることはできなかった。下院軍事委員会のメンデル・リバーズ委員長は、「議会は公聴会で証言するすべてのビジネスマンを悪者にすべきではない」と言ってホーキンズを擁護した。ホーキンズは「シャイアン計画の評価には直接タッチしていないので、疚《やま》しいところはない」と言い張った。ロッキードのCEOダニエル・ホートンも新聞紙上に公開書簡を発表し、「私はロッキードのすべての社員に、ホーキンズとの接触を注意深く避けるよう指示してある」と主張した。

だが、彼らの主張が事実だったかどうかを検証することはほとんど不可能だ。ペンタゴンから新たに内部告発者が名乗りをあげて証拠でも示さないかぎり、彼らの言い分を証明することはできない。少なくとも言えるのは、兵器メーカーの元社員が、その会社の利益を左右する政府機関のポストに就くことを禁じる法律を作らないかぎり、癒着を排除することはできないということだ。

【訳注】

*8　ディック・チェイニーは、副大統領になる直前までハリバートンのCEOを務めており、副大統領の職にあったあいだもハリバートンから延べ払いのボーナスを受け取っていた。

ロールス・ロイスの経営破綻

そのころ、政府による救済劇を演じて注目を集めた役者はロッキードだけではなかった。もう一人の役者は、トライスターの製造におけるロッキードのパートナーだったロールス・ロイス社だ。[*9]

ロッキードは、GEなどアメリカのジェットエンジンメーカーの反対を押しきり、トライスター旅客機にイギリスのロールス・ロイス社製のエンジンを搭載することを決めていたのだ。そして、そのことが事情をいっそう複雑にする結果となった。

ロールス・ロイスのエンジンを搭載することが決まったとき、イギリスの新聞は「民間航空史上、最も成功した果実が実った」と絶賛したが、その果実が腐りはじめるのに時間はかからなかった。ロールス・ロイスは最初の契約時に、トライスター用に開発を進めていたエンジンの保証価格を1基に付き84万ドルとしていたが、まもなく製造コストが110万ドルに跳ねあがる見通しになってしまった。つまりロールス・ロイスは、このエンジンをロッキードに1基売るごとに25万ドル以上の損失を出すことになる。トライスターは1機当たり3基のエンジンを積むので、ロールス・ロイスはトライスター180機分にあたる540基のエンジンを引き渡すことを最低保証していた。したがって、ロッキードが契約の変更を認めないかぎり、ロールス・ロイスはこのエンジンをロッキードに販売することで総額およそ1億4000万ドルを失うことになる。さもなければ、イギリス政府がロールス・ロイスを救済するしかない。だが、イギリス政府はすでにこのエンジンの開発費としてロールス・ロイスに1億6000万ドルを注入しており、それ以上については融資する意思のある銀行に融資保証を与えることを提案していた。一方、ロッキードは自分自身の資金難で四苦八苦しており、ロールス・ロイスの損失を分かちあう余裕はとてもなかった。

1971年2月、ロールス・ロイスは破産を宣言し、ロッキードは非常手段を取らないかぎりトライスター用のエンジンの供給を受ける見通しが立たなくなった。こうして、ロッキードの首脳のみならず、国防副長官デービッド・パッカードをはじめとするアメリカ政府の高官が、ロサンゼルスとロンドンとニューヨークを行き交う必死のシャトル外交を繰り広げることになったのだ。

交渉は、複数の当事者の利害が複雑にからまる張りつめた雰囲気のなかで行なわれた。そして交渉の結果、ロッキードはロールス・ロイスがエンジンの価格を引き上げることに同意し、それがトライスターの価格を100万ドル押し上げることになった。それ以外にコスト超過が出た場合は、ロッキードとすでに発注を確定している航空会社のあいだで分けあってかぶることになった。また、ロッキードの複数の取引銀行はすでにトライスターの開発に4億ドルを融資していたが、さらに追加の融資をすることに同意した。だがそれには条件があった。アメリカ政府による返済の保証である。だがアメリカ政府がそれを保証するには、議会の承認が必要だった。

一方、イギリス政府は破産したロールス・ロイスを国有化し、銀行団とアメリカ政府がただちに行動することを条件に、ロールス・ロイスの運営を続けさせることに同意した。ロールス・ロイスが運営を続ければ、オーナーとなったイギリス政府は毎週150万ドルを失う見込みで、銀行団とアメリカ政府が協力しないかぎり、その状態を無期限に続けられるものではなかった［原注：『ニューヨーク・タイムズ』紙、1971年3月9日付のバークレー・ライスの記事「C-5A＋トライスター＝ロッキードの財務危機」］。

アメリカ政府がロッキードに2億5000万ドルの融資保証を与えるかどうかについて、議会で苦々しい論争が繰り広げられた背景には、こういう複雑な事情があったのだ。

【訳注】

＊9　**ロールス・ロイス社**　高級車のブランドとして有名だが、ロールス・ロイスは世界の3大ジェットエンジンメーカーの一つでもある。経営難から自動車部門を売却したが、航空機エンジン部門は国有化された。ジェットエンジンの3大メーカーはロールス・ロイス、プラット・アンド・ホイットニー、GE（ジェネラル・エレクトリック）の3社で、第4位はフランスのスネクマ。

ロッキード救済を推進したニクソン政権

この事態を受けて、ニクソン政権は素早く動き、おそらく同政権で最も優れた交渉者であるジョン・コナリー財務長官を担当に任命して先頭に立たせた。コナリーは、1963年11月22日にケネディ大統領がテキサス州ダラスで暗殺されたときに、テキサス州知事としてケネディが乗ったオープンカーに同乗していて銃弾が当たり、重傷を負ったことで名が知られた政治家だ（コナリーの傷は全快した）。そのことでもわかるようにコナリーは民主党だったが、ベトナム戦争に軍事力をもっと投入すべきと主張してニクソンに気に入られていた（のちにコナリーは共和党に鞍替えした）。コナリーは一見二枚目だが、ためらうことなく敵の〝喉をかっ切る〟ことのできる冷酷な男だった。ジョンソン元大統領は、初めて上院議員に当選したときの選挙でコナリーに借りを作っていたが、「あの男ほど、自分が通り過ぎたあとにたくさんの死体を残しても悔恨の情を見せない政治家を見たことがない」と言ったことがある。

こうして、1971年1月にニクソンによって財務長官に任命されたコナリーにとって、ロッキードの救済が最初の大仕事となった。コナリーはただちに交渉に入り、その年の4月までに、融資保証を議会に認めさせる闘いと、ロッキード、銀行、航空会社、アメリカ政府、イギリス政府のあいだの複雑な交渉をまとめる中心的な存在となった。

いちばん大きな問題は、やはりトライスターがイギリス製のエンジンを搭載することだった。議会では、アメリカ政府がロッキードへの融資保証をすれば、間接的にイギリスのロールス・ロイスを支援することになり、アメリカのジェットエンジンメーカーであるプラット・アンド・ホイットニーとGEに損害を与えるという批判が強かった。コナリーは「アメリカのメーカーが開発している時間はない。航空会社は待ってくれない」と批判をかわし、3万人近い雇用の確保と、ロッキードが生き残れるかどうかは、政府が融資に保証を与えるかどうかにかかっていると説得した〔だが、ほぼ同時期に開発されたライバルのDC-10は、アメリカ製のプラット・アンド・ホイットニーかGEのエンジンを搭載していた〕。

前哨戦的な論戦が同年6月まで繰り広げられたのち、8月までの2カ月間に、議会の六つもの委員会で公聴会がそれぞれ何回も開かれた。公聴会では激論が交わされ、なかには討論が8日間も続いたケースもあった。

もしニクソン政権が議会の決定のタイムリミットを同年8月に設定することに成功していなかったら、議会の議論はもっと続いたことだろう。そのタイムリミットが設けられたのは、それ以上遅くなったらロッキードの運転資金が底をつくことが予想されたからだ。6月7日の公聴会でコナリーは議会に40日以内に結論を出すよう求め、その翌日、もしアメリカが8月8日までに結論を出さなければ、イギリス政府はロールス・ロイスへの支援を打ち切るかもしれないと圧力をかけた。

この一連の討議が、第4章でロッキードのCEOダニエル・ホートンが言っていた〝ロッキード社の運命を決める議会の投票〟に至る討議のことだ。内部告発者ヘンリー・ダーハムが脅迫された事件は、この議論が白熱していた真っ最中に起きた。

「なぜロッキードだけ救うのか」

一連の公聴会が始まってまもないころ、カリフォルニア州選出のトライスター推進派であるアラン・クランストンという上院議員（民主党）が、ロッキードの経営陣の問題をロッキードの救済と分離することを提案した。カリフォルニアでは何万人もの仕事がトライスターの生産に関係している。だからロッキードをつぶすわけにはいかないが、このような状況を作りだした経営陣は責任を取るべきだという議論だ。クランストンは、アメリカ政府がロッキードに融資保証を与えるかわりに、CEOのダニエル・ホートンはじめ取締役会の重役全員が辞任するという案を出した。

それに対してホートンは、「もし議会が融資保証を認める決議をするなら、辞任することもやぶさかではない」と主張しつつも、素早く「だが辞任はしない」と続けた。彼は、ロッキードの業績が悪化したのは経営がまずかったからではなく、同社が常に誰もやったことのないことに挑戦してきたからだと主張し、トラブルだらけのC-5Aを「掛け値なしの大成功であり、これまでに作られたなかで最も偉大な飛行機であることは疑う余地がない」と言い放った［原注：『ニューヨーク・タイムズ』紙、1971年6月12日付のアイリーン・シャナハンの記事」。

結局、クランストンはホートンを辞任させることができず、最後は融資保証を与えることに同意した。つまりクランストンは、首脳陣が経営に甚だしい失策を犯したと自分でも思っている会社に、大金を投げ与えることに賛成したのだ。

雇用の問題については、ロッキードの首脳とニクソン政権の高官の両方が声をそろえて訴えた。1971年6月の下院銀行委員会の公聴会で、ホートンはトライスターの製造が「35の州で3万4000人の雇用を作りだしている」と主張する報告書を提出した。そのうち1万7000人がロッキードで、残りが納入業者の社員だということだった。

ホートンはまた、例の四つの兵器計画〔160ページ参照〕における4億8400万ドルとされる損失が同社の資金難のおもな原因であると繰り返した。そして、そのため同社の純資産が3億7100万ドルから2億3500万ドルに減少したと述べたが、それはあまり賢明なことではなかったかもしれない。なぜなら、それはロッキードの純資産が、求めている融資金額を下回ったことを意味するからだ。さらにホートンは、「アメリカ国内ですでに投資された14億ドルにのぼる資金がこの先どうなるかは、トライスター旅客機の成功いかんにかかっている」と述べた。その言い分を突きつめれば、「すでにこれだけ使ったのだから、もっと使わなければならない」と言っているのと同じことだ。彼は最後に、「トライスターの下請けはみな小さな町の小さな会社であり、収入を失えば計り知れない結果をもたらす」と、アメリカの大衆に訴えるお決まりの主張で話を締めくくった。

これら一連の論争が、最後のメインイベントとなる上院総会と投票に至る道筋を作った。まず下院総会の投票で、ロッキード救済支持派が192票対189票の僅差で勝利し、ニクソン政権によるロッキード救済の行方はようやく上院の議決にゆだねられることになった。

上院では、プロクスマイアーの軍勢に意外なところから援軍が現われた。それは共和党保守派だった。共和党にもロッキードの救済を疑問に思っている人たちがいたのだ。彼らは「でたらめな経営のために危機に陥った企業を政府が救えば、資本主義経済が危うくなる」という考えから救済に反対し、こう主張した。

「もし経営者が無能だったり、経営を誤ったために失敗した企業が、他の企業もみな直面している自由市場の圧力から保護されるようなことがあれば、限りある貴重な資本が、市場の基準に満たない企業を救うために浪費されてしまう。この市場の厳しい基準こそ、わが国の産業に世界を制する力を与えてきたものだ」

上院の討議は、ニクソン政権が設けようとしていたタイムリミットのわずか6日前の1971年8月2日に行なわれた。驚いたことに、共和党のロッキード救済支持派は「問題の本質は、リスクの高い巨額の資本を必要とする資本市場が整備されていないことだ」として、「自由市場に成行きをまかせるのではなく、政府が資本市場に介入して、（ロッキードのように）基本的に健全な企業が力を取り戻してわが国の経済活動の一員でありつづけることができるようにすべきである」と主張した。それは共和党保守派の「市場における競争こそ企業の力を強くするのであり、政府が介入して無能な企業を助ければ資本主義経済をダメにしてしまう」という主張とは正反対なものだ〔共和党保守派は常に「政府が介入するのは社会主義である」として反対している〕。

一方、救済反対派の主張にはもう一つ重要な点があった。それは「毎年、大小さまざまな何千社もの企業が、政府の支援を受けられず倒産しているのに、なぜロッキードだけ助けるのか」ということだ。ある共和党議員は、「今年（1971年）の最初の5カ月間だけで、全米で4700社が倒産している。これらの倒産の影響を合計すれば、トライスターの製造を中止することによる影響よりはるかに大きい」と述べた。

さらに、「ロッキードが主張しているトライスター生産の経済効果は、実際より2倍以上も誇張されている」という調査レポートを示して、「ロッキード救済計画は、何から何まで利権がらみだ」と救済推進派を非難したのも共和党議員だった。「救済に賛成しているのは、ロッキードとその下請けと、トライスター購入予定の航空会社と銀行だけだ。ロッキード救済が自分の利益と関係のない者で賛成している者は一人もいない」という非難に、反論できた救済推進派議員はいなかった。

こうして救済反対派は、自由市場を守るべきとする共和党保守派と、大企業の寡占に反対する民主党リベラル派が入り混じった複雑な集まりとなった。民主党リベラル派は、「雇用が大事なら、ロッキード救済と同じ額の資金を全米の下水道システムの構築や公共交通機関の建設に投資すれば、膨大な雇用が生まれ、トライスター計画が失敗するのを埋めあわせて余りある経済効果が見込まれる」と主張した。また「ロッキードやその下請けで仕事を失う人が出ても、その多くはマクダネル・ダグラスやその下請けや、アメリカのジェットエンジンメーカーで職を得ることができる」という主張には、ロッキードCEOのダニエル・ホートンですら認めざるをえなかった。

一方、興味深いことにロッキード擁護派は、トライスターは民間航空会社向けの旅客機であるにもかかわらず、同社が国防産業にとってなくてはならない存在であることを強調した。民主党リベラル派だったはずの先ほどのアラン・クランストンは、トライスター生産の中心地であるカリフォルニア州選出で、その主張の急先鋒になった。彼は「ロッキードのような企業は実質的に国策会社のようなもので、経営は国防計画による契約に依存している。一方でわが国の国防と安全保障は、それらの企業が作る兵器に依存している」と主張した。

こうして民主党と共和党がともに二つに割れ、奇妙なねじれ現象が起きたのだ。

投票日が近づくにつれ、論戦は激しさを増した。ロッキードの首脳陣がすべての議員に接触したのは言うまでもない。トライスター製造にかかわる国際機械工組合は、議会に50万通以上の手紙を送るのに5万5000ドルを費やした。トライスターに利害がからむ銀行や航空会社もロッキード救済に動いた。一方、救済反対派にはマクダネル・ダグラス、GE、全米自動車労働組合が静かに加担していた。トライスターが生産中止になれば、マクダネル・ダグラスのDC-10の販売が倍増するという理屈は明白だった。DC-10の生産工場の従業員は全米自動車労働組合に属しており、DC-10はGE製のエンジンを積むことになっていた。

だが、マクダネル・ダグラスの動きは制限されていた。同社は複数の取引銀行から、同社も政府の融資保証を受けて利益を得る立場になることもありうると警告されたのだ。それについて、「マクダネル・ダグラスは、この件から〝引き下がって〟いるように促されたのだ」と言った議員もいれば、「彼らはそう〝命じられた〟のだ」と言った議員もいる〔原注：『ニューヨーク・タイムズ』紙、1971年8月8日のデービッド・ローゼンバウムの記事〕。「おまえは下がっておれ」というわけだ。

投票日ぎりぎりまで、ニクソンは態度を決めかねている共和党議員に電話をかけつづけ、ジョン・コナリーは南部の州の民主党議員に働きかけつづけた。トライスターの生産に多くの雇用がかかっているカリフォルニア州選出のアラン・クランストン上院議員が票を数える責任者になり、最後まで態度をはっきりさせない議員にプレッシャーをかけた。プロクスマイアーの勢力は、選挙区にロッキードもマクダネル・ダグラスも下請けがない議員の浮動票の取り込みに全力をあげた。

このころ、ニクソンとゴールドウォーター上院議員〔アリゾナ州選出の共和党右派。前出〕とのあいだで交わされた会話は、ロッキード救済に賛成するよう求められた保守主義者のジレンマをよく物語っている。ゴールドウォーターは、下院議員をしている息子のバリー・ゴールドウォーター・ジュニアが、トライスターの生産に関連する会社がたくさんある南カリフォルニアを選挙区にしていたが、どちらに投票するか態度を決めかねていた。以下はニクソンがゴールドウォーター（父）と電話で交わした会話の一部である。

ニクソン：あなたがどうお感じになっているかはよくわかります。これは基本的に政治問題です。SST〔60年代にアメリカが計画したが開発中止となった超音速旅客機。本章・訳注1を参照〕が潰されたときと同じですよ。この件で敗れれば、非常に意気消沈する影響が広がります。ご存じでしょう、カリフォルニアの失業率を。オレンジ郡〔ロサンゼルスの南にある地区でニクソンの地盤〕では実に9パーセントです。

ゴールドウォーター：それは驚いた……。

ニクソン：我々にとって、まさにのっぴきならない事態です。

ゴールドウォーター：いや、わかります。息子の選挙区にロッキードがありますから。

ニクソン：そうでしたね……。

ゴールドウォーター：あなたは、この件の決定が私にとって困難ではないとお考えですか？

ニクソン：とんでもない。もちろんお困りでしょう。お察ししますよ。

ゴールドウォーター：私の非常に親しい友人もね、何人かが……

ニクソン：ええ、ええ……

ゴールドウォーター：ロッキードに勤めていましてね。

ニクソン：そうでしたね……。

ゴールドウォーター：しかし、この件はですね、大統領、私は……これは純粋に原則の問題でしてね。私はその、こういうことは……

ニクソン：つまり、あなたのお考えとしては……

ゴールドウォーター：もし私たちがロッキードのためにこれをやれば、すべての人に同じことをやらねばならなくなります。

ニクソン：いや、しかしこれはですね、ご存じのように、この法案は限定されたものです……

ゴールドウォーター：それはわかっていますが……。

ニクソン：……ロッキードだけにね。それに……

ゴールドウォーター：しかし、これは正当化できませんよ。フェアチャイルド〔アメリカ東部にある小さな軍用機メーカー。他のメーカーの下請けの生産が多くボーイングと関係が深い〕の社長をしているエド・アールという友人がいるんですが、彼はこう言うんです。「いいかい、私は去年3000万ドル失った。（もしロッキードにこれをやるのなら）私のカネも返してくれ」と……。

ニクソン：いや、わかります、わかります……

ゴールドウォーター：しかも、ペンタゴンには彼と同じようなケースが400件以上もあると聞いています。

［原注：バージニア大学ミラーセンター「大統領の発言の録音、会話編　1971年8月2日」］

結局ゴールドウォーター（父）は、息子の選挙区の事情や親友との関係などの個人的な利害に反してロッキード救済に反対票を投じた、数少ない議員の一人となった。

最終討論で、プロクスマイアーは救済に反対する理由を要約した。それをまとめれば、

1　救済すれば、ロッキードの経営の失敗に報賞を与えてしまうことになる。

2　ほかにも経営危機に陥っている企業はたくさんあり、それらの企業も政府に救済を求めてくるだろう。

3　ロッキードやその仲間が主張している「トライスターが生産できなくなれば多くの人が職を失う」という点については、彼らの多くはDC-10を生産しているマクダネル・ダグラスに再就職できる。

4　ロッキードを救済しても経済の活性化にはならず、むしろこういうことをすると経済の活力を失わせてしまううえ、アメリカ国民の基本的なモラルを低下させる。

などだった。

対する救済推進派は、最後はなりふりかまわず「地元の経済的利益のため」でごり押しを図った。こうして理念の原則と地元の経済的利益が真正面からぶつかりあうなかで投票が始まった。賛成派と反対派の勢力はほぼ互角で、議員が一人ずつ投票をするたびに得票数は抜きつ抜かれつのシーソーゲームになった。両サイドの得票数がともに40票ずつになったとき〔上院議員の総数は１００名〕、票のカウントを担当していたアラン・クランストンは、まだ投票をしていない議員の顔ぶれを見て、このままでは救済推進派は1票差で敗れると確信した。

実はクランストンは、最悪の事態に備えて、事前にモンタナ州選出のリー・メトカーフという民主党議員に、そういう状況になったら態度を変えられないかと打診してあった。そして最後の土壇場で、クランストンはメトカーフに、彼の1票がロッキードの運命を決めることになると説得した。メトカーフは救済に賛成票を投じ、49票対48票でロッキード救済が可決された〔3名が棄権〕。

翌日の『ニューヨーク・タイムズ』紙の分析によれば、自分の選挙区にトライスター関連の生産施設がある上院議員の全員が救済に賛成票を投じ、選挙区にＤＣ-10かＧＥの関連施設がある議員は一人の例外を除き全員が救済に反対票を投じていた。その例外とは、ミズーリ州選出の民主党議員で、同州はマクダネル・ダグラスの本拠地であるにもかかわらず、同議員はロッキード救済に賛成票を投じたのだった。その議員の地盤である同州のカンザス・シティがＴＷＡ航空の本拠地だったからだ。ＴＷＡは多数のトライスターの発注を確定しており、トライスターが生産中止になれば窮地に立たされることが確実だった。

だがこの投票結果は、単純な利益誘導政治の結果ではなかった。共和党議員のうち17名もがニクソン政権〔共和党〕の方針に反してロッキード救済に反対する投票を行なっていたのだ。その多くは「自由市場を守る」という信条のためだった。一方で22名の民主党議員が明らかに利権がらみで、共和党のニクソン政権が主導するロッキード救済に賛成票を投じていた。彼らの多くは自分の選挙区にロッキードの関連施設を抱えていたが、なかにはメトカーフのように、自分の選挙地盤にロッキードの施設がないのに賛成した議員もたくさんいた。

第6章

賄賂作戦

　アメリカ政府からの融資保証はなんとか得られたものの、ロッキードは依然として大きな課題に直面していた。数億ドルにのぼる銀行への負債を妥当な期間内に返済しなくてはならず、そのために充分な数のトライスター旅客機を各国の航空会社に売り込まなくてはならないのだ。すでにアメリカのいくつかの航空会社と、イギリスのブリティッシュ・エアウェイズ（英国航空）との契約が確定していたが、再び倒産の危機に逆戻りするのを確実に回避するには、さらに何社かの大口の顧客が必要だった。

　その目的のために、早急にトライスターをたくさん売り込むことのできる大きな需要と、支払い能力のある最も重要な市場は、日本だった。だが問題は、いかにして日本政府や日本の航空会社を自分たちの側につけさせるかだった。すでに日本では、過去に実績のあるボーイングとマクダネル・ダグラスが７４７とＤＣ-10の激しい売込みを進めており、日本政府へのロビー活動や航空会社へのキャンペーンを展開していた。

日本の二つのロッキード事件

ロッキードは急いで巻き返しを図る必要があり、通常の売込みキャンペーンでは間に合わないのは明らかだった。そこでロッキードは、社長のA・カール・コーチャンを送り込んだ。紆余曲折のすえ、コーチャンは日本におけるトライスターの販売を――そしてロッキードの将来を――日本の政治史上最も驚くべき、かつ最も腐敗した人物に託した。

その人物、児玉誉士夫は、どのような見地から見ても怪しげな人物だった。第二次世界大戦後、A級戦犯として巣鴨拘置所に収容されたが、3年ほど過ぎたところで米ソの冷戦が激しくなってきたため、GHQは日本への共産主義の浸透を防ぐにはこの男が役立つと判断し、裁判なしで釈放した。自由の身になった児玉は、終戦時に大陸から持ち帰った膨大な資金を使って日本の政界に影響力を行使しはじめる。その資金は、児玉が戦時中に大陸で旧日本軍への戦略物資の補給を請け負って築いた富に加え、日本軍が征服した地域で貴金属を略奪して蓄えたものだった。組織暴力団のボス、政界の黒幕、CIAエージェントなど、さまざまに呼ばれた児玉は、日本民主党の結党〔1954年結党、鳩山一郎総裁、岸信介幹事長〕に資金を提供し、翌年の保守合同で自由民主党が結党されると自民党と親密な関係を続け、陰の政界フィクサーとしてその後の日本の政治に大きな力を振るった。

日本に乗り込んだロッキード社長コーチャンは、全日空への総額1億3000万ドルにのぼるトライスターの売込みを成功させるために助けになる人間を躍起になって探した。そして彼は、同社の日本総代理店である商社の丸紅だけでは力不足と考え、かわりに児玉誉士夫を使うことを決断したのだ。

とはいえ、総代理店の丸紅が何もせずにいたわけではない。丸紅はロッキードのために、日本の政界や経済界の重要人物に接触してかなりの活動をしていた。話をつけるには政界トップに直接話を持ってゆくべきだと主張し、首相になってまもない田中角栄に5億円の賄賂を贈るようコーチャンに最初に勧めたのは、丸紅社長の檜山廣《ひやまひろし》だった。コーチャンは支払いに同意したが、そのカネの支払いはほんの最初の一歩であり、ライバルのボーイングとマクダネル・ダグラスの売込みがすでに進んでいるゲームに参加するための入場料にすぎないと見ていた〔原注：アンソニー・サンプソン著『兵器バザー』Anthony Sampson, "*The Arms Bazaar*"（１９７７年）より引用〕。

児玉の協力を確実に得る必要があったのはそのためだ。コーチャンに児玉とのコネクションをつけたのは、ユタ州ソルトレイクシティー出身の日系アメリカ人、福田太郎という男だ。福田はそれより25年以上も前に、児玉が戦犯として巣鴨拘置所に収容されているときに児玉と知りあっていた〔福田はＧＨＱの通訳として日本に来ていた〕、児玉は釈放されたのち、福田がＰＲ会社を設立するのに手を貸したことがあった。それで福田は、１９５０年代末近くにロッキード社の海外事業本部長ケン・ハルに雇われると、すぐハルを児玉に接触させた。福田は元ＧＨＱの通訳だったので、ロッキードにとって便利な男だった。とくに、児玉は英語がまったくできなかったため、福田はロッキードと児玉とのあいだを取り持つ重宝な男となった〔福田太郎はロッキード事件の取り調べ中に入院先の病院で急死した〕。

実は、ロッキードが児玉に協力を要請したのはトライスターのときが初めてではなかった。岸政権時代の１９５９年、航空自衛隊の次期主力戦闘機の選定で、グラマン社の〝スーパータイガー〟[*1]を採用することにほぼ決まっていたものを、総理の岸がひっくり返してロッキードのＦ‐１０４スターファイターに決定したのも、児玉の働きかけによるものだった。[*2] 児玉は岸の黒幕だったのだ。その結果、ロッキードは２３０機もの大量受注に成功した。岸と児玉に渡った賄賂とコミッションは、合わせて〝わずか〟２００万ドル〔当時のレートで７億２０００万円〕を少し上回る額で、70年代にトライスターの売込みで支払うことになる金額に比べればずっと少なかった。

ロッキードのＦ‐１０４生産計画にとって、日本への販売は輝かしい成果だったと言えるかもしれない。というのは、後述するようにロッキードは同機の西ドイツ〔当時〕空軍への売込みにも成功していたが、西ドイツのＦ‐１０４Ｇ[*3]は１９６１年に配備が開始されてからのちの10年間に、墜落などの事故を１７８回も起こし、85人のドイツ人パイロットが死亡していた。そのため西ドイツでＦ‐１０４は「空飛ぶ棺桶」、「未亡人製造機」などと呼ばれ、死亡したパイロットの未亡人50人がロッキードを相手どって集団訴訟を起こした〔原注：『タイム』誌、１９７５年11月10日号の記事「未亡人製造機」より〕。この訴訟はアメリカの有名な弁護士が未亡人側の代理となって行なわれ、ロッキードがおよそ１２０万ドルを支払うことで示談になった。Ｆ‐１０４の１機分の価格の半分以下の補償ですんだのだから、ロッキードにとっては安くあがったことになる。

裁判の過程で、事故の原因は西ドイツ空軍がＦ‐１０４を改造したことにあったのか、それともロッキードのもともとの設計に欠陥があったのかということが一時取り上げられて問題になった。どちらがおもな原因だったにせよ、この訴訟でＦ‐１０４の評判は大きく傷ついたが、それにもかかわらずロッキードは数カ国に合計２５００機以上ものF‐１０４を売ることに成功した。だがF‐１０４が実際に空中での戦闘に使われた例は世界じゅうでほとんどなく、おそらくそのことはロッキードにとってよかったにちがいない。おかげでこの戦闘機の実力に関するさまざまな論争に結論が出ることはなかったのだ。*4

そういうわけで、過去にF‐１０４導入のときの前例もあることから、コーチャンをはじめロッキードの首脳陣は、日本にトライスターを売るには政治家を金で買収するのが最良の方法であると確信していた。しかし、今回は前回ほど簡単ではなかった。児玉は岸とは密接なつながりがあったが、新しく首相になった田中角栄とはそれほど近くなかったのだ。だが幸い、児玉は小佐野賢治という億万長者の事業家と親しかった。小佐野は田中角栄の支援者であるだけでなく、日本の２大航空会社である日本航空と全日空の両社の筆頭株主だった。児玉はコーチャンに、小佐野を引き入れるにはさらに約１７０万ドル〔当時のレートで５億円〕が必要だと指摘した。コーチャンはその支払いにも同意した。

コーチャンの賄賂は効果があったようだった。１９７２年８月末近く、田中首相は丸紅の檜山廣に、ロッキードのトライスターの件で手助けすると伝えてきた。田中首相のその決断は、明らかにそのころ日本を訪問したイギリスのエドワード・ヒース首相との会談で確固としたものになったにちがいなかった。当時、日本のイギリスへの輸出超過が問題になっており、ヒースの訪日の目的の一つは、両国の貿易不均衡について話しあうことだった。ロッキードのトライスターはイギリス製のエンジンを積んでおり、日本はトライスターを購入することで、アメリカとイギリスの両方に対して良好な関係の意思表示となると考えられた。さらに、アメリカのニクソン大統領も、他のアメリカ製の旅客機〔具体的にはボーイング747とダグラスDC-10〕ではなくロッキードのトライスターを推していたとも言われている。日本へのトライスターの売込みにニクソンが加担したかどうかについては、確認されたことは一度もないが、彼のロッキードとの強い関係を考えれば、日本側の決定になんらかの影響を及ぼした可能性はあるように思える。

こうしてロッキードにとって事はうまく運びつつあったが、取引を完全に成立させるにはさらに多くのカネをばらまく必要があった。そのため最終的に児玉には700万ドル〔当時のレートで約21億円〕のカネが渡ったが、そのうちのどれほどが日本の政治家や政府高官に渡り、どれほどを児玉が自分のポケットに入れていたかについては、明らかになることはなかった。ロッキードの重役たちは、「それについては何も知らないし、契約が取れさえすれば日本の誰にいくら渡ろうがかまわない」と主張した。実際、数年後に賄賂事件が発覚してアメリカの議会でこの問題が取りあげられたとき、ウィリアム・プロクスマイアー上院議員〔当時は上院銀行委員会委員長〕の質問に、ロッキードのCEOダニエル・ホートンはこう答えている。

プロクスマイアー委員長：あなたは、カネが支払われたことや、そのカネがどこに行き、受け取った日本の高官が誰だったのかについて、正確な情報を持っていますか、持っていませんか。

ホートン：私どもは、わが社がコミッションを支払ったという正確な情報を持っております。しかし、そのカネが最終的に誰の手に渡ったかについては正確な情報を持っておりません。

プロクスマイアー委員長：あなたはご自分の会社の何百万ドルものカネを、誰に渡るのかを知らずに支払ったというのですか。

ホートン：誰に渡るかは知っておりました。コンサルタントとの契約に関するかぎりにおいては、ということです。それがコンサルタントからその後誰の手に渡ったのかについては存じません。

（中略）

ホートン：もし契約を取るためにカネを支払わねばならず、そのカネを支払ったことで契約が取れたのなら、それはその支払いが必要だったことの証拠だと思います。〔原注：上院銀行委員会〝ロッキード賄賂事件公聴会〟の記録、１９７５年８月25日〕

全日空への契約合戦が終盤に近づくにつれ、コーチャンは心労のため体が衰弱した。あるジャーナリストの記述によれば、コーチャンは高熱を出し、胃痛に悩まされ、自殺すら考えたという〔原注：サンプソン著『兵器バザー』より〕。３日間ベッドに伏せたままだったコーチャンは、トライスターが採用されそうだとの連絡を丸紅から受け取り、元気を回復した。しかし契約を完了するには、全日空が導入するトライスター１機に付き丸紅社長の檜山廣に5万ドル、元運輸大臣〔橋本登美三郎〕を含む6人の政治家に合計10万ドルの、〝最後の支払い〟を行なう必要があった。ロッキードの東京駐在員ジョン・クラッターは、このカネを工面するため、間際になってあちこち走りまわった。そしてその年のハローウィンの前日、取引は最終的に成立した。のちにコーチャンは、日本へのトライスター売込みの闘いを書いた『ロッキード売り込み作戦――東京の70日間』（村上吉男訳、１９７

6年、朝日新聞社刊、絶版）という本を書いた。

【訳注】

＊1　**グラマン社のスーパータイガー**　50年代のアメリカ海軍の戦闘機〝タイガー〟の性能向上型として計画された。素晴らしい性能だったがアメリカ海軍に採用されず、試作機が作られただけに終わった。

＊2　**50年代末の航空自衛隊の次期主力戦闘機**　最終選考に残ったのは、グラマンのスーパータイガー、ノースロップのN‐156F、コンベアのF‐106A、ロッキードのF‐104Jの4機種だった。だがノースロップN‐156Fは途上国に供与することを念頭にノースロップが自主開発したものだったため日本では〝格が低い〟と考えられ、コンベアF‐106Aは当時アメリカ最新鋭の防空戦闘機で高度の電子機器を搭載しており高価なうえアメリカが輸出に同意する可能性は低かったため、事実上ロッキードとグラマンの一騎打ちになった。

＊3　**西ドイツのF‐104Gの実力**　配備された900機以上のF‐104Gの3分の1近い300機近くが事故で失われた。一説では死亡したパイロットは100人以上と言われ、60年代半ばには全機飛行禁止措置が取られた。

＊4　**F‐104の実力**　アメリカ空軍自身、50年代末に防空空軍にF‐104Aを配備したが、あまりの事故や故障の多さに3カ月で飛行停止にし、はじめは700機以上だった発注数を150機ほどに大幅にカットしたうえ、防空空軍はわずか1年で全機を退役させた。60年代半ばには戦術空軍のF‐104C（戦闘爆撃機型）がベトナムに派遣されたが、任務は限定的な対地攻撃で、航空戦の戦果はゼロ（1機も撃墜なし）だったうえ、誤って中国領に入ったものが旧式のMIG‐19に撃墜されて評判を落とした。F‐104の空中戦による勝利が確認されている唯一の記録は、台湾空軍のF‐104が台湾海峡で中国のMIG‐19を撃墜した一例だけとされる。

Ｆ‐１０４は直線飛行のスピードが速く、ダッシュ力と上昇性能には優れていたが、小さくて幅の短い主翼を見ればわかるように、旋回能力など運動性が貧弱なため空中戦には向かず、搭載量が少なく航続距離も短いため対地攻撃能力も低かった。アメリカ空軍は、Ｆ‐１０４は制空戦闘機としても戦闘爆撃機としても能力なしと正式に判定し、１９６９年に全機を退役させた。それにもかかわらず、Ｆ‐１０４は総計２５００機以上も生産されて多くが輸出され、ロッキードの大きな収入源となった。

もっとも、航空自衛隊のＦ‐１０４Ｊは旧ソ連の爆撃機の迎撃に特化していたため、ダッシュ力と上昇性能を活かした一撃離脱の迎撃を行なうかぎりにおいては有効だったと考えられる。一方、航空自衛隊で事故が少なかったのは、日本人パイロットや整備士の質の高さを物語っている。

ドイツのロッキード事件

日本での賄賂作戦は高くついたかもしれないが、ロッキードが大金を使ったのはこのときが初めてではなかった。50年代末にＦ‐１０４をＮＡＴＯ（北大西洋条約機構）諸国に売り込んだときには、各国政府の重要な高官に影響を及ぼすことのできる代理人を使う方法はすでに常套手段になっていた。ロッキードはＦ‐１０４を〝ＮＡＴＯの戦闘機〟にする計画を立てており、売込みで用いられたおもな論点は、①加盟国が共通の戦闘機を使用すれば、それらの国が共同で軍事作戦を行なう必要が生じたときにいろいろな面でやりやすくなる。[*5] ②もしＮＡＴＯ諸国がフランスのミラージュⅢ戦闘機を採用したら、有事のさいにアメリカはヨーロッパ諸国を防衛することにあまり乗り気でなくなるだろう、の二つだった。①については正式な協議の場でオープンに議論されたが、②については、ヨーロッパ諸国の政府高官を脅すために舞台裏で語られた。アメリカ製の戦闘機を採用したかどうかで、同盟国を守ったり見捨てたりすると脅したという話は、もしかすると正確ではないかもしれないが、「そうなることもあるかもしれない」とわずかな可能性をほのめかすだけでも、各国の決定をロッキード側に傾ける効果はあったかもしれない。

ＮＡＴＯ諸国のなかで最初に取引が行なわれたのが西ドイツだった。それは西ドイツが最も大きな市場であることに加え、もし西ドイツがＦ-１０４を選べば、ヨーロッパの他のもっと小さな国々は右にならえをするだろうという思惑があったからだ。ロッキードは西ドイツの契約を取るために大量のロビイストを送り込んだ。彼らの目標は、当時の西ドイツのシュトラウス国防相を攻略することだった。しかし、西ドイツはフランスとの協力関係に力を入れており、シュトラウスはフランスのミラージュⅢを買ってフランスとの同盟を強化するか、Ｆ-１０４を選んでワシントンを喜ばせるべきかの板挟みになった。

１９５８年秋、シュトラウスは西ドイツ議会にＦ-１０４を推薦し、同年12月、Ｆ-１０４の導入が議会で承認されて、ロッキードは最初の96機を受注した（西ドイツは最終的に９１６機もの大量のＦ-１０４を調達した）。

このときの契約にからみ、ロッキードは西ドイツの複数の高官に多額のカネを支払い、いくつかの政党に政治献金を行なったと広く信じられているが、表沙汰になった例は一つもない。抜け目のないシュトラウスが、この取引に関する西ドイツ国防省のすべての書類を、シュレッダーにかけて捨てていたことも理由の一つだ。だが疑惑の追及がまったくなかったわけではない。シュトラウスの圧力もあってロッキードが雇った〝顧客担当〟は、シュトラウスが所属する政党にロッキードが1200万ドルを献金したと証言している〔原注：以下の記述の多くはサンプソン著『兵器バザー』より引用〕。だがその人物は自分の主張を証明できる証拠書類を持っていなかったため、彼の主張は信頼がおけないと判断された。

とはいえ、彼が証拠書類を提示できなかったから、カネの受け渡しがなかったということにはならない。当時ロッキードのヨーロッパ事業部長をしていた、西ドイツ国籍を取得したオランダ人で元KLMオランダ航空の社員だったフレッド・ミューザーという男が、F-104の売込みのコミッションとして100万ドル近いカネを受け取っていたことが判明している。だが、この男から西ドイツの高官にカネが渡ったかどうかについては、永久にわからないかもしれない。

【訳注】

＊5　ミラージュⅢ戦闘機　50年代末から60年代にかけてフランスのダッソー社が開発・生産したマッハ2級の戦闘機で、さまざまな型がさまざまな国に輸出された。フランスの兵器のおもな輸出先は、ヨーロッパ、南米のラテン系諸国、中東、アフリカの一部諸国だが、このころからフランスとアメリカの軍用機の輸出競争が激しくなる。ヨーロッパでミラージュがロッキードに敗れたフランスは、当時アメリカが武器禁輸をしていたイスラエルにミラージュを輸出したが、イスラエルは輸出の条件だった「先制攻撃に使用せず防衛目的の使用に限る」という約束を破り、1967年の第3次中東戦争（6日戦争）で先制奇襲攻撃に使ったため、激怒したフランスのドゴールは、イスラエルに対し武器禁輸を発動した。完成機もパーツも手に入らなくなったイスラエルは、機体やエンジンの図面を盗みだしてコピー機や改造型を生産し、改造型は輸出もされた。ニクソン政権になると、ア

メリカはフランスが禁輸したのを好機と見て、キッシンジャーの暗躍により武器禁輸を解き、ファントム戦闘機を輸出するようになる。ワシントンでイスラエル・ロビーの活動が激しくなるのはこのころからである。イスラエルがアメリカから兵器を買うときの支払いは、アメリカが経済援助で与える資金でまかなわれており、最近では軍事にばかりカネを使い国民の生活向上に力を入れない政府に抗議するイスラエル国民の声が増している。

オランダのロッキード事件

西ドイツと違い、オランダのコネクションはずっとよくわかっている。もっとも、そのコネクションが実際にどれほど有効だったかについては明らかではない。フレッド・ミューザーが初期にリクルートした人間の一人に、スイス人の法律家で、ミューザーの学生時代のルームメイトだったヒューベルト・ヴァイスブロットという男がいた。ミューザーは、ロッキードのヨーロッパにおけるロビー活動の成功の大きな部分は、ヴァイスブロットの助言と裏工作のおかげだったと語っている［原注：以下の記述の多くはサンプソン著『兵器バザー』より引用］。それについては、ヴァイスブロットがスイス人だったことが大きかった。彼はスイス人だったため、怪しげな活動を続けていても捜査されなかったのだ。

ミューザーはさらにもう一人のオランダ人の友人を引き入れた。テングス・ゲリッツェンという名のその男は、スキーの元オリンピック選手で、またサッカーのオランダ代表チームの元選手だったことから、オランダでは多少は名が知られていた。さらに重要なのは、ゲリッツェンは第二次世界大戦中に反ナチスのレジスタンス運動の英雄だったことだ。彼はイギリス情報部のエージェントとして働き、ナチスに捕らえられて拷問されたこともあったという。

だがミューザーが獲得した最大の成果は、ヴァイスブロットとゲリッツェンに助けられてコネクションをつけた、オランダのユリアナ女王の夫君、ベルンハルト殿下だった。ベルンハルトは文字どおり数百の団体や組織に役員として名を連ねる大物だった。なかでもロッキードにとって重要だったのは、ベルンハルトがオランダ軍の監査総監〔部隊の任務の遂行や経理状態を検閲する職〕をしていたうえ、ＫＬＭオランダ航空の役員だったことだ。これらの人脈を通じた働きかけが成功し、１９５９年末、オランダはＦ-１０４の採用を決定した。ドイツと同様、オランダでも契約が賄賂によって決定されたことを示す書類上の形跡は残っていないが、興味深いことに、この決定がなされたのち、ロッキードはベルンハルトにジェットスター機〔第３章・訳注15参照〕を１機プレゼントすることを提案したことが明らかになっている。のちにアメリカ議会の公聴会で、その目的は何だったのかと追及されたロッキードの重役たちは、Ｆ-１０４を採用してくれたことへの返礼だったことを否定し、「わが社の製品をオランダで販売するために、友好的な雰囲気を醸造するためだった」と答えた〔原注：上院多国籍企業小委員会の公聴会における証言。『ニューヨーク・タイムズ』紙、１９７６年２月４日と９日の記事〕。

だが間際になってロッキードは、ベルンハルトにジェット機を贈る案を引っ込め、ミューザーはそのかわりに１００万ドルを進呈してはどうかと提案した。そのカネが実際にベルンハルトに渡ったかどうかは明らかではないが、渡そうとした形跡ははっきりしている。当時のロッキードＣＥＯ

のロバート・グロウスが1960年9月にローマでベルンハルトと会い、その数週間後にはロッキードの弁護士ロジャー・スミスがオランダ王室の宮殿にベルンハルトを訪ねている。ベルンハルトが100万ドルをスイスにいるヴァイスブロット経由で渡してほしいと言ったのはこのときの会談である*6［原注：以下の記述の多くはサンプソン著『兵器バザー』より引用］。

数日後、ロジャー・スミスはスイスのチューリッヒで、ベルンハルト殿下の母親〔正確にはユリアナ女王の母親で、ベルンハルトの義母にあたる〕と親密な関係にあったロシア人の元大佐と会った〔この人物は王政派つまり反スターリン派で、晩年ユリアナ女王の母親と結婚した〕。ロシア人元大佐はカネを振り込むべき銀行の口座番号をロジャー・スミスに渡し、3回に分けて支払うスケジュールが組まれた。

ロッキードとベルンハルトとの親しい関係は、70年代半ばにアメリカの上院外交委員会のチャーチ上院議員による多国籍企業小委員会（通称チャーチ委員会）が、ロッキード社のビジネスのやり方を調査しはじめるまで続いた〔日本のロッキード事件はチャーチ委員会のやりとりのなかで発覚した〕。ベルンハルトは1960年末から74年にかけて、オランダ政府の政治家や高官に対してロッキードのP-3Cオライオン対潜哨戒機を採用するよう働きかけていたと主張している。このときはライバルのフランス製哨戒機〔ブレゲー社のアトランティック対潜哨戒機〕の採用が決まったが、その選定は遅れた。それがベルンハルトが横槍を入れたためか、他のルートによるものかはわからない。ロッキードは契約を取れると確信していたようだが、ひっくり返されたのだ。

この時点でベルンハルトは、ロッキードを支援したことへの謝礼の支払いを求める怒りの書簡を、ロッキードの弁護士ロジャー・スミスに送るという行動に出た。それは側近の助言によるものだったが、あまり賢い考えではなかった。なぜなら、その手紙の存在により、彼とロッキードの関係を示す証拠が残ってしまったからだ。ある証言によれば、ベルンハルトはロッキードに、自分が創設にかかわった「世界自然保護基金」への寄付に偽装して４００万〜６００万ドルを送金するよう要求したという〔ベルンハルトは60年代に同基金の初代総裁を務めている〕。ベルンハルトの書簡は２通あり、１通目では「私はこれまで、どれほどオランダ政府にロッキードのＰ-３Ｃを採用させるために努力してきたことか。したがって私は支払いを受ける資格がある」と述べ、２通目では「１９６８年以来、私はたくさんの時間を費やして、オランダの政治判断が間違った方向に行かないように口を挟んできた。すべてはロッキードとの昔からの友好関係に基づいた行動だった。ゆえに私は今、少しばかり苦々しい気分を感じている」と書いている。この書き方を見れば、その件に関してコミッションは支払われなかったと推測できる。

　ベルンハルトはこのように苦情を述べているが、公平な目で見れば、最終的にはロッキードが彼を利用したというよりは、ベルンハルトのほうがロッキードを利用していたと言えそうだ。のちに明らかになったところによれば、ベルンハルトもフレッド・ミューザーも、ミューザーの仲間のヴァイスブロットも、みなロッキードのために仕事をしていたのと同時に、ロッキードのライバルであるノースロップの仕事もしていた。たとえば、ベルンハルトはノースロップのＦ-５タイガー戦闘機[*7]をオランダに売り込むため、アメリカ空軍長官に手紙を書いてノースロップの幹部とオランダ国防相との会談をセッティングしたり、ノースロップがオランダの名門航空機メーカーであるフォッカー社の株の20パーセントを取得するための取引や、友人であるノースロップのＣＥＯをフォッカーの役員にするために動いていた。

【訳注】

＊6　ロバート・グロウスはこのときまでに社長を退いており、当時は会長になっていたか、またはこれは弟のコートランドであった可能性もある。

＊7　**ノースロップF-5タイガー戦闘機**　第6章・訳注2にあるN-156Fをベースに開発された、廉価・軽量の双発戦闘機。おもに途上国に供与され、海外でも生産された。

イタリアのロッキード事件

ヨーロッパにおける最後の大きなターゲットはイタリアだった。イタリアは賄賂が通常のビジネス行為として一般に受け止められて日常的に行なわれている国だ。イタリアへの対潜哨戒機の売込みでP-3Cがフランスに敗れたロッキードは、C-130ハーキュリーズ軍用輸送機14機の売込みに全力をあげた。当時C-130はベトナム戦争でさかんに使われていた。イタリア向けの販売総額は6000万ドル〔当時のレートで約180億円〕だった。

イタリアのエージェントには、あるイタリアの議員がコーチャンに紹介した人物が雇われた。この男はコーチャンに「この国で飛行機を売りたければ裏金を払わねばならないというのはお恥ずかしい話だ」と言いつつ、1機に付き12万ドル、14機売るには合計168万ドルのコミッションが必要だと伝えた。のちに行なわれたアメリカ議会の調査で、ロッキードの弁護士ロジャー・スミスが書いた手書きの手紙の存在が浮上したが、その手紙には、「契約を完了するためにイタリアの高官に渡すべきカネの最終的な金額は、〝カモシカのパイ〟という暗号名で呼ばれるイタリア人の仲介者があとで知らせる」とあった。そしてしばらくして、〝カモシカのパイ〟とはイタリアの首相だったことが判明する〔原注：上院多国籍企業小委員会の公聴会の記録より〕。

しかし調査委員会にとって残念なことに、C-130の取引が行なわれた2年間に、イタリアには3人の首相が在任していた。政権がこのようにしょっちゅう代わるイタリアの政情は、ロッキードの戦術にも影響を及ぼした。ロッキードのある内部記録には、「交渉を急げ。政権が代わって交渉相手の顔ぶれが代わったら最悪だ」と書かれている。つまり、政権が代わればすでに賄賂を渡した人間たちが政権から去ってしまうので、新たに政権に就いた人間たちにまた賄賂を贈らなければならなくなる可能性があるということだ。

ロッキードはそのことを考慮して、最後の支払いを76万5000ドルで押し通し、賄賂の最終的な総額を200万ドルで決着させた。その額はC-130パッケージの総額のおよそ3～4パーセントにあたる。ロッキード社の内部資料によれば、そのうち5万ドル〔当時のレートで約1500万円〕がイタリア国防相に渡り、残りの多くが国防相が所属した複数の政党に渡った〔原注：上院多国籍企業小委員会の公聴会の記録より〕。

コーチャンは満足だった。取引が無事完了し、賄賂の額もロッキードにとって〝ノーマルな額〟の範囲に収まったからだ。

インドネシアのケース

ロッキードの賄賂作戦について、世界の目は日本とドイツとイタリアにばかりに注がれていたが、[*8]賄賂作戦の対象はこの3国だけではなかった。政府高官を買収するためにカネが渡った国には、そのほかにトルコ、インドネシア、コロンビア、サウジアラビアがある。

インドネシアのケースでは、やはり賄賂の受け渡しについて記されたロッキードの社内記録が見つかっている。1965年7月の日付のある記録では、ロッキードの重役がインドネシア側の要求に不満を述べている様子が記されている。インドネシア側は、インドネシアが購入する4機のジェットスター機〔小型のジェットビジネス機。第3章・訳注15参照〕のうちの最後の4機目について、コミッションを最初の3機と同じ10万ドルではなく、20万ドルにしてほしいと要求してきたのだ。あるロッキードの重役は、その前のC-130その他の販売のときにもインドネシアがあとになって似たような要求をしてきたことに言及し、明らかにうんざりしている。彼はこう書いている。

「私はこの件についてダニエル・ホートンと話しあった。私は彼に、我々は187万4000ドル〔何に関する金額なのかは不明〕で止《と》めるべきだ、このたわごとは行きすぎていると思う、と言った。私は彼と道義上のことについていろいろ話しあい、たとえわが社やわが国にカネがかかることではないにしても、[*9]これはもう単純によくない、こういうことには限度がある、ということで意見が一致した。ダンは私に、カール〔コーチャンのファーストネーム〕と相談するように、もし彼がかまわなければまた3人で話そう、と言

った」〔原注：１９６５年６月８日のＷ・Ｇ・マイヤーズの証言による社内記録。上院多国籍企業小委員会公聴会の記録より〕

結局、ロッキードは20万ドルの要求を拒否し、10万ドルの線を維持した。その10年後、アメリカ上院の公聴会で質問に立ったある上院議員は、「このインドネシアのケースは、ロッキードが正しいことをしようとしたよい例だ。だがなぜ他の国に対してはそれができなかったのか」と述べている。しかし、このロッキードの重役がどういう感覚で〝道義上〟という言葉を使っているのかは微妙なところだ。彼はたんに相手が要求している賄賂の額が法外だと言っているだけで、賄賂をオファーすること自体の是非については何も触れていないのだから。

インドネシアのケースは、賄賂がビジネスの常套手段になった場合に発生する面倒な事態について考えさせてくれる。インドネシアではちょうどその年にクーデターが起こり〔１９６５年９月30日に発生〕、その後まもなく、クーデターを鎮圧した右翼のスハルト陸将がＣＩＡに支援されてスカルノ政権を転覆させているのだ〔その翌年３月にスハルトに権限が移譲され、スハルトは67年３月に大統領代行になった〕。ロッキードの首脳陣はこの事態にどう対応したのだろうか。

ロッキードにとっていちばん気がかりだったのは、彼らが使っていたインドネシア人のエージェントがその後もずっと使えるかどうかということだった。クーデターからまもない１９６５年11月に、ロッキードのマーケティング担当重役が書いた業務日誌にはこうある。

「担当者がジャカルタのアメリカ大使館に出向き〔ＣＩＡと協議したということ〕、スハルト政権になってもこのインドネシア人のエージェントがわが社にとって価値がありつづけるかどうか尋ねた」

大使館の答えは「イエス」だった。業務日誌には「明らかに、このエージェントはスカルノからスハルトにうまく引き継いだようだ」と記されている。だが、このマーケティング担当重役は多少の懸念も抱いていた。彼はさらにこう書いている。

「今の政権がたんにこの男を利用しているにすぎない可能性は常にあり、この男は近い将来粛清される人間のリストにすでに入っているかもしれない」

ロッキードはその後もこの男を使いつづけたが、2〜3年すると、インドネシア空軍が「今後は仲介者を省いて直接取り引きしたい」と申し入れてきた。

インドネシア空軍の幹部に直接カネを渡すことについて、ロッキード側に道義上の心配はまったくなかったが、現実的な面で問題があった。ロッキードが直接取引を望まない理由はいくつかあったが、その一つは、「カネの受け渡しには、少なくとも名目上だけでも、あいだにクッションとなる第三者を置いておく必要がある」ということだ。もう一つの大きな理由は、相手国の高官に支払うカネを中間で洗浄するエージェントがいなければ、社内の経理がその支払いを〝コミッション〟として合法的に処理できないからだった。つまり、法人税を申告するときに、アメリカ財務省がその出費を経費として認めない可能性が高い。[*10] さらにもう一つの理由として、その重役は「もしそのような支払いをしたことがのちに明るみに出れば、わが社の名前と評判に傷をつける」と記している。

【訳注】

＊8　ロッキード事件が大スキャンダルになった日本、ドイツ、イタリアの3国がみな第二次世界大

戦時の枢軸国だったのは奇妙な偶然である。チャーチ委員会の暴露が意図的だったという陰謀説も、ある意味ではこのことと関係があるかもしれない。とはいえ、サウジアラビアやインドネシアなど独裁政権の途上国ではスキャンダルなど起こりえず、スキャンダルが起きたということは、その国がとりあえず民主主義の国だったということでもある。

＊9　賄賂の分は価格に上乗せされるので、賄賂を渡しても実際にロッキード社のカネが出ていくわけではないことを示唆している。それは飛行機を購入する国が負担しており、その国の国民の税金である。

＊10　仲介者にカネを渡す場合はコンサルタントに支払ったということで経費になるが、相手国の高官に直接渡せば明らかに賄賂だから経費として計上できない。

サウジアラビアのケース

コミッションの額という点では、最大の金額が支払われた国がサウジアラビアだったのは驚くにあたらない。１９７０年代はじめにＯＰＥＣ（石油輸出国機構）が原油価格を引き上げて以来、中東の産油国にはオイルマネーがあふれはじめ、サウジアラビアは、産油国がそのカネを使って兵器を買いまくるブームの中心となった。サウジアラビアにおけるロッキードのエージェントは、アドナン・カショギという男だ。カショギはロッキードだけでなく、数多くの欧米企業とサウジ王室との仲介をして巨万の富を築いたことで知られている。

カショギはロッキードばかりでなくそのライバルたちの代理人もしていたが、この男を最初に使いはじめたのはロッキードだった。それは1964年のことで、カショギはまだ29歳の若さだったが、すでにサウジアラビアの重要な高官たちと強いコネクションを持っていた。カショギの父親はサウジアラビアのイブン・サウード国王[*11]の主治医の一人で、カショギ自身もエジプトの学校に行っていたときに若き日のヨルダンのフセイン国王[*12]と同窓だった。そういういきさつから、カショギはイブン・サウードの息子たちと親交があり、そのなかにはのちに国王となる当時のファハド皇太子〔第5代国王。在位1982〜2005〕や、やはりのちに国防相となるスルタン皇太子[*13]がいた〔原注：以下の記述はサンプソン著『兵器バザー』より引用〕。

さらにカショギはアメリカの高官たちとのコネクションも広げ、不遇時代のニクソン[*14]がパリに滞在しているところを豪勢にもてなして取り入り、主要なアラブ諸国指導者たちとのあいだを取りもった。

1968年にニクソンがアメリカ大統領に当選すると、カショギの〝気前のよさ〟はようやく元を取りはじめる。ニクソンがカショギのために何かをしたかどうかはいっさい明らかになっていないが、ニクソンは大統領在職中に何回かカショギと私的に会っている。確証はいっさいないものの、そのことは、カショギがアメリカで新たなクライアントを獲得するために、ニクソンがある一定の影響を与えた可能性があることを示唆している。ニクソンが再選を目指した72年の大統領選で、カショギはニクソン陣営に数百万ドルを注ぎ込んだのではないかと疑われているが、表に出た献金は5万ドルだけだった。そのカネは、ニクソンの選挙キャンペーンのテーマソングのレコーディング費用として使われたとされている〔原注：サンプソン著『兵器バザー』より引用〕。

カショギはロッキードの代理人として、総計数十億ドルにものぼるいくつもの取引にかかわった。それらの取引の規模の大きさを示す例をあげれば、ロッキードは1970年から75年のあいだに1億600万ドル〔当時のレートでおよそ320億〜350億円〕をコミッションとしてカショギに支払ったことを認めている。これは、世界で2番目に重要な代理人だった日本の児玉誉士夫に支払った額の10倍をはるかに上回る額である〔原注：『ニューヨーク・タイムズ』紙、1975年9月13日のロバート・スミスの記事「1億600万ドル支払ったとロッキードの記録」〕。当時のロッキードの海外マーケティング担当副社長は、「カショギはすべての現実的な目的のためのマーケティング戦力となり、取引の手立てを整えるだけでなく、販売戦略から助言や分析まで絶え間なく行なってくれた」と述べている〔原注：『タイム』誌、1987年1月19日号の記事「ビジネスマン・カショギの途方もない王国」〕。

だが、同時にカショギは扱うのが非常に難しい男でもあった。あるとき彼は、C-130の販売に関するコミッションを2パーセントから8パーセントに引き上げるよう要求してきた。サウジ政府関係者がたくさん介入してきて、カネを渡す相手が増えたというのが理由だった。ロッキードのある首脳は、「1機当たりの成功報酬を現行より20万ドル上乗せしてほしいというカショギの要求については、おそらくサウジ政府の複数の高官への支払いと思えるが、それらの人物に彼が本当にカネを渡しているのか、それとも彼の銀行口座でカネが止まってしまっているのか、我々には知るすべがない」と社内記録に書いている〔原注：1975年8月25日の上院銀行委員会の「ロッキードの贈賄」に関する公聴会の記録〕。疑惑については別の重役が1968年8月に書いた業務日誌にも載っている。それによると、あるサウジ政府の高官（筆者が入手した資料では名前が黒く塗りつぶされており、誰かは不明）が、「カショギには完全に幻滅した。私は約束の15万ドルを受け取っていない」と述べている〔原注：1968年8月15日の上院多国籍企業小委員会の公聴会の記録〕。

一方ノースロップも、オランダのときと同様、サウジアラビアでもロッキードと同じ道をたどり、1970年にカショギと交渉に入っている。[*15] ノースロップがカショギに接触したのは、最初のエージェントだったカーミット・ルーズベルトの推薦によるものだった。カーミットはセオドア・ルーズベルト大統領〔在任1901〜09〕の孫で、1953年にイギリスとアメリカが組んでイランにクーデターを起こし、親英米派のパーレヴィ[*16]を王位に就かせた事件で中心的な役割を演じた人物だ。

カーミットはノースロップの代理人として、サウジアラビアに20機のF-5タイガー戦闘機を採用させることに成功し、その後も引き続き取引にかかわっていた。ロッキードもノースロップも、カショギが両方のエージェントをしていることを知っていたが、オイルマネーがあふれるサウジアラビアには2社がかかわるに充分なビジネスがあり、両社は同じ人物が競争相手のエージェントをしている異常な状態を黙認していた。

70年代半ばに行なわれたアメリカ上院のチャーチ委員会による調査では、サウジアラビアの高官に賄賂が渡されていたことが明らかになったと言うにはほど遠かったが、そのことはペンタゴンでは当時からよく知られていた。1973年8月、ノースロップはカショギをペンタゴンに招いて高官に引きあわせるセッティングをしている。カショギと面会した高官のなかには、ペンタゴンの海外販売局の交渉担当責任者もいた。カショギはサウジアラビアのコミッションのシステムを少し説明し、「コミッションとして支払われるカネは、まだ未発達なサウジアラビアのインフラを整備し、ベドウィン〔アラビアの遊牧民〕の生活向上のために使われる。王子たちにカネを渡すのは、彼らに物質的な利益を与えるためではなく、彼らに対する忠誠の証しとしてのことだ」と説明した。するとペンタゴンの担当責任者は、「あなたのしていることは、安上がりな経済援助と同じです」とカショギを持ちあげ、さらに「この人は正直で頭のきれるビジネスマンだ」とまで言った〔原注：サンプソン著『兵器バザー』より〕。

【訳注】

＊11　**イブン・サウード国王**　没落していたアラビアのサウード家を復興させ、１９３２年にサウジアラビアの初代国王となった人物。サウジアラビアは現在でもサウード家による専制君主制で、国会も内閣も存在しない。

＊12　**フセイン国王**　在位１９５２年～99年（没）。親米派でアラブ穏健派の代表的存在だった。CIAのエージェントだったと言われているが、人格者として知られ（もちろん秘密警察を動かしてはいたが）、国民から慕われて敵は少なかった。イラクのサダム・フセインとは無関係。

＊13　**スルタン皇太子**　１９６２年に国防相に就任し、約50年間にわたってその職にあった。その間にサウジアラビアはアメリカにとって最大の兵器輸出国となったが、それとともにスルタンは数々の疑惑に関連しており、アメリカとの癒着が指摘されている。晩年はアルツハイマー病を患い、２０１１年10月22日にアメリカの病院で死亡した。

＊14　**不遇時代のニクソン**　ニクソンは１９６０年の大統領選でケネディに敗れ、62年のカリフォルニア州知事選でもブラウン（現在のカリフォルニア州知事ジェリー・ブラウンの父親）に敗れて、長らく浪人時代を送った。

＊15　**カーミット・ルーズベルト**　アメリカ情報部の中近東地域の専門家で、第二次世界大戦中はC

ＩＡの前身である「戦略情報局」（ＯＳＳ）のアラブ地区指揮官を務めた。戦後すぐはエジプトの支配権をイギリスから奪う作戦に従事し、エジプトが王政を廃止して共和国になる騒乱を画策し、大統領となった反植民地主義の英雄ナセルを後ろから操った。

＊16 **パーレヴィ**　１９７９年のイスラム革命（イラン革命）で国外に逃亡し失脚した。イランと英米との対立はそのときから続いている。

コーチャン社長の弁明

カショギのようなエージェントを使うことについて、ペンタゴンの高官は１９７４年に「兵器メーカーが使うエージェントの役割に限度を設けて、政府間で直接交渉をする方向に動くよう努力している」と語っているが、同年8月にカショギを招いたことが示すように、その言葉とは裏腹に、ペンタゴンは兵器メーカーがエージェントを使うことを黙認していた。

ごく少ない例外を除き、エージェントを使うことにかかわってきたロッキードの首脳たちは、そのようなやり方が悪い結果をもたらすことなく、いつまでも続くと思っていた。彼らにとって、賄賂はビジネスを行なうために必要な経費にすぎず、誰でもやっている当然のことだった。カール・コーチャンやダニエル・ホートンなどの人たちは、売上げを伸ばすために外国の高官に賄賂を渡しつづけることになんら問題があるとは思っていなかったのだ。

賄賂作戦が明るみに出たときのロッキード首脳の最初の反応は、できるかぎり情報を出さないようにするというものだった。ロッキードはアメリカ政府の証券取引委員会から圧力を受けて、外国政府の高官や政党に2200万ドルを賄賂として支払ったことを認めたが、そのカネを受け取った人々の名前を明らかにすることは拒否した。「わが社のビジネスに支障をきたし、〝公共の利益にならず〟外国政府高官に不必要なダメージを与える」という理由だった。CEOのホートンは「賄賂」という言葉を使うことすら拒否し、弁護士たちの助言により「キックバック」という言葉を使った。

実際、ロッキードの弁護士たちにはいろいろな強いコネクションがあった。ロッキードが秘密主義を正当化するために雇った主任弁護士は、ニクソン政権の前国務長官で、かつアイゼンハワー政権で司法長官を務めたウィリアム・ロジャーズだった。ロジャーズは、元同僚で当時の国務長官ヘンリー・キッシンジャーに、ロッキードのために介入するよう促した。キッシンジャーはロジャーズの要求に従い、当時の司法長官に書簡を送って「ロッキードに関する調査報告にある情報は内容が事実である裏付けがないうえ、名前があがっている国々との外交関係に深刻なダメージを与える可能性がある」と主張した。しかし司法長官はキッシンジャーの要求を拒否し、チャーチ委員会は調査報告をそのまますべて公表した〔原注：サンプソン著『兵器バザー』より〕。

チャーチ委員会によるロッキードの賄賂活動の暴露は、アメリカ国内にひと騒動を起こした。『タイム』誌は事件の特集を組み、『ニューヨーク・タイムズ』紙は長期にわたって詳細な記事を連載するなど、メディアは大きく扱った。だが全体的に見れば、アメリカでこの事件は、たんにウォーターゲート事件以後最大の、「企業の不正行為と政府機関の腐敗が明らかになった例」として扱われただけだった。

だが、事件の舞台となった当事国ではそうではなかった。たとえば日本では国を揺るがす大事件に発展し、賄賂の受け渡しに関する国会の証人喚問がテレビで全国生中継され、街行く人は足を止め、仕事中の人も仕事の手を休めて、最寄りのテレビを食い入るように見つめている光景が繰り返し報道された。アメリカでは少し前にウォーターゲート事件があって国民はすでに大騒動を体験していたので、ロッキードの賄賂スキャンダルはその終章にすぎなかったが、日本ではこの事件はウォーターゲートそのものだったのだ。時の首相、三木武夫は、自分が所属する自民党が起こした悪事から距離を置き、〝クリーン三木〟のイメージを高めようと大捜査を発動した。3000人以上の捜査官が動員され、二十数カ所の家や事務所が捜索された。脳溢血《のういっけつ》で倒れて自宅療養中だった児玉誉士夫の家や、日本に駐在するロッキード社の社員の自宅や事務所も捜索の対象となった。この騒ぎで、最終的に十数名の政府高官や企業重役が逮捕・起訴された。

こうして日本じゅうがロッキード疑惑の解明で興奮状態に包まれるなか、日本の衆参両院はアメリカのフォード政権に対し、この事件に関してアメリカが持っているすべての証拠を提出するよう求める決議を採択した。その決議は、アメリカ国務長官ヘンリー・キッシンジャーとロッキードCEOダニエル・ホートンの言い分に真っ向から対立するものだった。というのは、二人は「詳細をすべて公表すれば、日米関係やその他の国との関係を損なう」として反対していたのだ。しかし事実はそれと正反対で、日本国民の怒りが火を噴いたのは、アメリカがすべてを公表しないことが原因だった。

1976年7月末、前総理の田中角栄が全日空へのトライスターの売込みに関して5億円の賄賂を受け取ったとして逮捕された。田中角栄は3週間後に起訴され、2億円の保釈金を積んで保釈された。この出来事は、田中角栄に「在任中に賄賂を受け取った容疑で起訴された、日本で初めての首相」という、際立っていかがわしいイメージを与えることになった。

この事件の裁判は時間がかかり、7年後の1983年にようやく1審判決で懲役4年、追徴金5億円の有罪判決が下った〔即日控訴、その後保釈〕。ロッキード事件で起訴された政治家、政府高官、民間人は、田中角栄を含め11人にのぼった。

日本ほどではないが、事件の責任追及は他の国でも行なわれた。イタリアは裏金がごく普通のこととして日常的にまかり通っている国だが、それでも議会は二人の元国防相に対する免責特権を無効にする議決を採択し、二人に対する刑事訴訟を可能にする道を開いた。それは過去30年間にわたって免責特権を無効にするための努力を続けてきた同国で初めてのことだった。元首相は免責特権無効化を求めた議会の投票で、からくも1票差で起訴を免れた。

オランダでは、ベルンハルト殿下が激しく批判されて評判を落としたものの、訴訟には持ち込まれなかった。しかしこの事件は、世界の名士に名を連ね、世界自然保護基金からオランダ軍部に至るさまざまな組織や団体とかかわってきた殿下の名に大きな傷をつけた。ベルンハルトは事件との関わりを否定していたが、オランダ政府の調査がメディアに公開されると進退きわまった。ベルンハルトは政府の役職を含む事実上すべての肩書きを剝奪され、残ったのは王室の一員であることを示す長ったらしい肩書きだけになった。

賄賂が渡ったそのほかのほとんどの国では、いかなる形でも関係者が追及されることはなかった。

アドナン・カショギは引き続きサウジ政府と外国企業との仲介者として、濡れ手に粟の取引を続け、トルコ、インドネシア、コロンビア、シンガポールの政府高官たちには何も起こらなかった。

では、ロッキードのCEOダニエル・ホートンと社長カール・コーチャンはどうなったのだろうか。二人はともに辞任を余儀なくされた。そして、彼らは居心地のよいなれ合いの関係にある顧問の肩書きをオファーされたが、2カ月後、アメリカ政府や業界の反対はもちろん、一般社会からの轟々《ごうごう》たる批判にさらされて、オファーは撤回された。だが二人とも、自分の行動について悔恨の言葉を口にしたことは一度もなかった。実際、コーチャンは1977年7月の『ニューヨーク・タイムズ』紙のインタビューで、「事件のスケープゴートにされた」と語っている。その記事によると、今何をしているかと問われたコーチャンは、「救世軍〔慈善団体〕に寄付する資金集めに協力するために野菜を栽培している」と答えたという。コーチャンは自分をニクソンになぞらえてこう語った。

「（あの騒動で）私が体験したことには、ウォーターゲートのときと同じような要素があるんですよ。なぜ私がそう言えるのかといえば、つまりこういうことです。ウォーターゲート事件で明らかになったことの多くは、実はその前から普通に行なわれていたことだったのです。それが突然、規準が変わったからだめだということになった。私はニクソンの気持ちがよくわかります。（ああいう形で）目的を失ってしまうというのは、つらいことです」

コーチャンは、彼らがしたのと同じようなことは以前から行なわれていたことであり、そればかりか、どんな人であろうが、もし彼らと同じような状況に置かれたら同じことをしただろう、と論じてこう述べた。

「どんなビジネスマンであろうが、商取引をする人が、もし取引を成功させるためにカネが必要だと言われたら、その要求を断わることができるでしょうか？」

そして彼は語気を強め、「そんなことはできませんよ」と言いきった。彼は〝賄賂〟という言葉そのものすら否定し、こう続けた。

「それを〝謝礼〟と呼ぶ人もいます。〝怪しげなカネ〟と言う人もいます。〝強要だ〟と言う人もいます。〝潤滑油〟と言う人もいます。そして〝賄賂〟だと言う人もいるのです。しかし私は、そういうカネは製品を売るために必要なものだと思います。私は自分が悪事を働いていると思ったことは一度もありません。私はそれは〝コミッション〟だと考えます。それが常識ですよ」［原注：『ニューヨーク・タイムズ』紙、1977年7月3日のロバート・リンゼーの記事「『スケープゴートにされた』とコーチャン」

第7章

レーガンの軍備大増強

ロッキードにとって、70年代は倒産の危機、政府の融資保証による救済、賄賂スキャンダル、ベトナム戦争終了後の国防予算の減少、と大きな出来事が続く厳しい10年だった。ベトナムでの大規模な戦闘が終了した1973年になると、ペンタゴンの予算はピークだった1968年の3分の2以下にまで減少してしまったのだ（インフレ率の調整を含む）。1974年にニクソンが退陣してフォード政権になると国防予算はさらに減り、次のカーター政権でも引き続き低いままだった。カーター政権の最後の年までに軍事支出は1951年以来最低のレベルになり、ペンタゴンが食わせていかねばならない軍産複合体も縮小していた。

このような軍事支出の減少は、アメリカの安全保障のニーズのレベルと連動していた。ベトナム戦争終了後、アメリカは長らく大規模な武力紛争とかかわっていなかったうえ、ニクソンの時代に進められたソ連とのデタント（緊張緩和政策）がその後も続いており、米ソ両国の核戦力はほぼ拮抗していたのだ。厳密に言えば、アメリカの核戦力のほうが〝まさって〟はいたが、それは米ソ両国とも相手を何回も全滅させるに充分な数の核兵器を所有しているときに、より多く持っていることに意味があればの話だ。

右派勢力の巻き返し

だがまもなく、東西の緊張緩和や核兵器制限交渉に反対する対ソ強硬派が集まり、米ソの軍事力についての現実を認めない「現存する危険を考える委員会」というグループを結成した〔１９７６年３月に結成〕。その名は、第二次世界大戦終了後まもないころ、共産主義と闘うために軍備を増強しなければならないと主張する人たちが、その主張を広めるために作って短期間存在したグループの名から取ったものだった。

このグループは、ソ連の脅威を事実に基づかない巨大なものに描きあげ、米ソの軍事力には大きな差があるので早急に縮めなければならないと宣伝した。グループのメンバーは超党派で構成され、おもな顔ぶれには民主党タカ派のユージーン・ロストウ（ジョンソン政権の政治担当国務次官）〔ユダヤ系〕、共和党のジェームズ・シュレジンジャー（ニクソン政権とフォード政権の国防長官）〔ユダヤ系〕、共和党のジョージ・シャルツ（ニクソン政権の財務長官）〔報道などでは〝シュルツ〟と記されているが、正しくは〝シャルツ〟。父親がユダヤ系〕のほか、前カリフォルニア州知事ロナルド・レーガン〔父親がアイルランド系〕がいた。このグループの目的は、〝差し迫ったソ連の軍事力増強〟と〝ソ連のほうがまさっている米ソ軍事力の不均衡〟と彼らが主張するものを逆転することだった〔原注：アン・ヘッシング・カン著『デタント潰し――右派によるＣＩＡへの攻撃』Anne

Hessing Cahn, "*Killing Détente: The Right Attacks the CIA*" ペンシルベニア州立大学出版局、1998年」。彼らは「ソ連の軍事力増強は、1930年代のナチス・ドイツを思い出させるところがある」とさえ主張した。

彼らは自分たちの主張を支えるために、ある評議会が発見したということにして自分たち自身が温めてきたデータで理論武装した。その〝ある評議会〟とは、当時CIA長官だったジョージ・H・W・ブッシュ[*1]が1976年に作ったいわゆる「チームB」と呼ばれるものだ。だが父ブッシュが「チームB」を作ったのは、CIAが正式に発表したソ連の軍事力の推定が低すぎるとして保守系タカ派が総がかりで圧力をかけてきたためだった。[*2]「チームB」のメンバーには、ハーバード大学の保守系教授リチャード・パイプス〔チームBのリーダー。ユダヤ系〕や、ケネディ政権からニクソン政権まで長期にわたりペンタゴンの高官を務めて、冷戦時代のアメリカの核戦略に長くかかわった対ソ強硬論者ポール・ニッツェ〔ドイツ系〕、やはり冷戦時代の対ソ強硬論者でのちにレーガン政権の軍事補佐官となり、いわゆる〝スターウォーズ計画〟〔後述〕の主要な支持者となった元陸軍中将ダニエル・O・グラム、のちにレーガンのブレーンとなり国家安全保障関係の人選に中心的な役割を演じたウィリアム・ヴァン・クリーブ〔オランダ系〕などがいた。また若い世代では、のちにブッシュ（子）政権で出世したポール・ウォルフォウィッツ[*3]〔ユダヤ系〕もメンバーの一人だった。

この顔ぶれから容易に想像できるように、チームBは「ソ連は強大な軍事力を持っており、米ソの差は広がっている」と主張した。それは同じデータに対するCIAの分析とは正反対の解釈だった。

一方レーガンは「現存する危険を考える委員会」の主張で理論武装し、１９８０年の大統領選でも一貫して「アメリカが軍備競争でソ連に後れを取る原因をカーターが作った」とカーターを攻撃しつづけた。だが１９６０年代に起きたミサイル・ギャップ論争〔第４章を参照〕と同じで、実際には明らかにアメリカの軍事力のほうがまさっていたのだ。たとえば、「現存する危険を考える委員会」は、「ソ連はアメリカより大型で破壊力のあるＩＣＢＭ（大陸間弾道弾）を持っている」と繰り返し喧伝《けんでん》していたが、アメリカのＩＣＢＭのほうが命中精度がはるかに高かったうえ、アメリカは敵の攻撃で破壊されにくい潜水艦発射型弾道ミサイルを多く持ち、戦略爆撃機でもソ連を圧倒的に凌いでいた。実際には、アメリカはＩＣＢＭのサイズ以外のほぼすべての分野でソ連を圧倒していたのだ。

だが、１９７９年初頭にイランにイスラム革命が起きて、アメリカの同盟だったパーレヴィ王朝が崩壊し、同年末にソ連がアフガニスタンに侵攻したのは、明らかにレーガンにとって好都合だった。これらの出来事のおかげで、米ソの軍事力バランスは本当はどうなのかという、どちらかというと抽象的な議論は、右派による反ソ宣伝の激流にかき消されてしまったのだ。

そして、その宣伝が最もうまかったのがロナルド・レーガンだった。レーガンはそれより25年以上も前から反ソ活動で知られており、俳優時代の50年代にはほぼ全期間を通じて、ＧＥ社のスポークスマンとして全米を講演旅行して共産主義の脅威を説いていた経歴があった。[*4]

【訳注】

＊１　ジョージ・Ｈ・Ｗ・ブッシュ　イラク戦争を行なったブッシュの父親。70年代のフォード政権最後の１年間にＣＩＡ長官を務めた。レーガン政権で副大統領を務めたのち、大統領（在任１９８

9年1月〜93年1月)。92年の大統領選で再選を目指したがクリントンに敗れた。

＊2　**CIAの調査結果を否定**　フォード政権の国防長官だったドナルド・ラムズフェルドと大統領主席補佐官だったディック・チェイニーらが画策し、その調査結果を出したコルビーCIA長官を辞任に追い込んだ。コルビーのあとを継いでCIA長官になった父ブッシュは、基本的に商売人で現実主義者であり、あまり好戦的な対決は望んでいなかったが、ホワイトハウスを仕切っていた共和党右派の意を汲んで「チームB」を作り、CIAの見解を変更した。コルビーは辞任後、核凍結と米ソの軍縮を主張したが、20年後、湖で乗っていたボートが転覆して死亡。のちにブッシュ(子)政権でラムズフェルドは再び国防長官に、チェイニーは副大統領となって、ともにイラク戦争を推進した。

＊3　**ポール・ウォルフォウィッツ**　ネオコンの主要メンバーで、ブッシュ(子)政権の国防副長官としてイラク戦争を立案した一人。イスラエルの右翼政党リクードとのつながりが強いと言われていた。イラク戦争のつまずきから責任を追及されて辞任させられたのち、ブッシュにより世界銀行総裁に指名されたが、女性スキャンダルで辞任した。その後、米台商業協会会長に任命されたのは、国防副長官時代に台湾への兵器販売で実績を上げたことが理由だという人もいる。

＊4　**反共産主義の伝道師レーガン**　レーガンの実の娘によれば、レーガンは50年代にGE社から全米の家庭に家電製品を普及させるための宣伝を行なうスポークスマンとして雇われ、講演旅行に明け暮れる日々を送っていたが、話を始めると家電製品のことはそっちのけで反共産主義の演説ばかりしていたという。

国防予算の大盤振る舞い

多くの大統領候補は、選挙期間中に保守層の票を狙って強硬な発言をしても、当選して大統領になれば現実路線を取るようになることが多いが、レーガンは大統領になると、選挙期間中に発言したとおりに軍備増強を進めた。国防長官にタカ派のワインバーガー〔祖父がキリスト教に改宗したユダヤ系〕を据え、1981年と82年だけでも国防予算を750億ドルも増額して、1982会計年度には1850億ドルもの軍事費を計上した。カーター政権最後の年である1980年度より39パーセントもの増加である。

しかも、それはまだ序の口だった。2期目が終わるまでにレーガンの国防予算は2倍に膨れあがり、平時の軍事費としてはアメリカ史上最高を記録したのだ［原注：国防総省発表の「国防予算概要」2010年より］。

兵器メーカーにとって、これは明らかに朗報だった。とくにロッキードは、当時最新の潜水艦発射弾道核ミサイル、トライデント[*5]を生産していたため、レーガンの全面的な核兵器増強路線のおかげで有利な立場に立った。ロッキードの受注額は急激に増加し、カーター政権最後の1980年には年間20億ドル程度だったものが、レーガン政権3年目の83年には40億ドルに倍増した。

議会も、はじめのうちはこの増強を静観しているように見えた。レーガンの〝強いアメリカ〟のレトリックのおかげで軍事費増加がアメリカの大衆に広く支持されていたので、あえて波風を立てずにいたのだ。だがレーガン政権も1期目の終わり近くになると、民主党の巻き返しが激しくなってくる。

民主党の反撃のポイントは二つあった。まず第一に、とにかく軍備増強のその規模である。大きな貿易赤字と財政赤字〔当時この二つは「双子の赤字」と呼ばれ、アメリカはレーガンの時代に純債務国になった〕を抱え、社会福祉を求める声が高まるなかで、ワインバーガーの要求する年間二桁の軍事支出の増加はいくらなんでも大きすぎると思われた。

二つ目は、国の安全保障に対する基本的な考え方の違いだった。[*6] レーガンとそのブレーンたちが核兵器増強の宣伝に熱中し、トライデントや新型のMXミサイルなどに何十億ドルもの予算を注ぎ込むにつれ、そのような無思慮な政策を続けていると、そのうちに本当に核戦争を引き起こしかねないという心配が生まれたのだ。[*7] とくに、アメリカの弾道ミサイルの命中精度が向上するとともに、「アメリカはソ連のICBMのサイロを先制攻撃して破壊し、ソ連の核兵器を無力化できる」という考えがどこからともなく生まれ、そうなるとソ連はアメリカの先制攻撃で破壊される前にICBMを発射しようとするかもしれず、東西の緊張が高まれば米ソ核戦争の危険性が現実になると考えられた。

この心配から、少なくともペンタゴンの軍備増強のペースを落とさせようという努力がなされ、功を奏した。また、命中精度の高い新世代核弾道ミサイルの登場により高まった核戦争の不安が核兵器廃絶運動を生み、80年代半ばのアメリカの反核運動は20世紀最大の市民運動の一つとなった。

【訳注】

＊5　**トライデント**　第3章で触れているポラリスを改良したポセイドンの、さらに後継となる潜水艦発射弾道ミサイル。現在も実戦配備されており、近い将来まで使えるように寿命を延ばすための改造が行なわれている。

＊6　**MXミサイル**　80年代に配備された大型の地上発射型ＩＣＢＭ。２０００年代に米ロの戦略兵器削減条約により退役した。

＊7　**ＩＣＢＭのサイロ**　敵の核攻撃で破壊されないように、地下に作られた巨大な縦坑のような形のＩＣＢＭの発射施設。60年代に多くが作られたが、敵の核ミサイルが直撃もしくは至近距離に着弾すればやはり破壊を免れないため、のちに核弾道ミサイルの精度が上がるとともに有効性が低下し、潜水艦発射弾道ミサイルの重要性が増すことになった。

過剰請求スキャンダル

レーガンの軍備増強を批判する人たちが、税金の無駄遣いの象徴として取りあげたものが二つあった。それがロッキードが空軍と海軍に納入した飛行機の備品の代金として請求した、一つ６４０ドルのトイレの便座と一つ７６６２ドルのコーヒーメーカーだ。それについて議会で追及されたワインバーガーが、平時の国防予算としてアメリカの歴史始まって以来最大の額になっていた軍事支出に「1グラムの無駄もない」と真顔でしらを切ったことから、国民の怒りに火がついた。

そしてこの出来事がきっかけとなり、レーガン政権初期の何十億ドルにものぼる国防予算がいったい何に使われているのか詳しく調査しようという動きが起きたのだ。それ以来、新聞の風刺マンガにトイレの便座を首にかけたワインバーガーの姿が繰り返し描かれ、大衆のあざけりの標的にされるようになった。

コーヒーメーカーのいかさまを暴いたヒロインは、ディナ・ラソー〔イタリア系〕という名の若い女性ジャーナリストだった。ラソーは「全国納税者ユニオン」というＮＰＯに勤めたのち、みずから発起人となって「軍の調達を監視するプロジェクト」というＮＰＯを立ちあげ、ペンタゴンと兵器メーカーの癒着を追及していた。

ラソーはアーネスト・フィッツジェラルドから教えを受けていた。第4章に登場した、空軍とロッキードの癒着を内部告発したあのフィッツジェラルドだ。彼は10年にも及ぶ裁判のすえ、職場復帰の判決を勝ち取って、ペンタゴンの本来の職務に戻っていた。

過剰請求スキャンダルの第1ラウンドに引き出されたのは、ロッキードではなく、ジェットエンジンメーカーのプラット・アンド・ホイットニーだった。ラソーのＮＰＯが入手したオクラホマ州にある空軍基地の内部資料によると、１９８２年7月12日の記録に、機材調達担当官が「プラット・アンド・ホイットニー社のエンジンの34個のパーツが1年間に３００パーセントも値上がりしている」と記入していた。その担当官は、思いきった改革をしないかぎりこの状況を改善することはできそうにないと感じており、「プラット・アンド・ホイットニーがこれまで価格を抑えたことは一度もなく、彼らがそういうことを学ぶことはないだろう」と控えめなコメントを添えていた〔原注：ディナ・ラソー著『ペンタゴン・アンダーグラウンド』Dina Rasor, “*The Pentagon Underground*”（１９８５年）以下の記述の多くは同書より引用」。

ラソーがこの記録を新聞に公表すると、たちまち全国の記者がその件を一斉に追及しはじめ、空軍は弁解に追われる羽目になった。空軍ははじめ「価格は適正だった」と主張したが、なぜ1年間に4倍にも値上がりしたのかを納税者に納得させることなどできるわけがなかった。フィッツジェラルドは、空軍のそういう反応についてこう述べた。

「一般的に言って、彼らは本当のことを言ったほうが彼らのためになる場合でも、反射的に嘘をつく」

実に的を射た意見だ。パーツの法外な値上げでプラット・アンド・ホイットニーがボロ儲けをしていたことが同社の内部資料から明らかになったのちになってもなお、空軍は83年3月になるまで「価格は適正だった」と繰り返していた。だが空軍は、それより6カ月も前に事実はその正反対であることを知っていたのだ。

とはいえ、いくら法外な過剰請求のペテンを暴いても、ジェットエンジンのパーツが大衆の関心を惹きつづけるのは難しい。一般の人々にはジェットエンジンのことなどよくわからないからだ。だが、それがただの金槌《かなづち》だったらそうはいかない。今度は、ある工具メーカーが、海軍に納めた金槌に一つ435ドルも請求していたことが発覚したのだ。そこで民主党のある議員が実際に金物店に行き、似たような金槌を買ってきて、「これは一つ7ドルだった」と追及すると、軍と業者の癒着ぶりに国民の非難が殺到した。そのうえ、どうしてそんな値段になったのかと追及された海軍がしぶしぶ内訳を公表すると、それがまた火に油を注ぐ結果になった。海軍の発表によれば、〝技術的サポート〟に37ドル、〝品質管理のための1時間近い時間の経費〟を含む〝製造サポート〟に93ドル、そのうえにメーカーの純粋な利益に相当する〝手数料〟が56ドルも上乗せされていたのだ。言葉を換えれば、この工具メーカーは、金槌一つに呆れはてた経費を計上したうえ、さらに店で売っている小売値の8倍もの利益を上乗せしていたというわけだ。だが海軍は「価格は適正だった」と主張した。

そして次がロッキードだ。１９８４年8月、北カリフォルニアの空軍基地に勤務する大尉がラソーに連絡してきた。その大尉は基地に配備されているC-5AとC-１４１〔やはりロッキード製の軍用輸送機。第4章の訳注4を参照〕の整備担当責任者で、それらの輸送機のメンテナンスに必要なスペアパーツの価格があまりに高いことに不審を抱いているということだった。同大尉によれば、たとえば機内に設置されているただの時計が一つ５９１ドル、エンジンポッド〔ジェットエンジンをマウントしている大きな筒状の構造物。大型機の場合はたいてい主翼の下に吊り下げられている〕の側面についている整備用の扉にはなんと一つ16万６０００ドルも請求されているというのだ。だがラソーは航空機の専門家ではないので、その価格がどれくらい不当に高いのかわからなかった。

そこで大尉はもう一人の内部告発者を彼女に紹介した。その人物はやはり同基地でC-5AとC-１４１を担当している航空兵だった。ここで注目すべきことは、スペアパーツに関する告発が、ロッキード社内からではなく、ロッキード製の輸送機を実際にメンテナンスしている空軍の担当者からなされたということである。そして、このときに航空兵が知らせたのが、のちにロッキードによる過剰請求スキャンダルの象徴となる、一つ７６６２ドルのコーヒーメーカーだったのだ。しかも、そのコーヒーメーカーの価格は、4年前の１９８０年には一つ〝わずか〟４９４７ドルだったというのだから、法外な値段にさらに法外な値上げをしたというわけだ。しかもこのコーヒーメーカーは故障ばかりしていて、しょっちゅう修理しなければならなかったという。

その航空兵はもう一つの例として、C-5Aの機内で使われている座席の肘掛け用カバーをあげた。彼によれば、もし空軍が自分で作ればせいぜい一つ25ドルくらいで作れると思えるものに、ロッキードは670ドル6セントも請求しているという。備品の過剰請求が最初に明るみに出たのち、ワインバーガーは「〝過剰請求ゼロ制度〟を決めた」と宣言していたが、その結果がこれなのだった。

ラソーは二人の内部告発者が現われたことを喜んだが、実名を出すことで彼らの将来が脅かされることを心配した。彼女がNPO「軍の調達を監視するプロジェクト」を立ちあげるのをフィッツジェラルドが手助けした理由は、この二人のような内部告発者を解雇やハラスメントから守ることが目的だった。告発者の実名を伏せて、このNPOを内部情報の発信元にすることにより、告発者を不当な扱いから守ると同時に、内部の不正行為や職権乱用などの腐敗の情報を集めつづけることを可能にした。フィッツジェラルドは、ペンタゴンや軍の内部にいる告発者を〝隠れた愛国者〟と呼んだ。

だが、周囲の人たちは心配したが、空軍大尉と航空兵の二人は上院の公聴会に進み出て証言する決断をした。大尉は公聴会のちょうど前日に空軍を定年で退役し、予備役に編入されたため比較的安全だった。そのあとに何が起ころうが、彼は年金の受給資格を失ったり空軍のハラスメントにあう心配がなくなったのだ。だが航空兵のほうはそうはいかなかった。彼はまだ若く、退役までにまだ何年もあったからだ。彼はのちに報復され、議会の「空軍勤務者が受けたハラスメントに関する公聴会」に出席して、「すでに得ていた階級を剝奪されることはなかったが、仕事を降格されたうえ監視をつけられ、さまざまな嫌がらせをされた」と証言した。公聴会の議長を務めた上院議員は、「証人に対するいかなるハラスメントも許されない」と正式に空軍に警告したが、警告は無視されたのだ。実際、議会で証言した証人に対するハラスメントは違法行為だが、その法律が適用されることはまずほとんどないのが現実だった。

二人の公聴会には大勢のレポーターが詰めかけ、テレビも実況中継するなど、国じゅうの関心の高さがよく表われていた。雑貨店に行けばどこでも買えるようなただの旧式の懐中電灯に、一つ181ドルも請求されていると二人が証言したのもそのときだ。二人はテレビのトークショーにも出演した。新聞の風刺マンガに、便座を首に掛けたワインバーガーの姿が登場したのはこのころだ。

スペアパーツの過剰請求事件で非難の十字砲火の大部分を浴びたのは空軍だったが、ロッキードも無事ではなかった。つまるところ、過剰請求で儲けたのは空軍ではなくロッキードなのだ。一つ640ドルの価格がつけられたトイレの便座は海軍のP-3C対潜哨戒機用で、全国的に有名になった一つ7662ドルのコーヒーメーカーは空軍のC-5A用だった。ロッキードの最初の反論は、「それは便座ではなく、便座のフタだ」という、マンガのようなものだった。風刺漫画家はワインバーガーが首に便座を掛けた姿でなく、便座のフタを帽子のように頭の上に乗せた姿を描けばよかったというのか？

ロッキードはさまざまな理屈を並べたてて抵抗したが、結局ある程度責任を認め、「記録を見直したところ、海軍には一つ640ドルではなく540ドルを請求すべきだったことが判明した」と発表した。ロッキード社長ローレンス・キッチンは海軍長官に手紙を送り、「工場労働者の手間賃、会社の固定費、発送手数料、原材料費、それに課税前の額に13・4パーセントの利潤を加えて計算しなおしたところ、最初の提示より100ドル安くなることが判明した」と苦しい言い訳をし、「この事実にかんがみ、すべてのスペアパーツの価格が過剰に請求されていたことも考えられる」として、54個の便座のフタの代金として受け取った金額から「気前よく4606ドル74セントを返却する」と提案した［原注：『ニューヨーク・タイムズ』紙、1985年2月6日のウェイン・ビドルの記事「海軍特注の便座」］。

だが、一つに付き100ドルほどの返金で騒ぎが収まるわけがなかった。非難の嵐は静まらず、ロッキードは最終的に価格を一つ100ドルに引き下げると申し出て、「わが社はこの措置のために出る損失をかぶる」と主張した。そしてロッキード社長キッチンは、この件を追及していた上院議員に、「価格を100ドルとしたのは、この一件がいま行なわれている国防予算全体の審議を混乱させることがないようにと配慮した結果の象徴的な措置だ」と述べた。だがまもなく、ロッキードはすべての過剰請求にスキャンダルが広がるのを避けるため、ついに便座のフタをタダにすると発表した。

おそらくロッキードは、トイレの便座とコーヒーメーカーのこのバカ騒ぎには早く幕を引いたほうがよいと判断したのだろう。なぜなら、その後ろには何億ドルにものぼるC-5Aの予算超過と、さらにC-5Aの後継機であるC-5Bにかかわるスキャンダルが控えていたからだ。だがその前に、ロッキードはもう少し醜態をさらすことになる。

まずロッキードは、便座のフタの製造に外部の下請けを使うことに同意したが、翌85年11月末、30の業者に声をかけたが1社も応じなかったと発表した。だが翌年2月、ラソーのグループが「30社というのはウソで、ロッキードはその半分にも満たない14社にしか声をかけていなかったことが社内記録に書かれている」と発表すると、ロッキードはさらに信用を失墜した。しかも便座のフタは54個必要だったのに、ロッキードはその数を10個と偽って入札の申し込みを募っていたのだ［原注：UPI通信のグレゴリー・ゴードンによるレポート］。わずか10個では応札する業者がいなかったのは当然と言えた。

だが、これでこのバカバカしい論争にカタがついたわけではない。便座のフタの件で言い争っていたその最中に、今度はP-3CではなくC-5Aの便器の下に敷くマットに、ロッキードは一つ642ドルもの値段をつけようとしていたことが発覚。さすがにロッキードはすぐそれを一つ317ドルに下げて請求したが、空軍は286ドル75セントに値切った。だがいったいどこからそんな数字が出てくるのか？　今度はテキサス州の空軍基地から内部告発者が現われて、そんなものは一つ90ドル以下で手に入ると公言した［原注：UPI通信のティモシー・バノンによるレポート］。

その後のいきさつは便座のフタのときと同じだった。ロッキードははじめ「このマットは離着陸の衝撃に耐えられるよう、特殊な材質で作られている」「生産数が少ないから単価が高くなる」と強弁したが、騒ぎが大きくなるにつれ他の大きな問題に飛び火するのを恐れ、結局一つ〝1ドル〟にすることに同意した。

「〝反防衛産業の陰謀団〟の不当な非難」

だがこの騒動はまだ続く。ロッキード航空機部門社長のロバート・オームズビーという男が業界誌に寄稿し、驚くべき発言をしたのだ。彼はまずはじめに、70年代の2億5000万ドルの融資保証による救済〔第5章参照〕以来おなじみの「我々は被害者」論から始め、こう続けた。「過去5年間、一部のメディアと政治家たちは、わが国の国民やだまされやすい議会に、お決まりの〝社会に有害で強欲な防衛産業〟の恐怖物語を喰らわせつづけてきた。兵器メーカーはトイレの便座や、荒物屋で2、3ドルで買える金槌などに何百ドルも請求して、納税者の財布に穴を開け、膨大な利益をむさぼってきたというのだ」〔原注：『アヴィエーション・ウィーク・アンド・スペース・テクノロジー』誌、1986年5月26日号〕

要するに、「非難はとんでもない言いがかりだ」というわけだ。オームズビーは「その5年間に、ペンタゴンと防衛産業のあいだには1500万件の取引があり、スペアパーツはそのうちのごく一部でしかない。金額的には国防予算のわずか1・6パーセントにすぎない」と主張した。

だが彼の議論にはおかしなところがいくつかある。まず、たとえ全予算の1・6パーセントだったとしても、「だから過剰請求してもよい」とはならないだろう。さらに重要な点は、便座のフタやコーヒーメーカーは象徴にすぎないということだ。同様の過剰請求が、軍に納められるC-5Aをはじめとするあらゆる軍用機の価格の請求においても行なわれており、フィッツジェラルドが「C-

5Aはあらゆるスペアパーツのかたまりだ」と言ったのは実に的を射ている。

オームズビーは同記事のなかでさらにメディアの報道を攻撃し、「スペアパーツの問題は、人気取りの政治家や、〝利権がらみ〟の団体［原注：ラソーのグループのようなNPOを指している］や、一部の〝無責任なメディアの連中〟が作りあげている騒ぎにすぎず、まったく有益でない。いくつかの政府機関も、そういうことに熱中して脚光を浴びたがっている。ロッキードは〝反防衛産業の陰謀団〟により不当に非難されている」と主張し、次のように述べた。

「根本的な問題は、わが国とその同盟国の安全保障を維持するために必要な防衛予算のレベルはどれほどであるべきかということである。しかしながら、『防衛産業や軍が税金の無駄遣いや不正行為や職権乱用をしている』というニュースで一面を飾ろうとして我先に殺到するマスコミや、一部の政治家たちのおかげで、この根本的な問題が意味を見出せなくなっている。

その結果はどうなっているか。何百万人もの現役や退役した軍人の士気をくじく雰囲気が作りだされ、『アメリカは内部分裂して言い合いばかりしている国で、米軍は国民の信頼を得ていない』というイメージを同盟国や敵国に与え、わが国が（世界に）平和を築く努力を弱体化させている」

つまりロッキード社長オームズビーは、「軍事支出の無駄や不正や職権乱用などの腐敗を暴く行為は平和と自由の敵であり、国が一つにまとまっていることを世界に示すためにみな口をつぐんでいろ」と言っているのだ。言葉を換えれば、「反愛国者のレッテルが貼られるのがいやなら、防衛産業やペンタゴンのやっていることに口を挟むな」ということだ。これほどあからさまに民主主義に反する発言はない。

もちろん、スペアパーツに過剰請求が行なわれていたことが知れわたったために、レーガン政権の国防予算案に対する国民や議会の支持が低下したのは確かだ。だが、そのためにアメリカの国力が低下したということではまったくない。むしろこの一連の暴露は、国防にはどれくらいのカネをかければ充分なのかという、健全な議論を進めるためのきっかけとなり、この騒ぎが起きたおかげで「膨大な軍事予算の使途を充分に調査しないことが、税金の無駄遣いや不正行為や職権乱用を引き起こす原因となっている」ことを国民によくわからせてくれたのである。

この項で述べてきたスペアパーツのスキャンダルは、ペンタゴンの機材調達にともなうもっとずっと大きな問題を象徴するごく一つの症状にすぎない。その問題の最も明らかな例が、第４章で見たC-５Aのトラブルだったのだ。それは80年代になってもまだ続く。

尾を引く欠陥機C-５Aのトラブル

第４章で述べたように、C-５Aは１９６９年末に空軍が量産１号機を受領する前からすでに主翼に亀裂が入るなど数々の問題を起こし、そのため生産数を減らされたうえ飛行条件を制限されていた。C-５Aの技術的なトラブルは70年代もずっと続き、80年代になると主翼の設計をやり直すことになった。ここでそのいきさつを手短にたどってみよう。

スペアパーツの過剰請求が明るみに出たのはレーガン政権の時代になってからだが、その数年前の１９８０年１月までに、ディナ・ラソーは「C-５Aの主翼の致命的な問題を解決するために、空軍はロッキードに15億ドルを支払うつもりだ」という内部情報を得ていた。その情報を彼女に伝えたのは、あのヘンリー・ダーハムだった。70年代はじめに、C‐5Aにまつわる法外な過剰請求をロッキード内部から告発したあの男だ。彼は、ロッキードがそもそも自分が創り出したトラブルを解決するためにさらに15億ドルものカネを受け取ることに憤慨していた［原注：ディナ・ラソー著『ペンタゴン・アンダーグラウンド』（1985年）。以下の記述の多くは同書より引用］。

一方、ラソーはそのころ、会計監査院がC‐5Aの数限りない問題について1976年に出した古い調査結果を入手していたが、そのレポートには主翼の亀裂の問題も明記されていた。その時点で会計監査院は、空軍は費用がかかる主翼の修理以外にも代案を検討すべきであるとし、他の方法を取った場合のコストの見積もりも出すよう勧告していた。会計監査院が示した代案には、たとえば海外の基地に前もって資材を備蓄しておくことや、大量輸送にはC‐5Aではなく高速輸送船を使うなどの方法のほか、ボーイング747をベースにした輸送機を調達する案もあった。747を使う案は、C‐5Aの諸問題が初めて明らかになった60年代末から70年代はじめにかけて提案されたものと同じだ。

だが、それから4年後の1980年に、ラソーは空軍がそういう比較研究を何一つやっていなかったことを知った。つまり、もしダーハムの疑いが正しければ、空軍は他の選択肢をまったく検討することなく、ロッキードに15億ドルを支払おうとしていたことになる。

フィッツジェラルドがラソーに教えたことの一つは、この問題の根底にあるのは情報隠しだけではないということだった。たとえC‐5Aの問題を解決するもっと安上がりな方法があることをぺンタゴンや議会に知らせても、彼らは聞く耳を持たないということだ。フィッツジェラルドはこう言った。

「これは、ロッキードとジョージアの政治家にまたも必要のない仕事を与えて、ロッキードを救済しようということなのだ。100パーセント政治利権だ。彼らは事実がどうなのかなどかまやしないのさ」

事実に関してもう一言つけ加えるなら、空軍とロッキードは、自分たちの共通の縄張りの利益になるように事実を曲げようとしたということだ。C-5Aの主翼の問題を解明するため、1977年に専門家による作業部会が作られたが、その研究に参加したセントルイス大学のある教授によれば、そのグループに加わった専門家のなかでロッキードにも空軍にもつながりを持たないメンバーは彼だけだったという。しかも、ロッキードは技術的なデータをすべて開示せず、参加者は最もカネがかかる案、つまり新たに主翼を設計しなおす案を採用する方向に実質的に強制されたという。

この教授は、まったく新しい主翼を作らなくても、大幅に修理するだけで目的は充分達せられると感じており、空軍はロッキードにできるだけたくさんカネが落ちるようにしようとしていると感じたという。さらに、空軍が主翼の問題を大げさに強調しはじめたのは、ロッキードに与える仕事を増やすだけでなく、この問題を強調することによって他の問題を隠そうとしているのではないかという印象も受けたという。なぜなら、もしほかにも問題がたくさんあることがわかれば、そんな欠陥機を作りなおすのはやめて、いっそのこと別の飛行機を新たに採用したほうがよいということになりかねなかったからだ。

C－5Aの飛行性能の問題は深刻で、悲惨な事故も引き起こした。1975年4月、ベトナム戦争の最終局面で、撤兵の一環として300人以上のベトナム人の孤児とスタッフを乗せて離陸したC－5Aが墜落し、76人の孤児と数十人のアメリカ人スタッフが死亡するという最悪な事態が発生した。墜落の原因は、空中で後部貨物扉のロックが突然はずれて扉が脱落したことだった〔そのショックで尾翼の油圧系統がすべて利かなくなり操縦不能になった〕。NPO「軍の調達を監視するプロジェクト」は、主翼の問題を調べたときに、1971年に出された空軍の技術調査レポートがすでに貨物扉の構造上の欠陥を指摘していたのを発見した。明らかに、何も改善されていなかったのだ。

その少し前の1973年に起きた第4次中東戦争でも問題が噴出している。会計監査院は、そのときにイスラエルへの軍事物資の輸送に使われたC－5Aの60パーセントがメンテナンスやスペアパーツの不良で使い物にならず、飛行できたC－5Aも合計29輌の戦車を運んだだけで、しかもそれは停戦のわずか4日前だったことを明らかにした。この輸送機の開発が計画された根拠は、「派遣命令が下ったら、短時間のうちに紛争地帯に重量物を空輸すること」だったはずだ。その目的にぴったりの最初の実地テストとも言える派遣で、C－5Aは明らかに不合格だったのだ。

1980年8月25日、ウィリアム・プロクスマイアーの小委員会の公聴会で、ついにロッキード・ジョージア社長ロバート・オームズビーは、C－5Aの主翼の問題は60年代末に同機の重量超過に悩んだロッキードが、機体重量を5トン減らすために主翼の桁を削ったことから生じたことを認めた。それまで10年以上にわたってC－5Aの問題を調べてきたプロクスマイアーは、C－5Aの欠陥を知り尽くしており、オームズビーは彼の追及から逃れられなかったのだ。その公聴会で証言した

「全米納税者ユニオン」の代表はこう述べた。

「ロッキードは主翼の修理で利益を出すべきではない。もし自分が引き起こしたトラブルのためにさらに儲けるようなことになれば、我々は他の企業にどんな手本を示すことになるだろうか？　お粗末な仕事をすればするほど儲かるなら、システムのなかに最初から失敗を組み込んでおけば、あとでさらに（仕事を得て）報酬を得ることができる。この主翼の修理のプロセスは、はじめからロッキードに何十億ドルも与えて救済することを意図していたのではないのか」

プロクスマイアーはもううんざりだった。彼は会計監査院に、主翼を新たに設計しなおして作りなおすことが本当に必要なのかどうか、さらに調査するよう要求した。だがその調査は1年かかり、終了したときにはすでに議会が14億ドルをロッキードに与える決定をしたあとだった。批判者たちは、その支払いは議会がロッキードに投げ与えたプレゼントだと感じた。

次期輸送機受注をめぐる謎

さて、次の問題は、欠陥だらけのC-5Aに代わるものを製造する必要性だった（C-5Aは81機で生産が打ち切られていた。第4章参照）。この輸送機のお粗末な性能は誰の目にも明らかであり、その事実を見れば、空軍はじっくり考えて別の方法を探すのが普通だろうと人は思うかもしれない。だがそうはならなかったのだ。空軍は非合法とも思えるロビー活動を行なって、ロッキードが契約を取るのを助けた。

それがC-5Aの後継機、C-5Bだ。レーガン政権時代の80年代に行なわれたC-5B調達のいきさつは、60年代にC‐5Aが選ばれたときと非常によく似ている。

1981年8月、後継機受注競争の勝利者に選ばれたのはマクダネル・ダグラスだった。ペンタゴンの新輸送機計画の担当者たちも、空軍自身も、はじめから明確にマクダネル・ダグラスの案を気に入っていた。そのことは、ペンタゴンの担当者がラソーのグループと連絡を取りあって情報を流していたことからはっきりわかっている。空軍はマクダネル・ダグラス案の良さを熱心に議会にブリーフィングしていた。翌1982年1月8日の時点でもなお、空軍長官は国防副長官に、ロッキードのC‐5はいくら改良型を作ったところでメンテナンスが困難であること、未舗装の滑走路に着陸できないこと、信頼性とメンテナンスの容易性についてロッキードが保証を与えようとしないことなどから、マクダネル・ダグラスの案のまま進めるよう強く推していた。

そういう状態だったから、それから2週間もたたない同年1月20日、空軍が前言をひるがえしてロッキードのC‐5Bを採用すると発表したときには、事情を知る人たちは仰天してしまった。新しい設計でゼロから作るマクダネル・ダグラスの案をあれほど熱心に議会に売り込んでいたのに、欠陥だらけのC‐5Aを改良してC‐5Bに作りなおす案を採用するというのだ。これは再びロッキードに資金援助をしようとしているのだとしか説明しようがなかった。余談になるが、このときのマクダネル・ダグラスの案だった輸送機が、現在アメリカ空軍の主力輸送機となっているC‐17である。*8

だが、その選定の最中にも、ペンタゴン内部の批判派は引き続きC‐5Aのトラブルに関する情報を外部に流していた。たとえば、C‐5Aは空軍のどの飛行機より飛行1時間当たりの経費が高くつくことや、それに加えてとてつもない数のスペアパーツを必要としたことなどだ。C-5Aの飛行時間は全空軍機の総飛行時間のわずか1パーセントにすぎなかったが、C-5Aはスペアパーツのための予算の14パーセントを食いつぶしていた。またC-5Aは巨大なだけでなく地上での動きが極端に鈍いため、ヨーロッパの基地では他の飛行機の移動のじゃまになり、滑走路や誘導路がつかえて渋滞するトラブルが日常的に起きていた。

しかも、選定作業中にボーイングが再度747の貨物機型を提案するという意外な行動に出ると、改良型のC-5Bでもなお性能不足が際立っているように見えた。747貨物機はC-5Bよりずっと低価格なうえ、より大きな貨物積載量を持ち、短い滑走路に着陸できることがすでに実証されていた。そのうえボーイングは20年間の価格据え置きを保証していた。だが、ボーイングが主張している747貨物機の性能が事実であろうがなかろうが、空軍もペンタゴンも決定を変える気はなかった。

そこで、ボーイングの本拠地があったワシントン州選出の有力議員が動いた。その議員は上院軍事委員会の古参メンバーで、一貫してボーイングのためにロビー活動を続けてきたことから〝ボーイングの上院議員〟と呼ばれていた。彼は強力なキャンペーンを展開し、上院軍事委員会は60対30で「ボーイングの747貨物機を採用する」という決議を採択してしまった。これにはC-5B推進派もあわてた。そしてこの出来事が、ペンタゴン、空軍、ロッキードとそのすべての下請けが、一致団結して動き、軍事委員会の決定を覆してC-5Bに最終決定させるための大キャンペーンを開始するきっかけになったのだ。

もし内部告発者が、96ページから成るC-5B推進派の〝キャンペーン計画表〟をラソーのNPOにリークしていなければ、部外者がその大キャンペーンの全貌を知ることはできなかったにちがいない〔原注：ロッキードと空軍によるロビー活動キャンペーンに関する記述はすべてディナ・ラソー著『ペンタゴン・アンダーグラウンド』による〕。その計画表によれば、彼らの戦術の中心は上下両院の議員に影響を及ぼすことのできるさまざまな人物を動員することで、そのなかには空軍大将〔制服組トップ〕から空軍長官〔背広組トップ〕から上院多数党院内総務[*9]から国防副長官からレーガン大統領自身に至る名があげられていた。しかもその計画表には、たとえばレーガンと上院多数党院内総務が下院少数党院内総務に電話をかけ、他の幹部議員は議会の無名議員たちに働きかける、などと具体的に要請されていた。

この資料には、ロッキードとペンタゴンの親密な関係を示す象徴的な例が記されていた。「C-5Bに関する国防長官の方針書の草稿を、ロッキードが書く」となっていたのだ。つまり、監督官庁が、監督の対象となる企業が製造する航空機についての公式見解の原稿を、その航空機を製造する企業に書かせる、という呆れた話なのだ。だがロビー活動にかかわる人たちは、そういうことも意に介さないようだった。もう一つ似たような話として、議会に置かれたペンタゴンの連絡事務所が議員たちに送った、C-5Bの支持を呼びかけた手紙も、ロッキードが〝ゴーストライター〟をやっていた。ペンタゴンが議会に対してロビー活動をするのは違法だが、連絡事務所は〝情報伝達のみ〟という名目で〝お知らせ〟[*10]を配布することができるのだ。

これらの動きと並行して、公民権運動で有名になったジョージア州アトランタのアンドリュー・ヤング市長〔民主党の黒人市長。70年代にカーター政権の黒人国連大使として有名になった〕が、議会の民主党黒人幹部会に働きかける任務を与えられ、オクラホマ州選出の民主党穏健派下院議員が新人議員を担当、やはりジョージア州選出の共和党のギングリッチ下院議員が他の二人の議員とともに〝穏健派労働者階級〟を担当した。この〝ジョージア・コネクション〟は偶然ではない。C-5Bの最終組立工場があるジョージア州マリエッタはアトランタのすぐ北だ。ヤングはロッキードから「アトランタに住む8500人の労働者の雇用がかかっている」と言われていた。[*11]

とはいえ、ロビー活動の中心は、たんにこれらの人たちの評判や彼らが語るたんなる言葉ではない。ロビー活動とは、純粋に利益誘導による利権政治そのものだ。内部告発者がラソーのグループにリークしたロビー活動の計画表によれば、ロッキードは下院の歳出委員会と軍事委員会の重要メンバーに働きかける役を担当し、ペンタゴンと空軍は国防に直接関係のないさまざまな委員会のおもな委員長を引き入れる役を担当することになっていた。

さらに注目すべき重要な点は、その計画表に「B-1のときと同じようにやる」と書かれていたことだ。B-1とは、70年代にカーターが生産計画を葬り去ったのを、レーガンが大統領になってから復活させた新型長距離爆撃機のことだ。当時、B-1計画の復活は軍事予算を獲得するバトルのモデルになると考えられていた。[*12]

さらに、この計画表によれば、ロッキードはC-5B生産に関係する下請け企業をロビー活動に総動員することになっていたが、ペンタゴンはC-5Bとは直接関係のない仕事を請け負っている企業にまで、C-5Bに賛成するよう圧力をかけた。「言うとおりにしないと、あとで困ったことになるぞ」という脅しである。

そして最後に、ペンタゴンはボーイングの動きを封じる動きに出た。当時の国防次官がボーイングの社長に、「もしC－5Bに反対したら、あらゆる方法で痛めつけてやるぞ」と言ったというのだ。ボーイングの社長が「いったいC－5B推進キャンペーンは、合法的かつ道義的なやり方で行なわれているのか」と問いただすと、国防次官は「もちろん合法だ。道義的かって？　それについてはコメントできない」と答えた。

選挙区の利権がらみでC－5B支持へと大きく動いた議員として、下院議長を務めていた民主党のマサチューセッツ州選出下院議員と、やはり民主党でミシガン州選出のカール・レヴィン上院議員〔のちの上院軍事委員会委員長。第1章に登場〕の二人がいる。マサチューセッツ州にはGEがらみの仕事が多いのだ〔GEの本拠地はコネチカット州にある〕。だが、C－5Bに搭載するエンジンを作る予定のジェットエンジン部門はオハイオ州にある。

ロッキードはレヴィン議員に対し、C－5Bの主要な部位を製造することになっていた巨大企業ジェネラル・ダイナミックス社を通じて、民主党のリベラル派議員にC－5Bを支持するようプッシュしてほしいと依頼した。ジェネラル・ダイナミックスはレヴィンに大きな影響力を持っていたのだ。同社は総合兵器企業であり、アメリカ陸軍の主力戦車であるM－1戦車を作っていたが、レヴィンの選挙地盤であるミシガン州にはM－1戦車の大きな生産拠点があったからだ。さらに同社はレヴィン議員だけでなく、全米各地にある同社の生産拠点を選挙区に持つ議員（約60人）を洗いだして働きかける役をあてがわれた。

【訳注】

＊8　**C-17**　90年代前半から少しずつ生産が始められ、飛行試験をしながら開発が続けられた。やはり機体重量超過の問題から開発が長引いたが、その後技術的な問題は解決したとされている。だが大幅な予算超過からマクダネル・ダグラスは大きな損失を出し、同社がボーイングに吸収される一因となった。C-17は旧マクダネル・ダグラスの南カリフォルニア・ロングビーチ工場が生産する最後の飛行機となった。現在の名称はボーイングC-17である。

＊9　**上院多数党院内総務**　上院で多数を占める政党（民主党か共和党）の代表者。アメリカは大統領制なので、必ずしも上院の多数党が与党ではない。

＊10　**公民権運動**　50年代から70年代末にかけてさかんだった人種差別撤廃運動。黒人の地位向上を目指したことで知られるが、東部ではアイルランド系とユダヤ系のリベラル派が運動を大きく推進した。60年代のフォークソングのブームはこの運動と関係があり、当時活躍したフォークシンガーやシンガーソングライターの多くはリベラル派のアイルランド系やユダヤ系である。ロバート・ケネディ司法長官がこの運動を強くバックアップしたのも、ケネディ兄弟がアイルランド系だったことと関係がある。非暴力主義を貫いてこの運動の象徴となったのが、１９６８年に暗殺されたキング牧師だったが、ロバート・ケネディもその2カ月後に暗殺された。

＊11　**ギングリッチ下院議員**　ジョージア州選出の共和党保守派。90年代にクリントンの民主党と闘い、40年以上も民主党が多数を占めていた下院を逆転して共和党を多数党にしたことでのし上がったが、性格の悪さから一般の人気は低い。２０１２年の大統領選でも共和党の大統領候補選びに再び出馬したが、支持が盛りあがらず脱落。

＊12　**B-1爆撃機**　B-52の後継機として計画された超音速大型爆撃機。70年代に試作機が完成したが、カーター政権にキャンセルされて生産されなかった。レーガンは大統領になるとそれを復活させ、

80年代に100機が生産されたが、もともと冷戦時代に米ソ核戦争を想定して設計されたものであるため、それ以外の目的に使うには実用性に乏しいうえ故障が多く、1991年の湾岸戦争では当時の最新鋭機であったにもかかわらず飛行停止中で使われなかった。それから現在に至るまでの20年間にコソボ、イラク、リビアなどでわずかに使われたにすぎない。稼働率も低く、空軍にとっては実質的に〝お荷物〟になっている。過去に一部を退役させたこともあり、全面的に退役させる計画が何度も出ているが、当分半数程度を維持するらしい。レーガンによるB-1の復活は、軍需産業に仕事を与えて産業基盤を維持することが目的だった兵器生産の好例であり、その意味で、「B-1のときのようにやる」は象徴的な言葉である。

民主主義システム下の〝鉄の三角形〟

今ここに述べてきたことは、たんにロッキードとペンタゴンが共通の目的のためにロビー活動計画表を作って綿密に担当を割りふり、注意深く調整しながら協力しあっていたことを示しているだけではない。重要なのは、これらの動きのかなりの部分において、采配を振るっていたのはペンタゴンではなくロッキードだったということだ。このロビー活動計画表の存在が明るみに出たことで公聴会が開かれ、証人が呼ばれて追及された結果、この一連の動きを主導していたのは当時のロッキード社長ローレンス・キッチンだったことが判明した。キッチンはほとんどのロビーグループのミーティングに出席しており、さらにカギとなる議員たちと個別に話しあっていた。

この一連の出来事の興味深い側面の一つは、彼らのロビー作戦が露見してメディアに報道されたときの、空軍とロッキードの傲岸不遜な態度だ。たとえば、C－5B計画を監督する立場にある空軍の責任者（少将）は、事の異常性を真っ向から否定してこう述べている。

「もしこういうことが異常だと思うなら、あなた方はみな間違っている。すべては異常でもなんでもない。あなた方が目にしているのは、すべて民主主義の実際である。システムとはこういうふうに進むものなのだ」

だが、そんな発言がすべての議員を納得させられるわけがない。このロビー活動計画に違法行為がなかったかどうかを調査せよという声が上がり、会計監査院に調査が依頼された。

依頼を受けた会計監査院が１９８２年9月30日に提出した報告は、驚くほど厳しいものだった。省庁や政府機関の人間がロビー活動をすることを禁じた法律が破られた可能性が指摘され、刑法に触れる行為がなかったかどうかを司法省が調査すべきであると勧告したのだ。調査すべき対象とされた人物のなかには、空軍が議会に置いている連絡事務局の局員や、ペンタゴンの議会担当事務局の局員のほか、空軍長官と国防副長官の名もあがっていた。

だがフィッツジェラルドは、司法省に捜査を請求しても捜査が行なわれる可能性は疑わしいと感じた。彼はこう語っている。

「王様の手下が王様の仕事をしたことを訴追するよう、王様の法律家に頼むようなものだ」

そして残念ながら、彼の予想は正しかった。83年2月、司法省は誰一人訴追することなく捜査を終了させた。会計監査院のレポートをまとめた担当者は新聞の取材に対し、この件で司法省から電話1本来なかったと述べた。

こうしてC-5B発注の大キャンペーンは、ロッキードと空軍の勝利で幕となった。だがそれと似たようなことは、他の兵器システムの調達でも必ず起こる。違うのは、このときのように大騒ぎになるのはまれで、たいてい事は深く静かに進行するということだけだ。たとえばこんな具合だ。

まず、軍需産業とペンタゴンのロビイストたちが群れをなして議会周辺を動きまわり、上下両院の軍事委員会や、歳出委員会の軍事小委員会のメンバーに圧力をかける。彼らの多くは自分の選挙区に軍需産業のなんらかの生産拠点を抱えており、主要な委員たちはみな兵器メーカーやその下請けから豪勢な政治献金を受けている。議会で何かの兵器が議論の対象になった場合、その兵器に関するレポートや証言は一方的にその兵器を支持するように作られ、時には正式なレポートや証言の作成に、その兵器を製造しているメーカーが関与している。あるアナリストは、この「軍」「兵器メーカー」「議会」の癒着を〝鉄の三角形〟と呼んだ。

C-5Bにまつわる物語は、この〝鉄の三角形〟がいかに強大か、そしてそれを解体することがいかに必要かをまざまざと見せつけてくれた。だがそのとき以来、今日に至るまで、ロッキードはこの〝三角形〟のうちの、「兵器メーカー」の一辺を構成する企業群の先頭に立ちつづけている。

レーガンが夢見た〝スターウォーズ計画〟

ロッキードが法的・倫理的に限界まで推し進めたのはC-5Bだけではなかった。レーガン大統領のいわゆる〝スターウォーズ計画〟の重要な一部である「誘導被覆実験」(略してHOE)と呼ばれるプロジェクトにおいてもまた同様だったのだ。

１９８４年、費用の膨大さと技術的な困難さから実現性が疑われはじめていたレーガンの「戦略防衛構想」（通称〝スターウォーズ計画〟）は、「誘導被覆実験」が成功したと発表されたのを機に大きく前進することになった。このプロジェクトは今日のミサイル防衛システムのはしりのようなもので、飛来する敵の弾道ミサイルを（大気圏外に出たのち、宇宙空間で）迎撃ミサイルが大きな傘のような網を広げて直撃して破壊しようというものだった。

この「戦略防衛構想」はレーガンのお気に入りのプロジェクトだったが、そのたぐいの大プロジェクトによくあるように、それには戦略的と政治的の両方の理由があった。

まず戦略的には、レーガンはアメリカが軍事力でソ連より遅れていると本当に信じていた。彼は大統領選キャンペーン中の１９８０年3月にシカゴで行なった演説で、「軍事力に関して言えば、わが国はすでに世界第2位になってしまった。1位はどこかと言えばソ連だ。これは非常に危険なことだ」と述べている。選挙キャンペーン中も大統領就任後最初の2年間も、レーガンの主張の大部分は軍事予算の全面的な増額と核兵器の近代化に集中していた。ミサイル防衛は、当初は軍備増強の最優先事項ではなかったのだ。

それが変わったのが、３年後の83年3月だ。レーガンは演説で「（敵の）核兵器を無力化して時代遅れなものにする研究に力を注ぐ」と宣言した。それがのちに〝スターウォーズ計画演説〟と呼ばれて有名になった演説だ。

だが、シャルツ国務長官を含むレーガン政権の高官たちにとって、その発言は寝耳に水だった。

もしアメリカがそのような兵器を開発すれば、そのころソ連とのあいだで進められていた核兵器削減交渉が進まなくなってしまう可能性*13が出てくる。さらに高官たちは、ＮＡＴＯ諸国も懸念を深めるのではないかと心配した。なぜなら、そんな兵器ができたらアメリカは単独でソ連と対峙できるようになるので、西欧と軍事同盟を結ぶ必要がなくなり、ソ連が西欧諸国を核攻撃しても、アメリカはソ連を報復核攻撃する約束を守らなくなるかもしれない〔アメリカはＮＡＴＯ条約で定められた集団的自衛をする必要がなくなる〕と考えるかもしれないからだ。

だが、少なくともレーガンの話しぶりでは、その話は実現しそうもない夢物語のように聞こえた。レーガンが突然、ミサイル防衛を国防政策の中心にすえて宣伝しはじめたのは、むしろ政治的な理由のほうが大きかったのだ。それは以下に述べるような理由による。

【訳注】

*13　**核兵器削減交渉が進まなくなってしまう可能性**　もしアメリカがそのようなミサイルの開発に成功すれば、ソ連の弾道ミサイルは効果がなくなり、つまり抑止力を失ってしまうので、ソ連は核兵器削減に同意しなくなると考えられた。現在もアメリカがポーランドに配備するミサイル防衛システムをめぐって米ロのあいだで似たような問題が起きている。

全米で高まった反核兵器運動

レーガンの、激しくソ連を攻撃する口調や、米ソ核対決に向かっているかのような態度は、かえってアメリカ国内の反核兵器運動を盛りあげる結果になった。とくに槍玉に上がったのが、ロッキードの最新型潜水艦発射弾道核ミサイル、トライデントだ。反核運動は全米各地に広がり、下院では核兵器凍結を求める決議案が、成立にわずか2票差に迫るまでになった。その動きに危機感を募らせたレーガンのブレーンの一人、超タカ派のユージーン・ロストウは、「核兵器を凍結すれば、レーガン政権は国民の過半数を占める保守中道派の支持を失う」と主張し、こう述べている。

「最近、核兵器削減を求める三つのグループに加わる国民が数を増しつつあり、それらのグループの持つ潜在的な影響力の強さには注意すべきである。その三つとは、キリスト教会、熱心な反体制派、そしておそらく最も注意すべきなのが、政治的な動機のない一般大衆である[*14]」

　ピューリッツアー賞を受賞したあるジャーナリストの主張によれば、レーガンの側近グループのなかでも実際主義者のジェームズ・ベイカー大統領主席補佐官[*15]たちのグループは、盛りあがりつつある反核運動が拡大して軍備増強政策やレーガンが2期目を狙う次の大統領選挙に影響を及ぼすことを心配しはじめた。そして彼らは、レーガンは核兵器凍結の動きに対抗するために、目に見える形で核兵器制限政策を提示しなければならないと考えた〔原注：以下の記述の多くはフランシス・フィッツジェラルド著『青空の彼方』Frances Fitzgerald, “*Way Out There in the Blue*” より引用〕。

だがそれは「言うは易く行なうは難し」だ。リチャード・パール[*16]〔ユダヤ系〕などのペンタゴンのタカ派が、国務省の兵器制限論者たちと衝突しはじめたのだ。リチャード・パールはのちに〃闇のプリンス[*17]〃と呼ばれるようになる男だ。こうして国務省の現実直視・兵器制限派とペンタゴンのタカ派はお互いにあくまでも譲らず、膠着状態に陥った。そのため両派とも実際に役立つ政策を提案することができなかった。

ブレーンたちが二つに割れて動きが取れなくなる一方、レーガンの〝戦争屋の親玉〟のイメージは、1982年3月末にワインバーガー国防長官の国防5カ年指導プランの一部がリークされるとますます強まった。そのプランに、「もし核戦争が長期化してもアメリカは勝利する」と書かれていたからだ。ワインバーガーの言葉の調子は、レーガン政権は核戦争を全力で回避する努力をするどころか、状況によっては実行することを考えているように聞こえるものだった。その年に引退した米軍の統合参謀本部議長は引退するにあたり、そのような計画は「底なしの穴にカネを投げ込むようなものだ。核戦争に〝限定的〟か〝長期的〟かの違いがあるとは思えない」*18と述べた。

こうして、大統領に就任したころは高かったレーガンの支持率も、1982年末までに41パーセントに下がり、アメリカ国民の3分の2が軍備増強に反対しているという世論調査の結果が出た。しかも国民の57パーセントが、レーガンは本当に核戦争をやりかねないと心配していることがわかった。

レーガンのいわゆる〝スターウォーズ計画〟が発表されたタイミングは、何よりもこのような政治的状況を反映していたのだ〔発表は1983年3月末の演説。249ページ参照〕。もちろん、核爆弾をエネルギー源に使った宇宙レーザー光線で敵のICBMを撃ち落とすなどという、SFまがいのアイデアをレーガンの耳に囁きつづけたエドワード・テラー〔原注：1950年代に水爆を完成させて〝水爆の父〟と呼ばれた人物〕〔ハンガリー生まれのユダヤ系〕などがいたことも事実だが、〝スターウォーズ計画〟はこのような政治的な事情により政権内部のスタッフから生まれたというのが真相のようだ。「戦略防衛構想」の下作りをしたのは、国家安全保障担当補佐官のロバート・マクファーレン〔アイルランド系〕という男だった。

【訳注】

＊14　**80年代のアメリカの反核運動**　その先がけは、70年代末にニューヨークやロサンゼルスで行なわれた、NO・NUKES（ノー・ニュークス）というミュージシャンと平和運動家が合体した反核フェスティバルである。それに引き続き、レーガン政権の軍備増強に反対する反核運動のピークは、１９８２年６月12日にニューヨークのセントラルパークで行なわれた１００万人大集会から始まる。この大集会には著名なロックミュージシャンや平和運動家、ダライ・ラマに次ぐチベット第２の高僧や日本の僧侶、アメリカ先住民族の代表、キリスト教会などのさまざまなグループが参加した。この時代にはまだ50年代のアメリカ労働運動の活動家や、60年代から70年代はじめにかけてのベトナム戦争時代の反戦活動家が活動しており、彼らが組織を動かした。だが、この動きも80年代末のレーガン退陣とともに急速に下火になり、ソ連崩壊、天安門事件、湾岸戦争、90年代のＩＴ革命、２００１年の同時多発テロ、イラク戦争、と続く時代の流れのなかで小さくなっていった。

＊15　**ジェームズ・ベイカー大統領主席補佐官**　レーガン政権で大統領主席補佐官と財務長官、父ブッシュ政権で国務長官と大統領主席補佐官を務めた。実際主義者のベイカーは、のちにブッシュ（子）とネオコンが始めたイラク戦争に反対だったとも言われる。

＊16　**リチャード・パール**　レーガン政権の国防次官補。のちにネオコンの主要メンバーとなり、イラク戦争の何年も前からイラク攻撃を主張し、２００１年９月11日に同時多発テロが発生するとただちに「サダム・フセインはオサマ・ビン・ラディンとつながっている」とマスコミを通じて宣伝を始めた張本人。だが、のちにイラクに大量破壊兵器がなかったことが判明すると、「ネオコンはその主張にかかわっていない」と責任逃れを始め、「責任は大統領にある」と主張して顰蹙《ひんしゅく》を買った。イスラエルの極右とつながりが強かったと言われている。

＊17　**闇のプリンス**　サタン（悪魔）のこと。もともとこの言葉はキリスト教の「外典福音書」に登場し、ミルトンの『失楽園』で広まったと言われるが、ドラキュラの別名でもあり、英語では宗教とは関係なく邪悪な人間を呼ぶときによく使われる一般語でもある。「暗黒の君」などと訳しているのを見かけるが悪訳である。

＊18　**統合参謀本部議長の言葉**　戦争の現実を知っている軍人は、むしろできるかぎり戦争を防ごうと考えるが、その現実を知らないタカ派の官僚や政治家、補佐官などは、机上の空論からとかく暴走する傾向がある。とくに年齢が若いとその傾向が強い。

〝スターウォーズ計画〟の真の狙い

レーガンの支持率が急落しているのを見たマクファーレンは、アメリカの核兵器政策のコースを変えねばならないと確信した。その理由は、当時開発を進めていたMXミサイル〔本章・訳注6参照〕と呼ばれるICBMの配備について、議会や一般国民の支持を得ることが難しくなっていたほか、彼の考えでは、もし弾道ミサイルを配備する競争になったら、ソ連のほうがアメリカより素早く新型核ミサイルを展開できるにちがいないということもあった。

だが、米ソ両国がすでにお互いを何度も全滅させるに充分な数万基の核兵器を保有しているときに、なぜ新しいICBMをどちらが早く展開できるかがそれほど重要だと考えられたのかは深い謎だ。その基本的な考えは、「敵の弾道ミサイルを全滅させるかまたはそれに近い状態にまで破壊できる命中精度を持ったミサイルを開発すれば、先制攻撃で敵を無力化できるかもしれない」ということだ。だが、どんなリーダーであろうが、そんな先制攻撃が本当に有効かどうかなどという、成功すると証明されたことのない理論に自分の国の運命を賭けるだろうか？　その疑問に対してはペンタゴンの誰もだいたいにおいて答えたことがなく、そのような質問をした者もいなかった。[*19]

ソ連が核戦力を増強する潜在力を持っていることへの恐れに加え、レーガンの軍事支出を支持するグループの団結がゆるんでいるのを見たマクファーレンは、アメリカの核兵器政策の根底に横たわる政治的・戦略的な計算法を変える方法はないかと探した。そしてその答えが、〝スターウォーズ計画〟つまり「戦略防衛構想」だったのだ。

この構想をマクファーレンが気に入ったのは、それでアメリカへの核攻撃を完全に阻止できると考えたからではなく、その計画を進めることでソ連を交渉のテーブルに着かせることができるかもしれないと考えたからだった。つまりマクファーレンは、実際にミサイル防衛システムが敵のミサイルを撃ち落とせるかどうかにかかわりなく、この計画を進めることがソ連と取り引きするための駒になると考えたのだ。のちに彼は、そのアイデアを「史上最高の囮《おとり》作戦」と呼んでいる。[*20]

だが、マクファーレンがどう考えたにせよ、上司であるレーガンにはレーガンの考えがあった。ミサイル防衛システム開発の可能性についてブリーフィングを受けてから2、3週間後、レーガンは全アメリカ国民に向けて「戦略防衛構想」を発表する準備を整えた。マクファーレンはそれを思いとどまらせようとしたが、レーガンはすでに米国民を核戦争から守ることを夢見ていた。もしこれが実現すれば、彼にとって二つの問題が同時に解決できる。まず、この計画を進めることで、核兵器を削減せずに反核運動の勢いを削ぐことができる。次に彼は、「国防の基盤を核兵器による脅しに置くことを本当は望んでいない」という気持ちを国民に伝えることができる。つまり〝スターウォーズ計画〟は核兵器を使わないので、核増強反対派も反対しにくいと考えられたのだ。

レーガンは、この計画を発表した1983年3月の演説の少し前から、ミサイル防衛構想への大きな期待を口にしている。実際には演説で彼は〝スターウォーズ〟という言葉を使っていないが、しだいに「戦略防衛構想」はそのように呼ばれるようになっていった。だがそのときの演説に、「この計画が、行く行くは核兵器を無力化して時代遅れなものにする」という言葉を差し挟んだのはレーガン自身だ。それを聞いたシャルツ国防長官をはじめとする人たちは「バカげている」と思った。

このレーガンの「戦略防衛構想」が全面的に推進されるようになるのは85年になってのことだが、そのなかのいくつかの重要なプロジェクトについては、それより前から予算が追加されはじめ、まるでSFに出てくるような数々の兵器の開発に予算が与えられた。たとえば先ほど触れた、飛来するICBMを撃ち落とすために宇宙空間に強力なレーザー光線兵器を配備する計画や、迎撃ミサイルが傘のような網を広げて、敵の弾道ミサイルを撃破するなどのアイデアだ。

そして、この〝傘を広げる〟迎撃ミサイルの開発を受け持ったのがロッキードだった。それが249ページで触れた「誘導被覆実験」（HOE）と呼ばれるものだ。その概念そのものは70年代のカーター政権時代からあったが、レーガンの〝スターウォーズ計画〟演説が行なわれた直後から急にはずみがついて予算がつき、1983年から84年にかけて優先的に研究開発が進められた。そしてその後、「戦略防衛構想」のプログラムの多くが実現性が乏しいことがわかって破棄されたあとも、HOEはミサイル防衛計画に予算を注ぎ込みつづける中心的な役割を果たした。

その大きな理由は、この迎撃ミサイルが標的の模擬弾頭の撃破に成功したからだ。

【訳注】

＊19　著者は言外に、そのようなミサイルを開発・生産するのは、たんに軍需産業に仕事を与えて儲けさせることが目的の危険なゲームにすぎないことをほのめかしている。

＊20　しかし前述のように、国務省の高官たちは、ミサイル防衛システムができればソ連は交渉のテーブルに着かなくなるのではないかと心配している。むしろマクファーレンは、「囮作戦」と呼んだことに表われているように、こんなものは実用になるわけがないと考えていたとも受け取れる。

八百長だった実験

誘導被覆実験は、1983年に行なわれた実験が3回とも失敗し、実現可能性が疑われればじめた84年6月10日に初めて成功した。今日に至るまで、ロッキード・マーティンはこのときの成功を誇らしげに自慢している。たとえば2009年のパリ航空ショーでは「世界初の、弾頭をつけない迎撃ミサイルの直撃による、弾道ミサイル迎撃の成功25周年記念」と謳《うた》っている。

だがその主張には一つだけ問題があった。そのテストは八百長だったのだ。残念ながらそのいかさまは、会計監査院が10年後に突き止めるまでわからなかった。調査報告によれば、そのときのテストは、迎撃ミサイルが命中しやすいように標的に仕掛けがしてあったのだという。

当時のミサイル防衛計画にかかわっていた関係者の最初の証言によると、そのときのテストで標的に使われた模擬弾頭は、迎撃ミサイルが標的の位置をつかみやすくするために信号を発信していたという。だが、会計監査院が突き止めた事実はそれだけではなかった。調査報告には、「実験が失敗して予算を失うことを防ぐため、迎撃ミサイルのセンサーが標的を捉えやすくするように複数の手段が講じられていた」と書かれている。

その手段の一つは、標的の模擬弾頭を加熱する装置が付いていたことだ。超低温の宇宙空間をバックに横切る標的が熱を発していれば、迎撃ミサイルが標的の位置をつかみやすくなる〔赤外線を追尾しやすくなる〕。この仕掛けの効果は、迎撃側のセンサーに標的が実際の2倍以上の大きさに映るのと同じほどあったという〔原注：『ニューヨーク・タイムズ』紙、1994年7月23日付のティム・ワイナーの記事「議会の追及でスターウォーズ計画の実験結果の誇張が発覚」〕。その調査を要請した民主党の上院議員は「これを〝効果を高める方法〟と呼ぼうが〝いかさま〟と呼ぼうが、こんなことが行なわれていたことを、10年もの時が過ぎて350億ドルのカネが費やされるまで議会にわからなかったとは、とんでもない話だ」と激怒した。だが、その八百長のために陸軍に協力したロッキードは、追加の数十億ドルを手中に収めた。もしHOE実験が〝成功〟していなければ、そのカネはおそらく支払われなかっただろう。

だが信じられないことに、実はこれでもまだましだったのだ。ペンタゴンと陸軍はもっとひどいいかさまを考えていた。標的の模擬弾頭に爆発物を仕掛けておき、迎撃ミサイルが命中しなくてもそれを爆発させて命中したように見せかけようという計画があったというのだ。だが会計監査院の報告によれば、最初の3回の実験がニアミスすらしない大はずれの失敗に終わったため、その計画は実行されなかったという。

いかさまをしてでも実験が成功したように見せかけようと計画した理由は、ソ連にアメリカの技術力を実際より大きく見せることで、マクファーレンがミサイル防衛計画の主要な価値と考えていた効果〔ソ連を交渉のテーブルに着かせ、アメリカの核兵器政策のコースを変えて、レーガンの支持率を回復させること〕を高めることだった。そしてもちろんそのほかにも、納税者にとってではなく、少なくともロッキードとペンタゴンにとってはメリットがあった。成功しているように見せかけることで議会に予算を承認させ、〝スターウォーズ計画〟という甘い汁をもたらす列車を走りつづけさせるということだ。

だが、そのような小細工をしてみたところで、軍事支出への国民の支持は減る一方で、それとともにいつのまにかスターウォーズ計画も尻すぼみになっていった。〝7662ドルのコーヒーメーカー〟のたぐいの税金の無駄遣いが知れわたるにつれ、戦争中でもないのになぜこんなに軍備にカネを注ぎ込むのかという、一般大衆の非難の声が大きくなっていったことも理由の一つだ。加えて、レーガンが計画の目標としていた「飛んでくる弾道ミサイルを漏らさず撃ち落とす」などというシステムが本当にできるのかという疑いが高まったことがそれに拍車をかけた。

こうしてミサイル防衛計画への予算は、1989年1月にブッシュ（父）政権が誕生する前にすでに激減していた。その後、〝スターウォーズ計画〟推進派の一致団結した努力により、レーガン時代のピーク時に匹敵するほどにまで予算が復活するのは、クリントン時代の90年代半ばになってのことだ。その推進派とは、ミサイル防衛計画にかかわっているロッキードやそのほかの兵器メーカーに援助されてけしかけられた、右翼系シンクタンクや議会の保守派たちだ。こうしてロッキードは、引き続き競争相手の他の兵器メーカーとともに、ペンタゴンから資金を引き出すジェットコースターを巧みに乗りこなしていくことになる。

第8章
聖アウグスティヌスの法則

ノーマン・オーガスティンは、もともと防衛産業のボスになろうと考えていたのではなかった。彼は若いころ、森林警備隊に入るつもりだったのだ。

もし彼が、最初の計画どおりその道を歩んでいたなら、ロッキード・マーティンは誕生していなかったかもしれない。ロッキードもマクダネル・ダグラスのように他の巨大軍需企業に吸収されていたかもしれないし、あるいはロッキードもマーティン・マリエッタも、ボーイングやノースロップ・グラマンのような巨大企業のはるか後ろを行く2番手グループの兵器メーカーとしてなんとかやっていたかもしれない。

ノーマン・オーガスティンこそ、いくつもの吸収合併を繰り返す戦略によりロッキード・マーティンを誕生させ、世界最大の兵器メーカーを作りあげた張本人だ。だが彼は、もともとロッキードの人間ではなかった。オーガスティンはその二つのうち小さいほう、つまりマーティン・マリエッタのCEOだったのだ。マーティン・マリエッタのルーツは、20世紀はじめごろの、飛行機作りと操縦の先駆者の一人だったグレン・マーティン〔第2章・訳注4を参照〕にさかのぼる。同社は第二次世界大戦後、飛行機作りより宇宙ロケットやミサイルの開発や、軍用機用電子機器の分野で大きくなった。

ノーマン・オーガスティンという男

ロッキード・マーティンのおそらく最も注目すべき点は、他のどのような兵器メーカーより強力なロビー活動の力を持っていることだろう。ロッキードとマーティン・マリエッタの合併が行なわれた1995年の同社の政治献金の額は、その年に航空宇宙・防衛産業が行なったすべての献金額のおよそ3分の1にものぼっている〔原注：「即応政策センター」〝ディフェンス・エアロスペース〟データベース〕。また同社は〝回転ドア〟〔第3章・訳注3を参照〕による恩恵でも最大級だ。

このような政治的な動きのすべてを、誰よりもたくさん成し遂げたのがノーマン・オーガスティンだ。そして興味深いのは、そのほとんどがロナルド・レーガンやジョージ・ブッシュのような軍拡主義政権の時代にではなく、ペンタゴンといつもギクシャクしていたクリントン政権時代に起きたことだろう。クリントンは、軍産複合体の「軍」の部分とは対立することが多かったが、「産」の部分との関係はそうではなかったのだ。オーガスティンはその違いを最大限に利用した。

普通、防衛産業の首脳たちは、世間から注目されたがらない。だが90年代の最盛期のオーガスティンは、業界で最も目立つ存在だった。防衛産業にはビル・ゲイツやウォーレン・バフェットのように脚光を浴びる人間はいない。この業界の首脳が世の注目を集めるときと言えば、たいていネガティブな注目だ。たとえば、オーガスティンが1998年にロッキード・マーティンのCEOを退いたのち、最もメディアの注目を集めた防衛産業の首脳はボーイングのCEOフィル・コンディットだったが、その理由は、ボーイングによる空軍の次期空中給油機の260億ドルにのぼるリースに関するスキャンダルだった。コンディットは訴追されることはなかったものの、2003年に辞任を余儀なくされた。彼が浴びた注目は、大企業のトップとしてはあまり浴びたくない種類の注目だった。

だがそれと対照的に、オーガスティンは実質的に軍産複合体の繁栄を復活させた人間として、業界からはだいたいにおいてポジティブな目で見られている。彼は何冊か本も書いており、その一つは『オーガスティンの法則』というタイトルの、経営についての一般書だ。また『国防革命』と題した本もあるが、こちらはレーガン政権時代にアメリカ政府の「軍備管理及び軍縮局」の局長だったケネス・エイデルマン[*1]〔ユダヤ系〕という人物との共著だ。二人はシェークスピアの作品から企業経営のヒントを見出すというアイデアで何年も前から一致しており、そのテーマでも共著がある。

だがエイデルマンは、のちにブッシュのイラク戦争を大はしゃぎで支持し、シェークスピアの『オセロ』を持ちだして都合よく勝手な解釈を加え、「サダム・フセインが大量破壊兵器を所有しているという完全な情報がなくてもイラクを攻撃してよい」と主張した男だ。彼が『オセロ』から引き合いに出したのは、中世のトルコがヴェニスを攻撃するために何隻の軍船を出港させたかについて情報が交錯し、どう対応すべきか論争が起きたときに、オセロの同士が「何隻なのかはっきりしなくても、敵が出港したことに変わりはない」と述べたという件《くだ》りだ。エイデルマンはその話になぞらえて、「サダム・フセインが大量破壊兵器を持っているかどうかはっきりしなくても、アメリカや自由諸国の最大の脅威であることに変わりはない」と主張したのだ。彼がシェークスピアを冒瀆し、イラク攻撃の正当性をオセロにこじつけたのは実に怪しげな行動だが、さらに大きな問題は、若者を戦場に死にに行かせるための理由づけに、フィクションの一節を引用したことの責任をなぜ問われないのかということだ。

その話はともかく、オーガスティン本人の話によれば、彼が航空宇宙産業の頂点に立ったのはある程度偶然だったという。コロラド州デンバーの近くで山や森に親しんで育ったオーガスティンは、50年代半ばに東部のプリンストン大学に進んで地質工学を専攻した。彼によれば、それが森林に関係する最も近い科学の分野だったからだそうだ。

進路を航空宇宙工学に変更したきっかけは、1957年10月のソ連のスプートニクの打ち上げだった。大学院の1年目だったオーガスティンは、ソ連が世界初の人工衛星の打ち上げに成功したというニュースを目にして、アメリカがいちばん進んでいると思っていた分野でソ連に遅れをとったことにショックを受けた。彼は進路を航空宇宙工学に変更し、翌年、修士課程を終えるとダグラス航空機に就職した。それ以来、彼はずっと国防・航空宇宙関係の道を歩みつづけ、ペンタゴンの国防長官府、リング・テムコ・ヴォート社[*2]、陸軍省と渡り歩き、陸軍次官からマーティン・マリエッタの副社長へ、そしてCEOへと出世の階段を昇っていった。

【訳注】

＊1　**ケネス・エイデルマン**　70年代よりラムズフェルドの下で長らくアシスタントを務めた官僚で、「現

存する危険を考える委員会」（第7章219ページ参照）のメンバーでもあった。ディック・チェイニーやポール・ウォルフォウィッツとも近いネオコンの一人だったが、イラク戦争後、世界じゅうからブッシュ（子）政権に批判が集中すると態度を豹変させ、「ブッシュ政権には幻滅した、ラムズフェルドを信じたのはどうかしていた」と言い逃れてネオコンに決別宣言し、今度はオバマを支持すると言いだした。

＊2 リング・テムコ・ヴォート社 かつて存在した軍用機メーカー。50年代後半から70年代はじめにかけて海軍の戦闘機や攻撃機を開発・生産したことで知られる。

GEの兵器部門を買収

90年代はじめ、オーガスティンは当時この業界のほとんどの首脳が負いたがらなかったリスクを負って利益に結びつけ、さらに飛躍した。

兵器メーカーが大いに潤ったレーガン政権時代の良き日々はすでに昔話となり、ソ連が崩壊して冷戦が終わり、当時の統合参謀本部議長コリン・パウエル〔のちのブッシュ（子）政権の国務長官〕が「闘う敵がいなくなった」と表現した時代が訪れていた。その状況に直面したマーティン・マリエッタのCEOオーガスティンは決断に迫られた。引き続き兵器メーカーでありつづけ、縮んでいく国防予算のパイを奪いあう闘いを続けるか、それとも他の分野に事業を広げてペンタゴンの軍事支出への依存を減らしていくか、という選択だ。多くの評論家たちは、ソ連は崩壊したが、新たに発足したクリントン政権がいきなり軍事費に大なたを振るうことはないだろうと予測していたが、それでもなお国防予算のカットが避けられないのは明らかだった。防衛産業は間違いなく再編が進むと考えられた。

大手兵器メーカーが存続するための最低ラインは、ペンタゴンによる兵器の調達と、新兵器の研究開発の二つである。それがともに、80年代半ばのレーガン時代のおよそ半分にまで落ち込んでいた。クリントン政権がスタートしてまもなく、国防長官ウィリアム・ペリーが軍需企業の首脳を招いて開いた、のちに業界で〝最後の晩餐〟と呼ばれた会議の席で、「みなさんの左右にお座りのお仲間を見回してください。次の2年間に、このなかのどなたかの仕事がなくなることになります」というようなことを言ったという。

だがオーガスティンは、それを聞いても考えを変える気はなかった。彼はずっと前から、軍需企業が民需製品のメーカーになることを批判してきたし、兵器を生産することは国を守る愛国的な行為［原注：もちろんそれは利潤のためだが］だという固い信条を持っていたのだ。したがって、リスクがあろうがなかろうが、マーティン・マリエッタが兵器ビジネス以外の分野に手を広げるなど、彼にとってはありえないことだった［原注：『ボストン・グローブ』紙、１９９６年2月11日付のチャールズ・セノットの記事「リスクの高いギャンブル」］。

何事も半端ではすまさない性格のオーガスティンは、国防予算が大幅に縮小していた１９９４年に、〝スーパーマンならぬ〝スーパー・カンパニー〟を創りあげたいと発言している。それはただの強がりではなく、彼には戦略があった。いまは軍需産業の株価が軒並み下がっているが、近い将来に必ずまた上がりだす。だから安いうちに小さな企業を買い叩いて、どんどん買収しておけばよいというのだ。彼は１９９７年を過ぎたらペンタゴンの予算は再び上昇すると予測していた。１９９

7年という年まで予測したのは少しばかり自信過剰のようにも見えたが、最終的にその予測はそれほど大きくはずれてはいなかった。

彼がその発言をする前から、マーティン・マリエッタはすでにさまざまな企業の買収を始めていた。その時期の最も大きな出来事に、GE（ジェネラル・エレクトリック）の兵器部門の買収がある。GEはそれ以前より、兵器製造から手を引くようにとさまざまな活動家の団体から執拗に追及されており、そのころになるとGE製品[*3]のボイコットを呼びかける声に押されて病院や大きな組織がGE製品を買うのを見合わせる事態が起きていた。GEが兵器部門を切り離した理由が、不買運動にうんざりしたためか、それともたくさんある他の主要な分野に経営を集中することにしたからなのかはわからないが、どのみち兵器部門は超巨大企業のGEにとってごく小さな一部門でしかない。だが、オーガスティンのマーティン・マリエッタにとっては、GEが兵器部門を手放したのは渡りに船だった［原注：『ロサンゼルス・タイムズ』紙、1992年11月24日付の記事「GEの一部門売却で航空宇宙産業にメガ企業が誕生」］。

【訳注】

＊3　**GE製品**　GEは電球や家電製品からジェットエンジンや原発や（東電の福島第一原発もGEの設計による沸騰水型である）、中国がチベットに建設した青蔵《チンツァン》鉄道のための特殊ディーゼル機関車（標高5000メートルという、空気が薄く、超低温になる高地を走る）に至るまで、さまざまな分野の製品を製造しており、病院で検査に広く使われているMRIでも世界的に大きなシェアを持っている。またアメリカの3大テレビネットワークの一つであるNBCも傘下に収めている。一方、昔からGEは公害を発生させる元凶として環境団体から攻撃されている。

華麗なる政界コネクション

オーガスティンは民主党と共和党の両方に太いパイプを持っていたが、それらはいずれも両党の有力政治家たちとのあいだで長い年月をかけて培われたものだ。彼はマーティン・マリエッタのCEOだった1988年末に、次期大統領に決まった父ブッシュから国防長官への就任を打診されたが断わっている。またクリントン政権で国防長官になったウィリアム・ペリーや、のちにCIA長官となるジョン・ドイッチ〔秘密漏洩に関するスキャンダルで、就任わずか1年半で辞任させられた。ユダヤ系〕は、90年代はじめまでビジネスの仲間だった。また政治や軍事以外の分野でも活動は幅広く、ボーイスカウト協会会長やアメリカ赤十字の議長を務めている。もっとも、彼はそれらの活動を通じて共和党の重要人物との人脈を深めており、それも政治がらみと言えるかもしれない。

オーガスティンを他の兵器メーカーの首脳たちからはっきり際立たせているのは、自分の会社の利益ために政界コネクションを使う能力と、そういうときの粘り強さだ。彼は理工系の出身だが非常に政治的な人間であり、テクノロジーと政治の両方に精通していたため、議会や政権の重要人物と交渉する能力が他社の経営者より際立って優れていた。冷戦後の国防予算が縮小している状況のなかで、オーガスティンは持てるコネクションを最大限に利用し、新しい契約を結び、政府の補助金を獲得する闘いを勝ち抜いていった。だが、ロビー活動とは一般に思われているほどたやすいものではない。このように多才で押しの強いオーガスティンでさえ、すべてが順調に行ったわけではなかった。

1993年1月にクリントン政権が発足すると、オーガスティンは陰の政策立案者としての勝負師的なロビイストの本領を発揮しはじめる。彼はクリントン1期目の最初の3年間に、のちに自分の会社に数十億ドルもの利益をもたらすことになるいくつかの大きな動きで成功した。

そのおそらく最も大胆な動きが、大手兵器メーカーの合併に国が納税者のカネを使って補助金を与えるという政策を実現させたことだろう。そしてその政策は、ロッキードとマーティン・マリエッタの合併に間に合うように決定された。

彼はまた「貿易に関する国防政策諮問委員会」という、あまり知られていない組織の委員長でもあった。この委員会は、国防予算の額や使途に関してしばしば議会よりも大きな影響力を持っており、定款には「兵器の輸出に関して国防長官に秘密ガイダンスを提供する」と記されている。オーガスティンはその委員長という立場を最大限に利用し、兵器メーカーの輸出を助けるためにアメリカ政府に補助金を出させる動きでも先頭に立った。具体的には、輸出する兵器の生産を支援するための150億ドルの融資保証と、それを輸入する国への総計2億ドル以上の物品税の免除だ。のちに、この融資保証は議会が決めた基準を満たす顧客（国）がほとんどなかったため失効してしまったが、その制度が決まった当初は彼にとって大きな勝利だった。

そのほかにもオーガスティンは、新しい兵器計画を評価して承認したり拒否したりする権限があるペンタゴンの諮問委員会である「国防科学評議会」の議長や、退役した陸軍軍人と陸軍の兵器メーカーから成るロビー団体である陸軍協会〔第1章の20ページにある空軍協会と同じような組織〕の会長も兼任していた。

1994年11月の中間選挙で、クリントンの政敵ニュート・ギングリッチ議員の〝共和党革命〟が下院の多数を制すると、オーガスティン[*4]はロッキードのF‐22ラプターからミサイル防衛計画に至るさまざまなプロジェクトを下院に売り込んで、何十億ドルもの援助を引き出す動きでもカギとなる役を演じた。F‐22の生産の多くを受け持つジョージア州マリエッタの生産施設は、ギングリッチの選挙区の隣にある。

だが、国の政策を自分の会社の利益に結びつくように作りあげる動きで驚くほど高い成功率を誇るオーガスティンは、防衛産業の関係者から尊敬の念とともに敵意も抱かれることになった。あるペンタゴンの元官僚は、嫌味を込めて「もし企業の（社員に対する）福利厚生が心配なら、注意すべきは聖オーガスティンだよ」と言った。[*5]

【訳注】

＊4　それまで下院は40年以上にわたって民主党が多数を占めてきた。この中間選挙はロッキード・マーティンが誕生するわずか4カ月前のことで、もともとロッキードが進めていたプロジェクトであるF‐22やミサイル防衛計画などのためにオーガスティンが議会に働きかけて巨額の資金を引き出したのは、合併の直前もしくはその前後である。このことは、オーガスティンが合併の主導権を握り、ロッキードを乗っ取って新会社のCEOに就任したことと無関係ではないかもしれない。マーティン・マリエッタは航空機の開発計画を一つも持っていなかったので、ロッキードを手に入れることは非常に重要だった。

＊5　〝オーガスティン〟は〝アウグスティヌス〟の英語形で、聖アウグスティヌスとノーマン・オーガスティンを引っかけて皮肉ったもの。

〝スーパー・カンパニー〟の誕生

1995年3月、オーガスティンは〝スーパー・カンパニー〟を作るための最後の歩みを始める。1年前から密かにロッキードと進めてきた合併の交渉が最終合意に達したのだ。情報が外部に漏れるのを防ぐため、オーガスティンとロッキードのCEOは最後の詰めの何回かの会談を、ある空港の一角に停めた社用ジェット機のなかで行なったと言われている。それがどこの空港だったのかは今でもわかっていない。

両社の合併は対等の立場で行なわれたと発表されたが、明らかに主導権はオーガスティンが握っていた。新会社が発足すると、ただちにオーガスティンがCEOに就任した。『ニューヨーク・タイムズ』紙は、これは対等の合併ではなくマーティン・マリエッタがロッキードを乗っ取ったのだと報じた。

それについては、CEOばかりでなく新会社の首脳がすべてマーティン・マリエッタの出身者で占められたことや、新会社の本社の所在地がロッキードの本拠地があったカリフォルニアのバーバンクではなく、東部メリーランド州ベセスダにあるマーティン・マリエッタの本社に置かれたことを見れば明らかだ。合併発表の記者会見で、新会社の名をオーガスティンが〝マーティン・ロッキード〟と口を滑らせる一幕もあった。

翌96年1月、誕生まもないロッキード・マーティンは、軍事用電子機器の重要なメーカーであるローラル・コーポレーション〔レーダー、ソナー、通信衛星などの老舗〕を91億ドルで買収してさらに大きくなった。

新会社のＣＥＯとなったオーガスティンは、講演に多忙をきわめた。講演のテーマには〝平和を勝ち取る〟〝変革を創出する〟〝生き残るための経営〟など大きな事案が並び、会場では彼の主張を詳しく解説した豪華なグラビア印刷のパンフレットが配られ、同社の幹部はそれを〝オーガスティンによる世界〟と呼んだ。オーガスティンが控えめなタイプの人間でないことは、精力的で高圧的な経営スタイルによく表われていた。

比類ない政界とのつながりと、純粋に強烈な個性により、オーガスティンはクリントン政権の国防政策に大きな影響を与えた。それは彼がワシントンの政界に深く入り込んでいたという程度の話ではない。彼はアメリカの国防政策の青写真を作る数少ない人間の一人となり、政策の決定にかかわっていたのだ。

合併に政府補助金を出す理由

先述したように、この時代にオーガスティンが行なった最大の出来事は、ロッキードとマーティン・マリエッタの合併に政府の補助金を出させたことだ。その手口が明らかになったのは、すでにその決定が行なわれたのちのことだった。１９９４年夏、下院軍事委員会の公聴会で、ロッキードやマーティン・マリエッタやボーイングなどの兵器メーカーに、ペンタゴンが〝再構築費〟という名目で何十億ドルも与える政策をクリントン政権が承認したことが追及されたが、すでにあとの祭りだった。オーガスティンの元ビジネス仲間だった国防次官ジョン・ドイッチ〔267ページに前出〕が書いた、わずか1ページの短い覚え書きに記された曖昧な文言による政策変更により、両社の合併による工場の閉鎖、機材の移転や売却、整理する社員の離職手当てのほか、合併によって退職することになる両社の役員や重役に与える退職金などの経費を支払うことを、ペンタゴンが了承していたのだ。ドイッチの覚え書きは、当時の国防副長官ウィリアム・ペリーによって承認されていた。

だが、ドイッチもペリーも就任してから日が浅かったうえ、二人ともその直前までマーティン・マリエッタのコンサルタントをしていたのだ。彼らが古い友人であるオーガスティンが求めるように政策を決定するには、本来なら利益相反行為を禁じる規則の適用を除外するために議会の了承を経なければならなかったはずだ。[*6]

オーガスティン、ペリー、ドイッチの倫理上の問題を初めて暴露したのは、ニューヨークのあるローカル新聞だった。同紙はその記事のなかで、ペリーが会長を務めていた企業〔航空宇宙・防衛産業向けの投資銀行〕が1992年末まで、つまりペリーが国防副長官に任命されるほんの2カ月前まで、マーティン・マリエッタと契約があったことを明らかにしたのだ。ドイッチのほうは、それまで9年間にもわたってマーティン・マリエッタのコンサルタントをしていた。この癒着した関係について問われた国防長官アスペンは、「政府の利益は、事の公平さに対するそのような懸念に優先する」と同紙に正式に回答した。持つべきものは友ではないか。

両社の合併に政府が補助金を出すという政策の決定は、議会にも知らされず、連邦政府が毎日発行している官報にも載ることなく、それが怪しげな措置であることを強調するかのように大急ぎで行なわれた。そして、この問題が議会で取りあげられたのは、それから1年以上たったあとだった。だがそのことがわかっても、ほとんどの議員は「政府が補助金を出すことで、過剰な生産施設の閉鎖がスピードアップできるので、納税者のカネを節約することができる」というオーガスティンとドイッチの主張を受け入れた。オーガスティンは「半分しか稼働していない工場が六つあるより、フル稼働している工場が三つあったほうがずっと効率がよい」と説明した。もっともらしく聞こえる説明だが、兵器メーカーは生産施設を縮小するときでさえ、固定費を水増ししてペンタゴンに請求することがあるのだ〔原注：合併の詳細はパトリック・J・スロイアンの一連の記事、とくに『ニューズデイ』誌、1994年6月30日号の記事「元幹部に6000万ドルのボーナス」より〕。

この件で議会からあまり疑問の声が上がらなかった理由の一つは、その契約の複雑さにもあった。兵器メーカーA社が兵器メーカーB社と合併し、社員を整理して生産施設を縮小するとする。それに応えてペンタゴンは、両社が工場を閉鎖したり機器類の移動や売却その他もろもろにかかる経費をまとめて補助金という形で支払う。一方、A社とB社は合併して一つになるので、ペンタゴンは両社とのあいだにすでに結んでいる兵器プロジェクト〔生産中のものを含む〕の契約を、新しく誕生するAB社とやり直すことになる。合併してできたAB社は、理論上はA社とB社の二つがあったときより固定費が節約されるので、AB社が生産する兵器はA社とB社が別々に生産していたときよりコストが下がる。その結果、やった！　新しく誕生するAB社にとっても、納税者にとっても、ともにめでたしめでたしとなる、というのだ。

だがその理論には、明らかに欠陥がいくつかある。まず第一に、その理論は、ペンタゴンの補助金がなければロッキードとマーティン・マリエッタは合併できなかったかのような印象を与えるが、実際には補助金があろうがなかろうが、彼らは合併によってすでに充分に利益を得ているのだ。なぜなら、オーガスティンの戦略は、冷戦後の国防予算が減少して防衛産業が落ち込んでいるときに他の兵器メーカーを安く買いあさって合併しておき、数年後にペンタゴンの予算が再び上昇に転じたら業界を支配する、ということだったからだ。つまり、今は利潤があまり出ていなくても買い込んでおけば、のちにペンタゴンのサイフのヒモがゆるんで業界にカネがどっと流れ込んできたら、そのときは競争相手が減っているので大儲けができるというわけだ。したがって、その理論でいけば、政府の補助金が出ようが出まいがどのみち合併で大きな利益が出せることになる。

二つ目の問題点は、彼らは合併によって固定費を節約できると主張していたが、ペンタゴンの長たらしい契約書をいくら読んでも、合併前に両社がペンタゴンとの契約に組み入れていた固定費を、合併後の新会社が本当に減らすことができているかどうかを解明するのはきわめて困難だということだ。納税者の目から見れば、ペンタゴンは将来いくらか節約できるかもしれないという、当てにならないほのかな期待のもとに、今はとにかく何十億ドルも与えてしまおう、というようなものだった。

そして実際、その取引は彼らにとっては素晴らしかったが、納税者にとってはひどい話だったとあとになってわかったのである。レーガン政権時代にペンタゴンの官僚だったある人物は、「合併に補助金を与えることで安くなった兵器プロジェクトは一つもなかった」と語っている。何かがあったとすれば、兵器の価格が上昇したことだけだった。

だが、それがわかったときには、オーガスティンはすでにプロパガンダ戦争に勝利していた。しかも彼は、補助金政策を維持させるために、業界とペンタゴンの関係をよく知る人が議会の公聴会で質問しないように手を回していた。兵器調達に関するペンタゴンの規則がしょっちゅう変わるいきさつに詳しい何人かの元官僚は、下院軍事委員会の公聴会で証言するよう要請されたが断わったと言っている。その一人は、「オーガスティンがそれを望んでいるという話が行きわたっていたので、誰も横槍を入れようとしなかった」と言った。

レーガン政権時代にペンタゴンの官僚だったある人物は、公聴会で証言するのは気乗りがしなかったが、軍事委員会の呼び出しには逆らえなかった。彼の場合、すでにペンタゴンを辞めてから時間がたっており、ブルッキングス研究所〔ワシントンにあるシンクタンク。超党派・中道系〕に活動の拠点を置いていたので直接的な利害関係がなく、証人としてうってつけだったのだ。彼は公聴会で、「兵器メーカーの合併になぜ納税者のカネを補助金として与えねばならないのか」という、多くの人が感じていたごく当然な疑問を代弁した。それは共和党良識派の「自由市場を守れ」という議論に通じるものだったが、オーガスティンが考えてみる気が起きるような議論ではなかった。政府に丸抱えで養ってもらっている軍需産業の首脳が、本当の意味での資本主義者であることはないのである。

【訳注】

＊6　**利益相反行為を禁じる規則**　兵器メーカーの役員や、兵器メーカーとの契約でカネを受け取っていた人間が、その兵器メーカーを監督したり、仕事の発注や補助金を給付するなどの決定を下す権限のあるペンタゴンの地位に就いた場合、その兵器メーカーに関する決定にかかわるのは利益相

反行為にあたる。そこでそのような人間がそういう地位に就いた場合は、そのメーカーに関する決定には7年間かかわることができないとされているという。

社員を整理して役員にボーナス

合併に政府補助金を出させる計画を強引に正当化するオーガスティン一派に横槍を入れようとする議員はほとんどいなかったが、それを試みた数少ない議員の一人に、ヴァーモント州〔アメリカ東北部のニューイングランド地方にある山と森の小さな州。リベラルな平和主義者が多い〕選出のバーニー・サンダースという下院の無所属議員がいた。彼が声を上げたのは、この政策が実行されれば、新たに誕生する会社に18億ドルもの補助金が与えられるばかりか、オーガスティン個人も数百万ドルものカネを受け取ることになるとわかったからだった。サンダース議員は、しがらみに縛られて行動できない他の議員たちを尻目に行動に出た。

なぜ合併で重役や役員に政府からカネが支払われるのか。その理屈は次のようなことだ。合併が行なわれると、ロッキードとマーティン・マリエッタは理論上、消滅するので、重役や役員はそれぞれの役職から退職することになる。したがって、彼らには退職金を支払わなくてはならない。だがこの合併には政府（ペンタゴン）から補助金が出ることが決まっているので、両社は彼らに支払う退職金も合併にともなう経費としてペンタゴンに請求できるというわけだ。[*7] 彼らに支払われる退職金は総額9200万ドルにも及び、クリントン政権はそのおよそ3分の1にあたる3100万ドルを援助することに同意していた。

だが、オーガスティンは合併でイスを失うどころか、マーティン・マリエッタのCEOからロッキード・マーティンのCEOになったのだから、実質的な昇格である。それにもかかわらず、彼はマーティン・マリエッタを〝退職する〟という理由で手取り820万ドルもの退職金を受け取っていたのだ。オーガスティンは、両社の幹部によるこの〝大儲け劇〟の断トツの受益者だった。その3分の1が国の補助金から支払われたとすれば、彼が受け取った退職金のうち、ほぼ270万ドル以上が納税者のカネということになる。

もう一人の例をあげれば、一時大統領候補にも色気を見せたことのある元テネシー州選出上院議員は、合併で役員の職を失うことになり25万ドルを受け取っていたが、この男は共和党の大統領候補指名争いに出馬したときに、労働者がよく着る格子縞の仕事着を着て、労働者の味方のような顔をしていたのだからあきれ返る。これらの元役員たちがまるで盗賊のように首尾よくやっているあいだに、1万9000人以上にのぼる両社の従業員は、ほとんど何も援助を受けることなく整理されたのだ。

サンダース議員はこのとんでもない政策を〝社員を整理して役員にボーナス〟と呼び、審議中の1996年度の国防予算案に、この合併で両社の重役や役員に支払われる退職金に国のカネを使うことを禁じる文言をつけた修正案を通すことになんとか成功した。一方、〝社員を整理して役員にボーナス〟が新聞で報道されると、オーガスティンはロッキード・マーティンの渉外担当者を通じて、「私腹を肥やしているように見られたくない」ので、「受け取った退職金のうち、政府の補助金から支払われている分に相当する3分の1を慈善事業に寄付する」と発表した。

だがそれでもなお、彼の手元に残ったマーティン・マリエッタからの〝退職金〟は550万ドルにのぼる。それが直接税金でまかなわれたのではないにしても、その大部分は合併のためにマーティン・マリエッタに支払われた政府補助金から出ているのだから、間接的には同じことだ。ロッキード・マーティンは売上げの80パーセントをペンタゴンから得ており、大型ロケットであろうが役員のカクテル付きランチであろうが、どのような目的に支払われたカネも、基本的にほとんどがペンタゴンから払い戻されているのだ。

それだけではない。オーガスティンはロッキード・マーティンの重役や役員への個人的な退職金が〝私腹を肥やす〟ような質《たち》の悪いものではないという作り話をしているその最中《さなか》に、裏では下院議員たちに働きかけてサンダース議員の修正案をつぶそうとしていたのだ。そしてそれは一部成功した。ロッキード・マーティンの弁護士たちは、予算案にサンダースがつけ加えた条項が適用されるのは1996年度分だけなので、オーガスティンはそれ以前の年度の長期的な業績への報酬は受け取れると主張した。もし一般庶民がそのような理屈をこねて何百万ドルももらえたら最高だろう。

こうして、両社の重役や役員に支払う退職金のための補助金3100万ドルのうち、約半分が生き残った。そしてもちろん、個人にではなく会社への何億ドルにものぼる補助金のほうは、問題にされることなくそのまま支払われた。

この〝社員を整理して役員にボーナス〟スキャンダルの教訓は二つある。その一つは、もし議員が断固やり抜こうと決心してペンタゴンや巨大軍需企業に対して立ちあがれば、邪悪な目的のために制度が作られて支払われた政府補助金から納税者のカネをいくらか取り返すことができるということだ。そして二つ目は、そういう部分的な勝利はあっても、残念ながらこの闘いに大きく勝利するのはきわめて難しいということだ。ロッキード・マーティンのような巨大企業は、膨大な人的資源、経済的資源、影響力のある人間のネットワークなどを持っており、平均レベルの議員の力では太刀打ちできない。

【訳注】
＊7　会社が一つになると重役や役員のイスの数が減るので、退職してそのまま去る人もいるが、新会社の重役や役員に再びおさまる人もいる。新会社の重役や役員におさまる人は実際には退職していないのに退職金を受け取ることになる。

ノースロップ・グラマンの買収に失敗

だが、そんなノーマン・オーガスティンにも勝てなかった闘いがあった。それが、レーダーから戦闘機の火器管制装置に至るさまざまな電子機器の開発・製造を得意とする巨大軍需企業、110億ドル以上の資産〔当時。現在はさらに大きくなっている〕を持つノースロップ・グラマンを買収しようとした闘いだ。もし成功していれば、ロッキード・マーティンは戦闘機をはじめとする軍用機と、それが搭載する最先端技術の電子機器を、両方とも自社で製造できるようになるはずだった。ウォール街のあるアナリストはこう語っている。

「もしこの合併が認められれば、いわば21世紀のアメリカの軍事的中枢神経がすべてロッキード・

マーティンによって作られるに等しいことになり、ロッキード・マーティンは残っているライバルのボーイングとレイセオンに対して優位に立てる。なぜなら、もし合併に成功すれば、軍用機の調達ならボーイングかロッキード・マーティン、電子機器の調達ならレイセオンかロッキード・マーティン、という具合になって、ロッキード・マーティンはペンタゴンの兵器調達交渉のどちらのテーブルにも着くことができるようになるからだ」〔原注：『ニューヨーク・タイムズ』紙、1998年3月10日付のアンドリュー・ポーラックの記事「反トラスト法が合併を阻むか」〕

合併の最初の申し出は1997年7月に行なわれた。それまでにロッキード・マーティンはオーガスティンの指揮のもとで20以上の企業を吸収し、280億ドルの資産〔当時。現在はさらに大きい〕を持つ巨大企業に急成長していたが、この合併も同じように急スピードで進行するように見えた。合併は同社の1998年2月の株主総会で承認され、実現を心配する首脳はいなかった。

だがその2週間後、司法省が待ったをかけた。その理由は、この合併により防衛産業の自由競争が失われるということだった。両社は徹底抗戦を宣言した〔原注：『ワシントン・ポスト』紙、1998年3月10日付のティム・スマートの記事「司法省、合併にストップをかける」〕。司法省はそれから2週間以内に合併を阻止する訴訟手続きに入り、ジャネット・リノ司法長官はこう述べた。

「この合併はたんなるカネの問題ではない。これは戦争に勝つことと兵員の命の問題になる」

リノ長官はさらに、「この合併が行なわれれば、納税者の負担が増え、私たちの兵員の命を守るために決定的に重要な、多くの兵器システムの開発・生産に競争が失われる」と論じた〔原注：『ニューヨーク・タイムズ』紙、1988年3月24日付のレズリー・ウェインの記事「政府、合併阻止に動く」〕。これはロッキード・マーティンにとって反論することが難しい議論だった。

　そこでロッキード・マーティンの首脳陣は、いかさまを使って、手続き論で正面突破を試みた。彼らは「司法省がストップをかけたのは、3月6日にペンタゴンで行なわれたミーティングのときで、すでに株主たちが合併を承認する書類にサインをしたあとのことだ」と主張したのだ。だが司法省はそれをあっさり否定し、それより1カ月以上も前の1月23日にロッキード・マーティン社内で作られた200ページに及ぶ役員会議の記録を示した。それには司法省が唱えた異議についてロッキード・マーティンの首脳陣が協議している様子が克明に記録されており、ペンタゴンとのミーティングのことでオーガスティンが激怒している様子も記録されていた。

　このような合併が行なわれた場合、新しく生まれる企業はいわゆる〝垂直統合〟されたものになる。〝垂直統合〟とは、一つの企業がある製品の主要パーツや部位の製造から最終組立まですべてを自分の組織内で行なうことを意味し、そうなると、重要な部位を外部のメーカーが作る競争がなくなるので、一般的に外部のメーカーが作るより値が高くなる。さらに、競争がなくなれば機体も搭載する電子機器もクオリティが落ちる結果になる。これが、司法省が合併にストップをかけた理由であり、ペンタゴンも司法省の考えを支持した。ウィリアム・コーエン国防長官〔ユダヤ系〕は「垂直統合がなされると、外部により良いまたはより安い製品があっても、それを使わず自社製品を使用する結果になる」と述べた。司法長官ジャネット・リノはもっと具体的で、[*8]「もしこの合併が行なわれれば、わが国は戦術的・戦略的航空機、空中早期警戒システム、ソナーシステム、撃墜されたときにパイロットの命を守るいくつかのシステムなどにおいて、価格が高くてクオリティの低いものを装備する結果となる可能性が生じる。どのような防衛産業の合併も、兵員の生命を守ることを最優先に考えなければならない」と語った。

そこで政府は、「ロッキード・マーティンに合併する権利を与えるかわりに、ノースロップ・グラマンが持っている40億ドル規模の電子機器部門を第三者に売却する」という案を示した。それに対してロッキード・マーティンは、「売却してもよいが、10億ドル規模の売却に抑える」という対案で応じた。両者の隔たりは大きく、中間はなかった。なぜなら、電子機器部門こそロッキード・マーティンがノースロップ・グラマンを合併して手に入れたかったものだからだ。それを手放すのでは合併する意味がなくなってしまう。

ロッキード・マーティンのCEOヴァンス・コフマン〔ユダヤ系〕〔原注：このときまでにオーガスティンはCEOを退き会長に就任していた〕とノースロップ・グラマンのCEOはなおもあきらめず、合併により工場の閉鎖と社員の整理で30億ドル以上を節約できると主張した。だがペンタゴンの元高官は、「そのような節約ができる保証はなく、たとえできたところで、ほとんど独占に近い形で兵器市場が支配されて競争がなくなるので、よくて帳消し、おそらくもっとひどいことになる」と語った。

その後、4カ月の法律論争のすえ、ついにロッキード・マーティンは、司法省の反トラスト法適用訴訟が始まる前に、ノースロップ・グラマンとの合併を断念した。やはりペンタゴンとの関係をむやみに悪化させるのを避けたというのが大方の見方だ。この合併については業界アナリストもみな否定的な目で見ており、ロッキード・マーティンの首脳陣も「こじらせると将来のためにならない」と結論したのだろう。合併断念の発表でヴァンス・コフマンは「私はコーエン国防長官とそのチームが、この複雑な問題を解決するために、善意に基づいた努力を重ねてくださったことに個人的に感謝の気持ちを表明するとともに、今後も引き続き一緒に仕事ができる関係でありたいと願っております」ときわめて低姿勢のコメントを述べた〔原注：『ボルチモア・サン』紙、1998年7月18日付のグレッグ・シュナイダーの記事「ロッキード・マーティン、政府とのバトルを中止」〕。

この出来事を振り返り、何人かのアナリストは、防衛産業の合併ブームに関するクリントン政権の政策の風向きが変化したことをロッキード・マーティンが読めなかったことに驚きの言葉を述べている。ロッキード・マーティンの首脳陣は自信過剰に陥り、このときはロビー活動のためのコンサルティング会社すら雇っていなかったのだ。一方、司法省の反トラスト局は局長に力のある人物をすえ、反トラスト法を厳格に適用する準備を整えていたし、ペンタゴンも業界に詳しいエコノミストを担当部局の責任者に配置して戦力を強化していた。オーガスティンとその一派は〝メガ軍需企業〟を作ることにばかり気が奪われ、90年代の合併ブームがすでに終わっていたことを見落としたのかもしれない。

【訳注】

＊8　ソナーシステム　水中に伝わる音波を探知して潜水艦を発見し、距離、位置、速度などを測定する電子機器。

軍用機輸出に政府補助金を出す理由

軍用機の輸出を支援するための政府補助金を増額させようというたくらみをめぐり、防衛産業と政府が似たようなバトルを繰り広げたときも、先頭に立っていたのはやはりオーガスティンだった。

軍用機メーカーにとって、海外に輸出するほうがペンタゴンに売るより儲かるのにはいくつか理由がある。まず第一に、ほとんどの場合、輸出する軍用機はすでに米軍によって使われており、研究開発にかかった費用はすでにペンタゴンから納税者のカネで支払われて償却されている。その代表的な例が、世界各国に輸出してロッキード・マーティンのドル箱となったF-16多目的戦闘機だ〔第1章・訳注22を参照〕。

次に、それらの軍用機はすでに米軍が何年も前から使っているので、欠陥や不良個所があればすでに発見されて改善されており、輸出後に問題が生じることはほとんどない。そしてさらに、輸出したあとも、メーカーはその兵器のメンテナンスや能力向上措置など、カネのかかるアフターケアを行ない、相手国の支払い能力に応じて請求できる。[*9]

そんなにうまい話があるなら、善は急げではないか。オーガスティンももちろんそう考えた。そしてロッキード・マーティンは5年間で輸出を倍にする計画を立てたのだ。だが問題は、F-16のように高価な兵器を購入できる国は多くはないということだった。たとえば台湾にF-16を150機も売ったときの取引では、爆弾やミサイルや補助機器類を含めたパッケージの価格は60億ドルを超えている。そんなにカネを腐るほど持っている国はそうたくさんはない。おそらく可能性があるのは、景気のよいアジアの国、たとえば韓国とか、オイルマネーがあふれるサウジアラビア、あるいはアメリカから莫大な経済援助を受けているトルコ、イスラエル、エジプトなどだ。だが、これらの国のほとんどはもうすでにF-16を持っている。しかもトルコ、イスラエル、エジプトの3カ国だけでアメリカの海外軍事援助の85〜90パーセントを占めており、それ以外の国への援助の割当てはそれほど大きくない。こうした事情により、F-16をはじめとするロッキード・マーティンの主要兵器を売り込める市場は枯渇しつつあった。

オーガスティンが新たに政府補助金制度の計画を唱えはじめたのには、こういう背景があったのだ。彼は「貿易に関する国防政策諮問委員会」の委員長として、軍用機を輸出するための新しい政府補助金を創設する動きを先頭に立って推し進めた。その主体は150億ドルの基金を作り、アメリカ政府が輸入国に低金利で融資するというものだった（268ページにあるように、これはのちに失効した）。

実は、似たようなプログラムが70年代と80年代に存在していたことがあった。だがそれらのプログラムは、融資されたうちの100億ドル以上が回収できなかったため中止されていた。つまり、そのとき融資されたカネは、事実上アメリカの兵器メーカーと融資を受けた国へのプレゼントになってしまったのだ。そのような前例があるにもかかわらず、オーガスティン率いる「貿易に関する国防政策諮問委員会」は再び同様の基金を創設しようとしていた。今度は大丈夫、ちゃんと返済されるから、というわけだ。

この動きに勢いがついたのは、1994年11月の中間選挙でニュート・ギングリッチの〝共和党革命〟が下院の多数を制してからのことだ。その結果、新たな融資保証のための基金を創設させようとそれまで6年間もロビー活動を続けてきた兵器産業は、ようやく念願がかなうことになったのだ。翌95年12月、基金の創設が議会で承認され、クリントンが署名して、兵器輸出を支援する法律が発効した。オーガスティンと軍産複合体がまた一つ、大きな勝利を手にしたように見えた。

この新しい基金をバックに、オーガスティンとその仲間は可能性のある国を探した。そのときのオーガスティンの仲間で最も注目すべき人物が、当時ロッキード・マーティンの国際部門副社長だったブルース・ジャクソン〔次章に再び登場する重要人物〕という男だ。当時クリントン政権は、冷戦後のNATOを旧ソ連圏の東欧諸国に拡大する政策を進めていた。そこでオーガスティンやブルース・ジャクソンらは、クリントン政権のこの政策を全面的に支持してそれに乗っかるのが最善の策であると結論した。

NATOの東方拡大の公式な理由は、①ロシアを再び過去の共産帝国主義に戻させないことを保証して東欧諸国を安心させ、②民主主義が育ちつつあるそれらの国と新しい軍事的なつながりを築き、③それらの国をNATO諸国とアメリカの味方に育て、④拡大NATOが欧米とそれらの国との架け橋となってそれらの国の民主化を助ける、というものだった。

だが当然ながら、問題は、NATOを東に拡大すればロシアを刺激するだろうということだった。ロシアとの関係が悪化すれば、冷戦後の重要な課題、たとえば核兵器のさらなる削減や、旧ソ連が所有していた管理の行き届かない核をテロリストや〝ならず者国家〟の手に渡るのを防ぐために解体する作業などに支障が出ることが考えられた。

だが、ボーイングとロッキード・マーティンにとっては、NATOの東方拡大が意味するものは一つしかなかった。それは〝新しい市場〟だ。新たにNATOに加わる東欧諸国は、それまで装備していた旧ソ連製の兵器を、徐々に他のNATO加盟国と同じ兵器システム（つまりアメリカか西欧のシステム）に入れ替えていく必要がある。それに加えて、兵器輸出のための政府補助金の基金ができたことは、オーガスティンやブルース・ジャクソンをはじめとするロッキード・マーティンの首脳陣に千載一遇のチャンスをもたらした。

オーガスティンはただちに、近々NATOに加入する可能性があるルーマニア、ポーランド、ハンガリー、チェコを歴訪した。そしてルーマニアで、もしルーマニアがロッキード・マーティンのレーダーシステムを購入するなら、ロッキード・マーティンはワシントンに対して持っている影響力を行使して、ルーマニアのNATO加盟を支援すると約束したのだ。言葉を換えれば、ロッキード・マーティンという民間企業が、自社の兵器システムを売るために、アメリカ政府の国際的な安全保障政策作りに手を突っ込むと言ったのである。防衛産業の首脳がそこまで大っぴらに、自社の利益の追求を公言するのは普通あまりないことだった。オーガスティンは普通の首脳ではなかった〔詳しくは次章〕。

【訳注】

＊9　**輸入した軍用機のアフターケア**　航空機やそのエンジンは消耗するパーツが多く、補給がなければ使い物にならなくなる。たとえばイランは、70年代にアメリカから当時の最新鋭戦闘機グラマンF-14トムキャットを含む多くの軍用機を輸入したが、1979年のイスラム革命以降パーツの供給が途絶えたため、自国で製造できないパーツは現存する機体を分解して取り出して使う以外に

なくなった。同様に中国は60年代に旧ソ連からMIG‐21戦闘機の供給を受けたが、その後中ソ関係が悪化したためアフターケアが断たれ、同様の方法でパーツを取り出して使ったりコピーを作ったりしたがあまりうまくいかなかった。

社会福祉事業の民営化戦争

オーガスティンがトップを務めた時代のロッキード・マーティンは、国から補助金を引き出したり、ペンタゴンとの契約を強引に推し進めたことで際立っているが、それと並行して同社は90年代の一時期、兵器と関係のない連邦政府や地方自治体の事業を請け負う分野にまで業務を拡大しようと動いたことがあった。それ以前にもロッキードがそういう仕事をしたことがないことはなかったが、90年代のアメリカに起きた政府や自治体の業務民営化ブームは、ロッキード・マーティンがその波に乗って社会福祉事業にも手を広げようと大きく動く原因となった〔原注：この項の記述の大部分はウィリアム・ハートゥングとジェニファー・ウォッシュバーンによる『ネーション』誌、1998年3月2日号の記事から引用〕。

はじめ、防衛産業の企業が駐車違反の反則金を集めたり、子供の養育料を払わないで逃げてしまった男を捜し出したりするような、ちょっとした自治体の業務を請け負うことに取りたてて異議を唱える人はいなかった。だが1996年に画期的な社会福祉改革法ができると、事情が変わってきた。この法律ができたことにより、全米の州や地方自治体は、たんに〝与えるだけの福祉〟ではなく、もっと職業訓練に重点を置くことを義務づけられたため、州や自治体はその業務を大幅に民間会社に委託することを検討しはじめたのだ。この法律の施行に関連して連邦政府から全米の州や自治体に流れ込む各種基金は総額170億ドルにものぼり、ロッキード・マーティンにとっても社会福祉事業の請け負いは軍需以外の最大の収入源となる可能性が出てきた。

だが、社会福祉は自治体の〝顔〟とも言うべき業務である。それを兵器メーカーが請け負うのはいかがなものかと考えた人は少なくなかった。

この社会福祉事業外部委託の目玉は、テキサス州における「フードスタンプ」[*10]と「生活保護」と「低所得者向け医療扶助」の三つの分野で受給希望者を審査する業務だった。委託業者の入札が行なわれたのは、のちに大統領になるジョージ・ブッシュがテキサス州知事だったときのことだ。

1996年、ロッキード・マーティンの「情報管理サービス部門」がテキサス州オースティン〔テキサス州の州都〕に進出してきて、郊外にある窓のない古い大きな建物の片隅にオフィスを構えた。その建物は、以前はトライデントミサイルを生産していた工場だったもので、少し前に生産が終了して閉鎖されていた。閉鎖に当たり、760人以上の社員が整理されていた。

ブッシュは94年の知事選挙のときに社会福祉事業の民営化を公約にあげており、ロッキード・マーティンが情報管理サービス部門をオースティンに進出させたのも、その流れを受けたものだった。そしてブッシュが知事に就任した直後の95年5月に、元テキサス州議会議員だったブッシュの法律顧問が、州の福祉改革法案に〝民営化の研究を必要とする〟という条項をまぎれ込ませていたのだ。

6カ月後、その男はブッシュの顧問を辞めて政治コンサルタント（ロビイスト）の個人事務所を開いた。そして、その事務所の最初のクライアントの一つが、ロッキード・マーティンだったのだ。それからまもなくして、はじめは福祉の受給希望者の審査を効率化するためにコンピューターシステムを更新する程度の予定だったテキサス州の社会福祉改革が、入札に勝てば20億～30億ドル規模の業務を獲得する全面的な民営化へと膨れあがった。

この時点で、テキサスの社会福祉事業民営化の将来性が確実になったと見たロッキード・マーティンの情報管理サービス部門は、事務所を郊外の工場跡の古いビルから、オースティン市中心部にある州議会議事堂近くの瀟洒《しょうしゃ》なビルに移した。

私（筆者）はそこを訪ねたことがある。あいにくその日は上級スタッフがみな不在で、何人かは他の州や自治体の契約を取るために出張しているという話だった。その事務所は、普通の社会福祉関係の事務所とは明らかに違っていた。入口近くのデスクには、ロッキード・マーティンの株価が人目を引くように掲示されており、壁には戦闘機やミサイルの写真に子供たちが微笑んでいる写真が合成されたポスターが貼られ、「成功させよう。テキサスの奥深くまで。公営・民間のパートナーシップ」の大きな標語。どう見ても普通の福祉事務所の雰囲気ではない。

だが、テキサスに乗り込んだ社員にとっては、自分たちがテキサスの会社であることを地元の一般大衆にアピールするのは大仕事だった〔テキサスにはよそ者を受けつけない独特な土壌がある〕。＊11 というのは、入札の最大の競争相手が、地元テキサス出身のロス・ペロー〔フランス系〕の「エレクトロニック・データ・システムズ社」（EDS）だったからだ。

テキサス州の社会福祉事業民営化計画は、入札に参加する業者に、「福祉プログラムの制作」と「福祉の受益者の審査」の両方の業務に入札することを認めた最初のケースだった。だがテキサス州がそれを実施するには、連邦政府が新しく制定した社会福祉改革法の適用をテキサスだけ除外してもらう必要があった。というのは、クリントンが署名した新しい社会福祉改革法は、州が生活保護の受給希望者を審査する業務を外部に委託することは認めていたが、フードスタンプと低所得者向け医療扶助の二つについては、受給希望者を民間会社が審査することを認めていなかったからだ。だがテキサスのブッシュ知事は、生活保護、フードスタンプ、低所得者向け医療扶助、の三つの審査をすべて民間会社に委託することを計画していた。そこで、それをするには連邦政府に社会福祉法の適用を除外してもらう必要があったのだ。

一方ロッキード・マーティンにとっては、もしテキサスの入札に勝利すれば、全米の他の州でも同様の計画を推進する足がかりになることが期待できた。そこで同社の重役たちは、まだテキサスの契約が取れていないうちから、フロリダ、ミシガン、アリゾナの各州で、包括的民営化を法制度化する〝テキサス・モデル〟の売込みをスタートさせた。テキサスの入札では、ロッキード・マーティンは新しくできたテキサス州政府の外郭団体とパートナーを組み、ライバルであるペローのEDSは州の厚生事業局と組んだ。3番手の企業に公的機関のパートナーはなかった。

だが、それまでワシントンの連邦政府やアメリカ議会でさんざんロビー活動の実績を持つロッキード・マーティンにとっても、この事業の入札はそれまで経験したことのない困難な闘いになった。

まず最初の打撃は、社会福祉事業が全面的に民間に委託されると自分たちが排除されてしまうと危機感を募らせたテキサス州の公務員組合が、ロッキード・マーティンのロビー活動は政治的に癒着していると非難を始めたことだった。組合はロッキード・マーティンのためにロビー活動をしている州の高官や元高官7人の名をあげ、政治的な癒着ぶりを詳しく並べたてて攻撃した。その7人はいずれもブッシュ知事の元スタッフや、副知事の元特別補佐官などで、多くは〃回転ドア〃を通って出世し、民営化計画を仕切っている州の諮問委員会で決定権を持つ人間たちとつながっていた。このパターンはロッキード・マーティンとペンタゴンの関係によく似ており、同社のいつものやり方だ。

そのうちに州議会議員の多くが、「この社会福祉事業の民営化は、はじめからロッキード・マーティンのために計画されていたのではないか」と疑いはじめた。そしてまもなく、テキサス州公務員組合の申し立てにより、オースティン地区検察局が州の民営化計画とロッキード・マーティンとのあいだに不正な関係がないか捜査を始める事態に発展した。結局、訴追にまでは至らなかったが、この捜査はロッキード・マーティンのキャンペーンに暗い陰を投げかけることとなった。

もう一つの問題は、入札に関する情報が外部に対してほとんど秘密にされていることだった。計画が実際に動きはじめた1996年4月から97年5月までのあいだに、州議会もメディアも、応札した企業が提示した額やそれに対する州の修正要求について、いっさい知らされることがなかったのだ。これではこの民営化計画への基本的な質問にすら答えが得られないことになる。基本的な質問とは、たとえば、ロッキード・マーティンは、困窮者が受け取る援助額を減らして自分の利益を増やそうとしてはいないか？　州政府は業務を委託したあと、受託業者をどのように監督するのか？自治体でなく私企業がやる事業となれば、その企業は企業秘密を理由に業務の詳しい内容の開示を拒否できるのか？　などだ。また入札が非公開のため、ブッシュが主張している「民営化で最大40パーセントの節約ができる」という話が本当なのかについても検証できなかった。それについて追及されたテキサス州福祉事業部長は、「40パーセントの節約」という数字は、州ではなくロッキード・マーティンなど入札業者が立てた見積もりだったことを認めた。

周囲の高まる要求に、ロッキード・マーティンがようやく計画の詳細を公開すると、非難の声はさらに大きくなった。その計画案はたくさんの人たちを情け容赦もなく生活保護から切り離し、明らかに彼らの役に立ちそうもない職業訓練に移すことばかりに重点を置いていることが判明したのだ。ある関係者は、「テキサスでいちばん大きな職業訓練プログラムで訓練を受けている人の数が3万人なのに、生活保護を受けている200万人を簡単に職業訓練に移すことができるとロッキード・マーティンが考えているとしたらお笑いだ」と言った。さらに別の専門家は、「その計画では審査が何重にも増え、合格しなかった人は扶助を失う」と指摘した。

こうして、ロッキード・マーティンの全面的な福祉事業民営化計画を阻止すべく、反ロッキード・マーティンの草の根運動がテキサス州全域に広がった。運動の先頭に立ったのはテキサス州公務員組合だった。各地で説明会やデモが行なわれ、1万1000通以上のダイレクトメールが住民に送られ、ローカルラジオ局からは80年代の過剰請求スキャンダルにからめた一連の反ロッキード・マーティンのコマーシャルが流された。そのコマーシャルは、トイレの水を流す音に続いて「あなたは便座一つに3000ドルも請求した会社を覚えていますか？　その会社が今度は私たちの社会福祉事業をやろうとしています」というナレーションが入る手の込みようだった。実際には、ロッキードが過剰請求した便座は一つ640ドルだったが、そのように反論したところで藪蛇《やぶへび》になるだけだ。ロッキード・マーティンは昔話を持ち出されてコケにされたのだ。

この反ロッキード・マーティンの動きは野火のように広がり、テキサスだけにとどまらず全米の労組連合にまで拡大する勢いをみせたため、ついに97年5月、クリントン政権はテキサス州が出していた、民間企業がフードスタンプと低所得者向け医療扶助の受給資格を審査できるようにする措置の申請を却下した。

ロッキード・マーティンにとっては、それが認められなければ儲からないので、民営化プロジェクトは魅力がなくなってしまった。一方、テキサス州議会も、すでに話が進んでいた民営化計画を「実行可能なものかどうか検討する」と態度を後退させ、民営化された場合には法規制を強化することを決定した。

だがロッキード・マーティンはまだあきらめず、ワシントンの連邦議会で数名の大物を含むテキサス州選出の議員団を動員し、テキサス州の全面的な民営化を認める法案を通そうと試みた。それらの議員には、前年の選挙のときに献金が行なわれていたのだ。だが1997年夏に行なわれた採決で彼らの法案は通らず、地元テキサスでも州議会が計画をさらに後退させてしまった。その結果、民営化はおもに州のコンピューターシステムとデータ処理を新しいシステムに更新するだけの元の規模に縮小し、結局、地元に本拠を持つロス・ペローのEDSが契約を勝ち取った。

テキサスの敗北は、ロッキード・マーティンにとって大きな打撃となった。テキサスで契約が取れなければ、他州に〝テキサス・モデル〟を売り込むことはできないからだ。

その後もロッキード・マーティンは州や自治体の契約を取る努力を細々と続けていたが、4年後に、その分野のほとんどから撤退した。ウォール街の金融界から、本来の業務に専念するよう圧力がかかったのだ。2001年8月、ロッキード・マーティンは情報管理サービス部門をテキサスの企業に売却し、金融界はその動きを歓迎した。

こうして、自治体の社会福祉事業を民営化させて事業を引き継ぐ作戦は終わりを告げた。それは、2001年9月11日に同時多発テロが起きてアメリカの軍事支出が爆発的に増加し、軍需産業にブームが訪れるわずか1カ月前のことだった。

ノースロップ・グラマンとの合併の失敗とともに、テキサスの〝社会福祉事業民営化戦争〟の敗北は、オーガスティンがトップを務めた時代の数少ない大きな敗北の一つとなった。だが、オーガスティンがCEOを務めたわずか3年ほどのあいだに、ロッキード・マーティンは50パーセント以上も規模が大きくなっていた。オーガスティンは1998年4月にCEOを退くまでに、間違いなく〝スーパー・カンパニー〟を作る目標を達成していた。

その後もオーガスティンは同社の会長に6年間とどまり、アメリカの対外政策と国防政策にかなりの影響を及ぼしつづけた。防衛産業以外の分野でも、プリンストン大学で機械工学と航空宇宙工学を教え、科学の教育に力を入れるための評議会を作る運動を主導し、NASAが将来の有人宇宙船を開発するために設立した専門家委員会の委員長を務めるなど、多忙な日々を送った。さらに2010年4月には、トヨタ自動車が原因不明の急加速による事故の問題が拡大したのを受けて立ちあげた調査委員会の委員に任命された［原注：2010年4月30日「トヨタ自動車の新しい安全と品質のための評議会、最初の仕事」（プレスリリース）より」。

ロッキード・マーティンと関係のない彼の興味深い活動の一つに、ＣＩＡがベンチャー・キャピタル会社〔将来有望だがリスクの高い事業に出資する投資ファンドや投資会社〕を立ちあげたときにアドバイザーを務めたことがある。この会社はその後アメリカとカナダの40ものハイテク企業に出資しているが、その目的は金儲けではなく、将来ハイテク兵器やスパイ活動に使えそうな技術を見つけることだった。同社が初期のころに投資した会社の一つに、アラビア語のラジオ放送を英語に自動翻訳するソフトを開発した会社がある。だがこの投資会社の活動は秘密に包まれているため、出資を受けたソフト会社の社長すらＣＩＡがそのソフトをどのように使っているか知らないという。

【訳注】

＊10　**フードスタンプ**　スーパーや食料品店で食料と交換できる引換券。低所得者に支給される生活保護の一種で、現金化はできないが、生活に必要な最低限の食料を買うことができる。

＊11　**ロス・ペロー**　テキサス出身の億万長者の実業家。60年代はじめに世界最初のＩＴ業務委託会社であるＥＤＳを設立して大企業に育てた。クリントンと大統領選を争い、90年代半ばにはアメリカの二大政党制を変えようと主張して第三の「アメリカ改革党」を結成したこともある。当時アメリカでは、二大政党制は〝前世紀の遺物〟だとして、より多くの政党を求める声が一部で高まっていたが、ペローがつぶされてその動きも消えた。

〝オスプレイ〟の開発

オーガスティンとペンタゴンとの強い結びつきは、彼がロッキード・マーティンのCEOを退いたあとも続いた。彼は辞任後まもなく、V-22〝オスプレイ〟の開発を続けるべきかどうかを評価するためにクリントン政権の国防長官ウィリアム・コーエンが組織した諮問委員会の重要なメンバーになっている。[*12] V-22オスプレイというのは、ヘリコプターのように垂直に離着陸でき、普通の飛行機のように水平飛行ができる新しい航空機だ。満足な滑走路がない僻地にも素早く兵員や物資を運ぶことを目的とし、ゲリラや武装勢力との戦いに役立つことが期待されている。

だが、オスプレイはまったく新しい種類の航空機であることから技術的な困難が多く、開発には長い時間と多額の費用がかかり、テスト中の事故も多かった。諮問委員会が作られたのは、その2年前の2000年に深刻な事故を2回も起こし、合わせて23人の海兵隊員が死亡したことが直接の理由だった。[*13] その10年前、ブッシュ（父）政権の国防長官だったディック・チェイニーが開発計画をキャンセルしようとしたが、議会と海兵隊が巻き返して予算を回復させたといういきさつがあった〔チェイニーがつぶそうとした兵器を、クリントンが予算を増額して推進したのは皮肉な話である〕。

諮問委員会でオーガスティンは、オスプレイの生産は少しずつ注意深く行なうべきであると警告しつつも、計画そのものについては続行することを積極的に支持した。彼は「オスプレイは必ず素晴らしい飛行機に成長する。ぜひ私も乗ってみたいものだ」と、客観的なアドバイザーというよりは飛行機マニアのような言い方をしている。

オスプレイは、ロッキード・マーティンのライバル、ボーイングが、ヘリコプターの老舗ベル社と共同で開発・生産を行なっている。すでにロッキード・マーティンのCEOを退いていたとはいえ、オーガスティンが計画を支持する発言をしたのは興味深いと思う人もいるかもしれない。だがロッキード・マーティンとボーイングはライバル同士ではあるが、必要なところではよく手を組んでいるのだ。第1章で取りあげたF-22ラプターにボーイングは協力しているし、アメリカのすべての非軍事宇宙ロケットの打ち上げを行なっている「ユナイテッド・スペース・アライアンス」[*14]という企業体は、ロッキード・マーティンとボーイングが共同出資してできたものだ。

【訳注】

＊12 **オスプレイ**　ヘリコプターの回転翼とプロペラ飛行機のプロペラの中間のような巨大なプロペラを備え、エンジンごと傾けて向きを変えることで、離着陸時にはヘリコプターと同じように上昇・降下することができる新型輸送機。水平飛行時には通常の固定翼機として飛行するので、ヘリコプターの2倍近いスピードが出せるうえ、長い航続距離を持つ。沖縄への配備が大問題となっている。

＊13 **オスプレイの大事故**　1回は、実戦と同じ状況を作って海兵隊員を素早く地上に降ろす試験を行なうため、実際に完全装備の海兵隊員を満載して急速降下をしていたときに、片方の回転翼が自分の作りだした下降気流のなかに入ってしまい、揚力を失って機体が横転し墜落したもので、乗っていた19人が全員死亡する大惨事になった。

＊14 **ユナイテッド・スペース・アライアンス**　NASAの宇宙ロケットはすべてこれが打ち上げを行なっており、両社が50パーセントずつ出資している。

“パトリオット”ミサイル実効性への疑惑

２００６年３月、オーガスティンはペンタゴンから、ＭＩＴ〔マサチューセッツ工科大学〕のミサイル防衛研究にいかさまがあったとの申し立てを受けて行なわれる調査を監督するために、ペンタゴンのコンサルタントにとどまるよう要請された。その申し立てはＭＩＴのある教授が何年も前から唱えていたもので、同教授は「１９９７年に行なわれたミサイル追尾センサーの試験で、ＭＩＴの研究者たちが試験結果を〝合格〟と判定したレポートはでっち上げで、そのセンサーには深刻な欠陥がある」と主張していた。同教授はミサイル技術の専門家で、その前にも、１９９１年の湾岸戦争のときに軍が発表したパトリオット・ミサイルの有効性が誇張されていたのを暴いたことで知られていた。

同教授は、この件に関して第三者による公正な調査を行なうよう何年も前から主張しており、ペンタゴンとオーガスティンが調査を監督することになったと聞いて、「ＭＩＴは、自分自身が行なった学術的な研究について調査する責任をペンタゴンに明け渡した」と激怒した。彼によれば、オーガスティンは昔からずっとパトリオット・ミサイルの揺るぎない支持者だが、実はパトリオットは、１９９１年の湾岸戦争のときに敵のミサイルを一つも撃ち落とすことができなかったということだった。ロッキード・マーティンはミサイル防衛計画の主要な契約者であり、イージス艦が装備しているイージスシステムを含む多くの計画を受け持っている〔パトリオットはロッキード・マーティンではなくレイセオン社製である〕。

２００７年４月、調査の結果、ＭＩＴが行なったパトリオット・ミサイルの性能評価に不正はなかったと発表された。

オーガスティンが舞台裏で動く強力なロビイストであり、世界最大の兵器メーカーであるロッキード・マーティンを特別待遇することを常にペンタゴンに要求してきたことはよく知られているが、彼が官僚だった時代に何をしてきたかについてはよくわかっていない。[*15] もし私たちが、将来オーガスティンのような人間が再び現われて国の予算に口を挟むのを防ごうとするなら、議会やメディアは軍需産業と政府（ペンタゴン）の共生的な結びつきをもっとよく監視しなくてはならない。ノーマン・オーガスティンは、政官界とのコネクションと実業界とのコネクションを交互に利用することにより、自分の会社に何十億ドルもの収益をもたらす達人だった。彼がペンタゴンの予算の使途にあれほど大きな力を振るうことを許した元凶は、軍需産業と政府のこの共生的な結びつきなのである。

【訳注】

＊15　オーガスティンは、ペンタゴンの国防長官府と陸軍省の官僚だったことがあり、〝回転ドア〟を4回通り抜けている。

第9章

唱道者たち

【本章に登場するシンクタンク】

・NATO拡大のためのアメリカ委員会
・イラク解放委員会
・新しいアメリカの世紀のためのプロジェクト
・安全保障政策センター
・国家公共政策研究所
・新アメリカ安全保障センター

アメリカの国防政策に大きな影響を与えた右派のシンクタンクについては、すでにいくつか取りあげたが、90年代半ばになるとさまざまなグループが次々に誕生する。それらのグループの実体は、みなシンクタンクというよりはロビー活動を目的とする人たちのネットワークだ。本章では、とくにそれらの組織に焦点を当ててみよう。

NATOの東方拡大とイラク戦争の関係

おそらく、ブルース・ジャクソン〔第8章に前出。ロッキード・マーティンの「戦略とプランニング部門」副社長〕が90年代に行なった政治への介入のなかで最も成功したのは、NATOの東方拡大を促進するために作られた「NATO拡大のためのアメリカ委員会」の委員長として演じた役割だろう。彼はそれについて「これは趣味でやっているんだ」と言っていたが、NATO拡大のスポークスマンとしての当時の派手な活動を見れば、彼はロッキード・マーティンからこのロビー団体に出向していたのだと結論されるのを避けるのは難しいだろう。[*1]「NATO拡大のためのアメリカ委員会」は、アメリカのエリートたちの考えを「ポーランド、ハンガリー、チェコを同盟に引き入れることは、たとえその結果ロシアとの関係が悪化しても、アメリカの安全保障にとってプラスになる」という方向に転換させるために先頭に立って動いた。

だが、実は1989年にベルリンの壁が崩壊したとき、当時のブッシュ（父）政権の国務長官ジェームズ・ベイカー〔第7章・訳注15参照〕は、ソ連最高会議議長のミハイル・ゴルバチョフに、「もしモスクワが平和的に東・中欧諸国から撤退するなら、NATOはそれらの国を取り込んでロシア国境近くまで進出するようなことはしない」と約束していたのだ。ジャクソンと「NATO拡大のためのアメリカ委員会」がクリントン政権のサポートのもとに推し進めていたことは、ベイカーの誓約を反《ほ》故《ご》にするものだった。

新たな国の参加が認められるようにNATO条約を変更するには、上院の承認が必要だった。そこで議員の賛同を勝ち取るため、ロビー活動が必要になった。

ジャクソンがNATO拡大に入れ込んだのは、純粋に政治的な信条によるものだったのかもしれないが、ロッキード・マーティンにとっては大きなビジネスチャンスを意味した。90年代後半にアメリカの兵器産業が東・中欧諸国で行なったロビー活動は、アメリカ国内のロビー活動よりはるかに露骨で、猛烈だった。『ニューヨーク・タイムズ』紙は、ノーマン・オーガスティンが1997年4月にハンガリー、ポーランド、チェコ、ルーマニア、スロヴェニアを歴訪した目的は、「売込みとNATO拡大を支援することの両方だった」と書いている。第8章で述べたように、オーガスティンはルーマニアで、ロッキード・マーティンの8200万ドル相当のレーダーシステムを購入すればNATO加盟を支援すると約束さえしている〔原注：『ニューヨーク・タイムズ』紙、1997年6月29日付のガースとワイナーの記事「兵器メーカー、NATO拡大で大儲け」より〕。

それだけではない。オーガスティンが東・中欧諸国を訪れる6カ月前の96年10月、同社はポーランド、ハンガリー、チェコの高官向けに、一連の無料〝国防計画講習会〟を開いている。その件を担当した同社の幹部は、「講習会の目的は、潜在的な顧客に軍事的分析と可能な装備の知識を与えることで、決してたんなる売込みが目的ではなかった。我々はなぜF-16が世界一の戦闘機であるかを説明するパンフレットを配ったりなどしていない」と主張している。だがその彼も、相手国の高官たちとミーティングを繰り返したことが有益だったことは認めている。一連のミーティングにより、相手国の意思決定者は誰か、彼らの価値観やニーズはどんなことか、などを知ることができたうえ、人間関係を築くことができたからだという〔原注：『ディフェンス・ウィーク』誌、1997年8月18日号、デービッド・ループの記事〕。

だが、私（筆者）が入手した同社の資料を見れば、ポーランドの高官向けに行なわれた2日間の講習会は、売込みの説明会とほとんど変わるところがない。たとえば、プレゼンでは〝仮想軍事的脅威〟というタイトルの地図が示され、そこにはポーランドに向かって弧を描くいくつもの大きな矢印に「敵の戦闘機860機」「攻撃ヘリコプター360機」「ミサイル1700基」などと記されている。またある軍事週刊新聞はその講習会で使われたもう一つの地図について報じているが、それによると、陸はロシア方面から、海はバルト海方面から襲来する敵が描かれ、さらにウクライナ、ベラルーシ、チェコとの国境で軍事衝突が起きた場合について示されていたという。そして講習会の2日目にポーランド側に示された資料には〝ベストな購入プラン〟と題されたチャートがあり、1996年から2001年にかけて7機のF-16をリースし、それと同じ時期に同国が最初の24機のF-16を12年のローンで購入・装備する案が示されていた。リースする7機のF-16はアメリカ空軍が使用中のもの、つまり中古で、ロッキード・マーティンが空軍を口説き落として提供してもらうことになっていた〔原注：『ディフェンス・ウィーク』誌、1996年9月26日号の記事「ポーランドのための国防計画セミナー」〕。

ある意味で、先ほどの同社幹部が言ったことは正しかったとも言える。確かにこの一連の〝講習会〟の目的は、ポーランドにF-16の素晴らしさを宣伝することではなく、周囲から迫る敵の脅威を強調して、同国を不安にさせてF-16を買わせることだったのだから。

　この兵器購入講習会シリーズは、96年秋にロッキード・マーティンが東・中欧諸国に対して行なった組織的な売込み攻勢のごく一部にすぎない。無料講習会の数週間前の同年9月には、同社の「戦術航空機システム部門」社長がハンガリー、ポーランド、チェコに売込みをかけている。同社自身の発表によると、同社長はF-16の購入と引き替えに相手国が同機の生産に一部参加できる可能性と、そのためにかかる費用を最大で100パーセントまで融資する計画を相手国に説明し、F-16の引き渡し価格を1機に付き2400万ドルと提示したとしている。具体的には、相手国のF-16の購入にかかる総額と同じ額をその国に投資する、または同額相当のなんらかの契約を相手国の企業に与えるなどの経済協力を行ない、そのうえさらに必要な購入費用を全額融資するということだった。相手国にとっては絶対に損のないありがたい話だが、そのような取引をすることがアメリカの納税者や労働者にとってどうなのかはまた別の話だ。

　さらにロッキード・マーティンは、その少し前の96年夏にポーランドで開催された航空ショーで、ポーランド空軍のパイロットたちをF-16に試乗させている。またハンガリーでも96年10月末に行なわれた航空ショーで、ハンガリー政府の高官を試乗に招待し〔F-16には単座型のほかに複座型もある〕、翌11月には同国の空軍パイロットと整備関係者をテキサスのロッキード・マーティンの施設に招いて、1週間の〝飛行評価会〟を行なっている。同国への売込みのために、ロッキード・マーティンの戦術航空機システム部門は、〝ハンガリー担当国際副社長〟のポストすら作って対応した。

　この猛烈な売込みは最終的に実を結んだ。時間はかかったが、彼らの忍耐力と執拗さは明らかに結果を出したのだ。2003年末近く、ポーランドは総額38億ドルに及ぶF-16の導入契約にサインした。その支払いに関しては、アメリカ政府の援助により支払い総額の全額が融資され、しかも利息は市場より低い利率に設定されたうえ、最初の8年間は返済しなくてよい（9年目から返済を開始）というおまけつきだった。ペンタゴンのある高官は『ニューヨーク・タイムズ』紙の記者に「これほど気前のよい融資を議会に要請することは今後もうないはずだ。これはロッキード・マーティンをはじめとするわが国の兵器メーカーが、東・中欧諸国のドアに足を踏み入れるための〝プロモーション販売〟なのだから」と語った。*2

だが、アメリカ政府にかかったコストは融資だけではない。前述にある、ポーランドの出費を埋めあわせるという約束を果たすため、この取引には同国がF-16を購入するために支払う額にほぼ匹敵するおよそ30億ドル相当のさまざまなビジネスを同国に振り向けるという内容が含まれていた。その最もはっきりした例が、同機に搭載するエンジンをポーランドで生産するというものだ。そのほかにも、ジェット練習機の生産やビジネスジェット機の部位の生産をポーランドで行なうことや、ポーランドにハイテク関係の会社を設立するなどの話が、ロッキード・マーティンの下請けから持ち込まれた。それらの取引はロッキード・マーティンにとってはよい話かもしれないが〔ポーランドは人件費が安い〕、アメリカの他の企業にとっては仕事を奪われ、労働者は職を失うことに結びつく。ペンタゴンのある高官は「ロッキード・マーティンはサンタクロースになってポーランドに行ったようなものだ」と言った〔原注：『ニューヨーク・タイムズ』紙、2003年1月12日付のレズリー・ウェインの記事「ポーランドのプライド、アメリカの利益」〕。

だが、ロッキード・マーティンはこの契約が完了する前に、同国をNATOに加入させることをアメリカ議会に承認させる必要があった。そこで同社は議員に猛烈な働きかけを行ない、1996年の中間選挙の前の1年間だけで、同時期の他のすべての軍需企業の政治献金額を上回る230万ドルを議員にばらまいた。

だが蓋を開けてみると、彼らがそれほど心配する必要はなかったことが判明した。上院に提出されたNATO拡大法案は81対19の大差で可決したのだ。この投票結果は、クリントン政権の働きかけに加えて、ブルース・ジャクソンなどの個人や「NATO拡大のためのアメリカ委員会」その他のグループが組織的に後押ししたことを物語っている。

ある意味で、NATOの東方拡大のためにジャクソンがしたことは、ブッシュ政権が2003年にイラク戦争を始めるのを支援するための足慣らしにすぎなかった。ジャクソンはイラク攻撃が始まる少し前の2002年にロッキード・マーティンを辞めているが、それまで10年にわたり同社に勤めていた彼は〔合併前のロッキードの時代を含む〕、辞めたあとも引き続き同社のために行動している。

ロッキード・マーティンを辞めたのち、ジャクソンは「イラク解放委員会」の共同設立者になった。これはネオコンのネットワークに一部の民主党右派が加わったグループだ。ジャクソンはその委員長として、ブッシュ政権と密接に連携しながら、イラク攻撃への支持を広げるためのキャンペーンを行なった。ジャクソン自身、「ホワイトハウスから〝NATO拡大のときと同じようにイラクでもやってくれ〟と頼まれた」と言っている〔原注：『アメリカン・プロスペクト』誌（リベラル系の月刊誌）、2003年4月号の記事「肩書きのない外交官」より〕。

そして彼は、イラク戦争への支持を広げるための活動にからめて、NATO拡大とイラク戦争を結びつけることに成功した。彼の働きの最も大きな成果は、彼がNATO加入を手助けした東・中欧の十数カ国の大統領に、彼が草案を書いたイラク攻撃を支持する書簡に署名させたことだ。*3

この書簡は非常に重要だった。なぜなら、そのころはちょうどブッシュ政権が国連でイラク攻撃を正当化する投票を働きかけている最中であり、パウエル国務長官が安全保障理事会で「イラクが大量破壊兵器を保有している」というプレゼンを行なった直後のタイミングだったからだ。

【訳注】

*1　この委員会が存在した1996年から2003年は、ジャクソンがロッキード・マーティンの副社長をしていた期間とほぼ重なる。

*2　2003年、イラク戦争開始とともにポーランドは出兵した。ポーランド軍特殊部隊は、アメリカ軍が法的な規制により実行できない作戦に従事したと言われる。

*3　**東・中欧諸国のNATO加入とイラク出兵**　ポーランド、ハンガリー、チェコは1999年に、ブルガリア、エストニア、ラトヴィア、リトアニア、ルーマニア、スロヴァキア、スロヴェニアが2004年に、アルバニア、クロアチア、マケドニアが2009年にNATOに加入。これらのうちクロアチアとスロヴェニアを除くすべての国がイラクに出兵した。

ネオコンのシンクタンクとロッキード・マーティンの関係

ブルース・ジャクソンは、ブッシュ（子）政権が言いだすより何年も前からイラク攻撃を強く主張していた。そして１９９７年に「新しいアメリカの世紀のためのプロジェクト」[*4]というグループが組織されると、ジャクソンはディレクターに就任する。このグループは、クリントン政権の国防政策が穏やかすぎると主張する保守系タカ派とネオコンたちが急いで作ったもので、旗揚げ時の設立宣言によれば、レーガン的な軍事力と道徳的明瞭さに重きを置くとし、イラクのサダム・フセインのような抵抗勢力には介入すべきであると主張していた。翌98年になると、彼らはさらにあからさまになり、「イラクは大量破壊兵器の開発計画について説明していない」として、サダム・フセインとその政権をイラクから取り除くことを求める書簡[*5]を上下両院の指導者に送った。そのときの下院議長はニュート・ギングリッチだった〔第7章・訳注11参照〕。

ジャクソンの活動は「新しいアメリカの世紀のためのプロジェクト」や「ＮＡＴＯ拡大のためのアメリカ委員会」だけにとどまらない。彼は当時すでに存在していたネオコンのシンクタンクである「安全保障政策センター」〔80年代末に設立〕というグループと密接な関係を保っていた。このグループを創設したのは、レーガン政権時代にペンタゴンのタカ派官僚だったフランク・ガフニー[*6]〔ユダヤ系〕という男で、彼が同政権を辞職したのは、同政権がヨーロッパから核兵器を取り除くために旧ソ連と「中距離核戦力全廃条約」〔レーガンとゴルバチョフが署名して成立した〕を結ぶ決定を下したのが不満だったことが理由の一つだった。ガフニーはミサイル防衛計画の拡大を主張していることでも知られていた。

ロッキード・マーティンにとって、そういうガフニーの主張は自分たちの利益にぴったり合致していた。そこでロッキード・マーティンは、彼の活動を資金援助していた。具体的な金額は明らかになっていないが、同センターの１９９８年の年次報告で、彼が同社に感謝の意を表明しているところから推測すれば、それなりの額であろう。「安全保障政策センター」はレーガン時代に創設されてからブッシュ（子）政権がスタートするまでのあいだに、ロッキード・マーティン、ボーイング、ノースロップ・グラマンなどの軍需企業から計３００万ドル以上を受け取っており、ブルース・ジャクソンを含む3人のロッキード・マーティンの幹部が、同センターの諮問委員会の委員に名を連ねている。そのうちの一人はロッキード・マーティンの「宇宙および戦略ミサイル部門」副社長チャールズ・クッパーマン〔ユダヤ系〕で、彼はまた同センターの7人の理事の一人でもあった。

ジャクソンにとって「安全保障政策センター」が重要だったのは、同センターの諮問委員会に、アメリカの核兵器政策とミサイル防衛計画に大きな影響力を持つ議員たちがみな名を連ねていたからだ。その一人であるアリゾナ州選出の共和党議員は、地下核実験を含むすべての核爆発実験を禁止する「包括的核実験禁止条約」の批准を阻止する動きの先頭に立ち、１９９９年にそれに成功している。ロッキード・マーティンは、アメリカの核兵器を製造している三つの研究所の一つであるサンディア国立研究所を年間20億ドルの予算をもらって運営している〔第1章40ページを参照〕。もしアメリカがこの禁止条約を批准すれば、彼らは困ったことになるのだ。

【訳注】

＊4　**新しいアメリカの世紀のためのプロジェクト**　「アメリカ新世紀プロジェクト」と訳されることが多いが、その訳ではこの名称の持つ意味を正しく伝えていない。正しい意味は、ソ連が消滅して唯一の超大国になったと自負したアメリカの右派やネオコンが、そのまま世界を一極支配して文字どおり新しい〝アメリカの世紀〟を作りだそうとしたプロジェクトということである。〝アメリカの世紀〟という言葉は、20世紀初頭に、「19世紀はヨーロッパの世紀だったが、20世紀はアメリ

カの世紀だ」と言われたことからきている。そのことを念頭に、このグループは「21世紀を新しい〝アメリカの世紀〟」にすると主張したのだ。この意味を伝えるために、名称としては少し長すぎるが本書ではこの訳語で統一した。

＊5　この書簡の文面を書いたのは、リチャード・パール（第7章・訳注16参照）とポール・ウォルフォウィッツ（第7章・訳注3参照）だと言われている。

＊6　フランク・ガフニー　レーガン政権の国防次官補代理を務め、リチャード・パールの部下だった。「新しいアメリカの世紀のためのプロジェクト」の発起人の一人でもある。

〝ラムズフェルド委員会[*7]〟とミサイル防衛計画

「安全保障政策センター」の諮問委員会には、ほかにも下院軍事委員会の軍備調達小委員会委員長カート・ウェルドンのほか、宇宙空間を軍事目的で使用するための実行委員会を作る法案を作成した議員もいた。その実行委員会はドナルド・ラムズフェルド〔のちのブッシュ政権の国防長官〕を委員長にして発足し、宇宙空間に兵器を配備することが将来にわたって法的に禁止されないようにするために活動した[*8]［原注：『ウォールストリート・ジャーナル』紙、2001年1月12日付のハートゥングとレインゴールドの記事］。ロッキード・マーティンはその実行委員会に代表を置いていなかったが、他の軍需企業8社と安全保障政策センターが代表を置いていた。

軍備調達小委員会委員長カート・ウェルドンは、おそらくジャクソンにとって最も重要なコネクションだったにちがいない。なぜなら、「アメリカに対する弾道ミサイルの脅威を査定する委員会」

という組織を作る法案を議会に提出したのがこの男だったからだ。この委員会もラムズフェルドが委員長になり、まもなく北朝鮮の弾道ミサイルの脅威を警告するレポートを作成した。そしてそのレポートが、１９９８年に共和党右派がミサイル防衛に関する法案を修正するよう議会に圧力をかけるために使われたのだ。この委員会は、通称〝ラムズフェルド委員会〟[*9]と呼ばれている。

共和党右派が作った修正案には「技術的に可能なかぎり、できるだけ早く弾道ミサイル防衛システムを構築することは、アメリカ合衆国の政策である」と書かれており、その一文が厳密に何を意味するかについては今日に至るまで論争の的になっている。上院のオリジナルの法案は、「どのようなシステムも、予算は通常の予算審議を経て決める」「ロシアと続けられている軍備管理の進展に合わせる」となっていた。

カール・レヴィン上院議員〔のちの上院軍事委員会委員長、ユダヤ系リベラル派の重鎮。第１章に登場〕は共和党右派の主張に対し、「その修正案の意味は、弾道ミサイル防衛システムの配備の決定は絶対に動かせないということではない。なぜなら予算は年ごとに決められるものだからだ。またこの法案にロシアとの軍備管理に関する条項がついているのは、ニクソン政権時代に米ソが締結した『弾道弾迎撃ミサイル制限条約』を引き続き遵守するということだ」と反論している。

このレヴィンの主張は、この法案が議会を通過して法律として成立したときにはっきり付記され、クリントン大統領がそれに署名している。今日でも、ミサイル防衛システムとは本当に実用的なものなのか、はたして実現できるものなのかについて、アメリカの政界では意見が分かれたままである〔原注：Bradley Graham, “*Hit to Kill*” より引用〕。

だが、実はラムズフェルド委員会がミーティングを重ねていた90年代末ごろに存在していた問題とは、「アメリカに対する弾道ミサイルの本格的な脅威は、あるのかないのか」ということだった。それを右派が、そういう議論の流れを変えて「ミサイル防衛システムの配備は急を要する」という雰囲気を作りだすために、この委員会を作るアイデアが浮かんだのだ。ある関係者の証言によれば、この委員会は、軍事調達小委員会委員長のウェルドンが〝ある朝シャワーを浴びていたときにふと思いついたもの〟だったという。

ラムズフェルド委員会のレポートは、一言で言えば、①極端に最悪のシナリオだけを描き、②北朝鮮のような国が長距離弾道ミサイルを完成しようとすれば直面することになる現実的な障害をすべて無視し、③その一方で、彼らがミサイルを完成させるチャンスを増すような要素はいかに希薄なものであってもすべて強調する、という姿勢で書かれていた。こうしてラムズフェルド委員会は自分たちの考えをまるで政府の公式見解のように発表し、議会のミサイル防衛推進派を後押ししたのだ。

1998年7月に出されたそのレポートは、次のように断言している。

「北朝鮮やイラクなどの〝ならず者国家〟は、わが国の情報機関が予測しているように10年から15年ではなく、着手すれば5年以内に発射可能な長距離弾道ミサイルを完成できる」*10

このレポートが発表されると、ギングリッチ下院議長はそれに飛びつき、「これは冷戦が終わって以来最も素晴らしい、わが国の安全保障への警告である」と声高く宣言した。

ラムズフェルド委員会をよく観察すると、70年代に作られた〝チームB〟〔第7章220ページ参照〕によく似ており、それをもう少し微妙にしたようなものであることがわかる。同委員会のレポートも、基本的には情報部のデータに基づいて書かれている。だがそのときの情報機関の分析では、「北朝鮮からもイラクからも、差し迫った弾道ミサイルの脅威はない」となっているのだ。それにもかかわらず、ラムズフェルド委員会のレポートはそれを無視して脅威をあおりたてていた。

問題は、ラムズフェルド委員会がニセのデータを捏造《ねつぞう》したとか、大っぴらに嘘をついたというのではないことだ。彼らは情報機関が集めたのと同じデータを使い、しかしそれに偏見を加えて自己流に解釈したのだ。たとえば、彼らはいわゆる〝ならず者国家〟が長距離弾道ミサイルを開発するにはたくさんの経済的、政治的、技術的な壁があるという現実を無視し、「もし中国が技術を与えたら」とか、「もし中国がすでに完成しているミサイルを与えれば」という具合に、推論を加えることで自分の望む結論に導いていた。

だが現実には、中国がそのようなことをする兆候はまったくなかった。中国自身、金正日《キムジョンイル》体制の不安定な行動には警戒心を高めていたのだ。[*11]

またラムズフェルド委員会は、〝ならず者国家〟が使い物になるミサイルを充分にテストして完成させるには何が必要かということについては述べず、ろくにテストもしないででっち上げた彼らの不細工なミサイルが、アメリカの脅威になるに充分なものかどうか、ということにばかり分析を集中していた。そして、ロッキード・マーティンがかかわった痕跡がはっきり見えるのはその部分である。

『ワシントン・ポスト』紙のある記者が書いた著作によれば、ラムズフェルド委員会が「イラクと北朝鮮は、所有している短〜中距離弾道ミサイルであるスカッドミサイル[*12]の技術を使って、長距離弾道ミサイルを5年以内に完成することができる」と結論したのには、ロッキード・マーティンの技術者たちが重要な役割を演じたとされている。

それによれば、ラムズフェルドは技術者たちからブリーフィングを受けたときに、レポート用紙になぐり書きしてこう言ったという。

「今きみたちが言ったことをここに書いたから、読んでみるよ。要するにこういうことかね？〝スカッドの技術を用いて、どこかの国は約5年以内に長距離ミサイルを完成して試射することが可能である〟これで正しいかね？」

ロッキード・マーティンの技術者たちがそれに同意すると、ラムズフェルド委員会はただちにそれを書き改めてレポートの中心にすえた。こうして、ロッキード・マーティンという民間企業の社員の意見が、アメリカの情報部がみな同意していた結論を覆すことになったのだ[*13]。

ラムズフェルドが真に客観的で公正な人物だったかどうかについても疑いが持たれている。１９９８年にそのレポートが出されたのち、ラムズフェルドは、「安全保障政策センター」から賞をもらっているのだ。その授賞式には退役将官や保守派政治家、右派団体の幹部のほか、ロッキード・マーティンをはじめとする主要軍需企業の代表などが出席している。その賞の授賞式は、同センターが毎年行なう恒例の活動資金集めの催しでもあり、その場でミサイル防衛計画に賛同する人たちを表彰しているのだ。

ラムズフェルドとミサイル防衛推進派との結びつきを示す例はほかにもある。彼は元レーガン政権の閣僚だった二人の人物が設立した「アメリカに力を」という団体の理事にも就任している。この団体は、ラムズフェルド委員会がレポートを出した2、3カ月後の、98年の中間選挙の期間中に、ミサイル防衛計画に批判的な民主党の特定の議員を「アメリカ国民を守ろうとしていない」と攻撃して選挙民を誤誘導する一連のラジオ宣伝を行なっている。

こうして1999年春、議会はラムズフェルド委員会のレポートに影響され、先ほど述べたように〝技術的に可能なかぎりできるだけ早く〟ミサイル防衛システムを配備すべしとの票決を行なうことになったのだ。その動きは、1998年に北朝鮮が弾道ミサイルの発射実験を行なったことによって助けられた。そのときに北朝鮮が発射したミサイルは、アメリカになんら脅威を与えるほどの能力を持つものではなかったが、北朝鮮が長距離ミサイルを開発する意図があることを示すには充分だった。先ほども述べたように、票決には「コストと軍備管理の進展を考慮に入れる」という条件がついてはいたが、なおその票決がミサイル防衛計画を政策と予算の両面で加速させたことは疑う余地がない。

これらのロビー活動は、ただちにミサイル防衛システムの配備に結びつくことはなかったが、クリントン政権と議会に圧力をかけて予算を劇的に増加させる効果はあった。クリントン政権初年度に年間およそ30億ドルだったミサイル防衛関連予算は、2期目の最後の年である2000年には50億ドルまで増加しているのだ。その結果、ロッキード・マーティンが受け取る予算は、ミサイル防衛関係だけでもゆうに10億ドルを超えることになった。

ロッキード・マーティンは、ミサイル防衛システムのすべての分野、つまり短距離、中距離、長距離のすべて、大気圏外（宇宙空間）と大気圏内の両方、地上発射型と海上発射型の両方、さらに目標の探知、追尾、撃破のすべてに参入している。ミサイル防衛システムという巨大なシステムのなかにあるさまざまな分野に漏らさず食い込むことにより、時代や政権が代わってどの分野が重要になっても対応できるようにしているわけである。これまでにミサイル防衛計画関係に割かれた予算をすべて合計すれば１０００億ドル以上に達するが、２００８年の時点の予測によればさらに少なくとも６３０億ドルが注ぎ込まれる予定になっており、それには同社の宇宙配備赤外線探知衛星計画〔敵の弾道ミサイルを探知するための早期警戒衛星システム〕への２３０億ドルも含まれている。

【訳注】

＊７　**委員会**　日本語で「委員会」と訳されるものには民間のシンクタンクもあれば政府や議会のさまざまな機関もあり、名称に統一性がないので注意が必要である。「ラムズフェルド委員会」は議会が作った調査委員会で、政策を研究するシンクタンクではない。

＊８　**ラムズフェルドの宇宙委員会**　この実行委員会は通称「ラムズフェルドの宇宙委員会」と呼ばれる。

＊９　**ラムズフェルド委員会**　これは「ラムズフェルドのミサイル委員会」と言い、たんに〝ラムズフェルド委員会〟と言えばこちらを指す。

＊10　**長距離弾道ミサイル**　それから14年たった２０１２年に北朝鮮が２段式ロケットの弾道ミサイル（北朝鮮は人工衛星と主張）の発射実験を行なったのを見ると、当時のアメリカ情報機関の予測がかなり正確だったことがわかる。ラムズフェルド委員会の主張はもちろんオオカミ少年だった。

＊11　最近中国は、ミサイルそのものではないが、弾道ミサイルを運搬する大型特殊車両を北朝鮮に与えている。

*12　**スカッドミサイル**　冷戦時代に旧ソ連が開発した弾道ミサイルで、おもに旧ソ連圏の同盟国や途上国に輸出され、さまざまな発展型が作られた。北朝鮮のノドンはこの改良型で、テポドンの2段目にも使われている。

*13　技術者は、純粋に技術的な見地から、「現在の技術をもとに、もしこのまま同じペースで研究開発を続ければ、5年後に長距離弾道ミサイルを完成することも可能である」と述べたのであり、その研究開発を続けるための経済的、政治的、人的その他の要素は考慮に入っていない。

ブッシュ政権への巨大な影響力

2001年にブッシュ政権が誕生したのを機に、アメリカの安全保障政策を左右する地位を占めることになる、ポール・ウォルフォウィッツからドナルド・ラムズフェルドからディック・チェイニーに至る一団は、みな「新しいアメリカの世紀のためのプロジェクト」のメンバーであり、ブルース・ジャクソンの仲間だった。ジョージ・ブッシュ自身はメンバーに入っていないが、弟のジェブ・ブッシュ（のちのフロリダ州知事）はオリジナルメンバーである。ジャクソンと他のメンバーの違いは、ジャクソンだけが大手軍需企業に勤めていたという点だ。ジャクソンは政権内部に入らず、外部から影響力を行使する道を選んだ。

一方、彼の仲間であるロッキード・マーティンの一連の幹部たちは、チェイニーや「新しいアメリカの世紀のためのプロジェクト」の一団とともにブッシュ政権内部に入り込んだ。

チェイニーはロッキード・マーティンと強いつながりがある。妻のリン・チェイニーは、クリントン政権時代の1994年からずっとロッキード・マーティンの役員をしており、2001年1月にブッシュ政権が誕生してチェイニーが副大統領に就任する直前に辞めている。彼女がロッキード・マーティンから受け取っていた役員報酬は年俸50万ドル強で、ハリバートン[14]のCEOだったディック・チェイニーが、その関連で何千万ドルもの収入を得ていたのに比べれば〝わずか〟でしかないが、このいきさつだけでも彼らとロッキード・マーティンとの強いつながりを示すには充分だ。

　ロッキード・マーティンからブッシュ政権の政策決定にかかわる地位に就いた人間には、同社の幹部、ロビイスト、法律家などがたくさんいる。たとえば、まず同社のCOO（最高執行責任者）が空軍省事務次官兼アメリカ国家偵察局長官に就任している。国家偵察局というのは、アメリカの偵察衛星の設計、製造、運用、画像の分析などのすべての分野にかかわる部局で、ミサイル防衛システムで探知衛星が受け持つ任務も取り仕切っている。次に、イギリスの核兵器開発・製造、運用を取り仕切る「イギリス原子力兵器機構」の運営の一部を受け持つイギリス・ロッキード・マーティン〔ロッキード・マーティンの100パーセント子会社〕の社長が、アメリカ国家核安全保障局[15]の国防計画副部長に就任。またチリにF-16戦闘機を販売したときのロビイストが、国務省のラテンアメリカ諸国担当次官補に。そして同社の法務関係を一手に引き受けているワシントンの法律事務所の同社担当責任者が、ブッシュの国家安全保障担当次席補佐官に就任している。さらに、同社の副社長だったノーマン・ミネタ[16]とマイケル・ジャクソンの二人は、それぞれ運輸長官と運輸次官に就任した。

　マイケル・ジャクソンはその後2005年に国土安全保障省副長官に昇進した。同省はロッキード・マーティンの重要な収入源である。同省のある元監査官によれば、マイケル・ジャクソンは契約業者に対する監督が甘く、入札をせずに日常的に不適切な随意契約を行ない、何十億ドルものカネが使われたあげく業者が契約を満たせなかったこともあったという。この男が2007年に同省を去るまでのわずか2年間に、ロッキード・マーティンは6億5000万ドル相当の契約を取っている［原注：政府の支出を監視するNPOのデータをもとにした著書の計算による］。それをマイケル・ジャクソンが直接指示した証拠はないものの、元監査官の証言にもあるように、監督を甘くすることで同社に利益を与えていたと推測できる。

だが、もう一人のほうのジャクソン、ブルース・ジャクソンは、同社の他のすべての〝回転ドア〟コネクションによる恩恵を合計したよりも大きな影響を与えたと言えるかもしれない。彼は同社の副社長であると同時に共和党の活動家であり、1996年の大統領選でクリントンと戦って敗れた共和党のボブ・ドール候補[*17]の、二人いた選挙資金調達責任者の一人であり、ブッシュ（子）が大統領候補に指名された2000年の共和党大会で発表した外交政策の草案を書いたのもこの男なのだ。ジャクソンはその少し前に、他の軍需企業の幹部数人に「心配するな。オレが草案を書くんだから」と大口を叩いていたことが他の人の耳に入っている。草案がそのまま政策になるわけではないが、彼が草案を書く役を受け持ったということは、共和党への彼とロッキード・マーティンの影響力の大きさを物語るに充分である。

【訳注】

＊14　**ハリバートン**　石油・天然ガス・建設関係の多国籍企業。イラク戦争後、イラクの米軍基地やアメリカ大使館の建設など大量の工事を受け持った。世界各地で石油やガスのパイプラインの建設

にも関係している。

＊15　**アメリカ国家核安全保障局**　エネルギー省の一部で、核兵器の管理や、原潜や原子力空母の原子力エンジンのメンテナンスなどを含む軍の核関連業務にあたっている。

＊16　**ノーマン・ミネタ**　日系二世で元サンノゼ市長。同時多発テロが発生したとき、運輸長官としてアメリカ連邦航空局長官の決定を覆して、北米大陸上空を飛行中だった3000機以上の民間機を強制的に最寄りの空港に着陸させる命令を出した。

＊17　**ドール議員とロッキード・マーティン**　著者によれば、当時のロッキード・マーティンのCEOノーマン・オーガスティンがアメリカ赤十字の議長だったとき（第8章267ページ参照）の同赤十字の理事長が、ボブ・ドールの妻のエリザベス・ドールで、そのときのコネクションからオーガスティンはボブ・ドールとのつながりを深めたとされる。エリザベス・ドールは2000年の大統領選で共和党の候補者選びに出馬したほか、ブッシュ政権時代に上院議員に当選。

核兵器の〝柔軟な使用能力〟

ジャクソンをはじめとするロッキード・マーティンの幹部たちが支援した軍需産業・保守派同盟は、他国からの核攻撃（現実のものであろうが空想によるものであろうが）に対する防衛だけでなく、アメリカの核兵器の実戦配備とその潜在的な使用の可能性に関する積極的な政策を作りあげるためにも活発に動いた。ネオコンたちの動きとブッシュ（子）政権の核政策のつながりが最もはっきり見えるのは、「国家公共政策研究所」という耳障りのいい名前がつけられた団体〔〝国家〟とついているが、政府機関ではなく民間NPO〕との関係だ。このグループの代表は、かつて1980年の昔に、ある国際政治誌に〝勝利は可能だ〟という、核戦争に関する記事を寄稿して論争の的になった人物で、理事会のメンバーにはローレンス・リバモア国立研究所〔核兵器の研究開発・生産を行なっている。カリフォルニア大学と関係が深い〕の元アナリストや、昔から「包括的核実験禁止条約」に反対している同研究所の幹部、退役した陸軍大将や海軍元帥、保守系政治学者などのほか、レーガン政権のタカ派高官ユージーン・ロストウも名を連ねていた。

「安全保障政策センター」理事でブルース・ジャクソンの同僚の、ロッキード・マーティンの「宇宙および戦略ミサイル部門」副社長チャールズ・クッパーマン〔310ページに前出〕は、この「国家公共政策研究所」の理事でもあった。この研究所はスポンサーの名を注意深く公表していないが、企業から資金の提供を受けていることは認めている。ロッキード・マーティンの副社長が理事だったことを考えれば、おそらくロッキード・マーティンがスポンサーの一つだった可能性は高いだろう。

2001年1月、ブッシュ政権が発足するほんの2週間ほど前に、「国家公共政策研究所」はアメリカの核戦力と軍備管理に関するレポートを発表している。アメリカ政府の核兵器政策に関する指針を示す最も重要な公文書に「核情勢レビュー」〔4年ごとにそのときの政権が発表する〕という文書があるが、2002年にブッシュ政権が発表した「核情勢レビュー」は、この「国家公共政策研究所」のレポートの調子を受け継いでいる。[*18] 同レポートは序文で、同研究所の最も重要なテーマは〝核兵器の廃絶や大幅な削減を求める大衆の要求に対抗すること〟であると明記しているが、ブッシュの「核情勢レビュー」でも、「アメリカの安全保障政策の一環として、核兵器の価値を積極的に認める」となっているのだ。

ブッシュ政権の核兵器政策は、それまでの政権に民主党か共和党かを問わず引き継がれてきた政策に突然別れを告げるものだった。当時、ブッシュの政策を〝新しい思考法〟と呼んだ人たちがいたが、事実はまったく正反対で、ブッシュの核政策は、昔から一部の保守派が唱えてきた「軍事的優位を守り、政治的・戦略的な影響力を行使するための手段として、核兵器の役割を拡大せよ」という主張が勝利したことを示していた。もう少し細かく言えば、ブッシュは核弾頭の数を大幅に減らすことは確約したが、そのかわりに核兵器の役割を劇的に拡大させることを求めていたのだ。たんに保有する核弾頭の数がいくつかということではなく、核兵器をどう使うかについての政策を見れば、ブッシュ（子）政権の考えはレーガン政権時代以前の軍備増強主義とよく似ていることがわかる。

　だが、かつてレーガンは軍備増強を進めたものの、核兵器は最終的に廃絶すべきと考えるに至っている。ところがブッシュ（子）は、戦争における核兵器の柔軟な使用能力を開発することを強調することで核兵器に新たな命を与えた。また彼の父親のブッシュ（父）政権〔１９８９年１月〜93年１月〕は、核戦争のリスクを減らすために陸海軍の戦術核を撤去した〔戦略核および空軍の核は保持〕が、息子のほうは、新世代の低威力核[*19]の開発、実験、実戦配備を呼びかけた。クリントン政権〔１９９３年１月〜２００１年１月〕は、国際間の軍備管理条約を堅持し、アメリカの核兵器政策を変えようと試みたが、ブッシュ（子）政権は１９７２年に結ばれた「弾道弾迎撃ミサイル制限条約」〔アメリカと旧ソ連のあいだで結ばれた。３１２ページ参照〕という重要な国際条約から脱退した。

　このような同政権の核兵器政策は、核以外の軍備管理の動きをも蝕むことになった。

　このように、ブッシュのやり方は「国家公共政策研究所」のレポートに大きく影響されていたが、そのレポートを作ったグループの中心メンバーが、ブッシュ政権の政策を決定する地位に就いているのを見ればそれも驚きではない。たとえば国防長官ラムズフェルドの特別補佐官、ブッシュの国家安全保障担当次席補佐官、ホワイトハウスの国家安全保障会議で核拡散の問題を扱う担当者などみなそうだ。また同研究所の代表は、「核情勢レビュー」の指針をいかに実行すべきかを決定するペンタゴンの助言評議会の委員長に任命された。

ブッシュの政策に「現在や未来の抑止力と、戦時の役割を核兵器にもっと持たせる」という攻撃的な調子をつけたのも、このレポートだ。そこで核兵器の〝戦時の使用の可能性〟に言及しているのはとりわけ不穏な発言である。つまり、抑止だけでなく、戦争になったら使うかもしれないと言っているのだ。彼らの言い分がそのまま通っていたら、イラク戦争で核が使用されていた可能性すらあった。彼らは「もしスカッドの移動式発射機が分散配備されていて正確な位置が特定できなければ、配備されていることが疑われる地域を核攻撃の対象とすることも考えられる」と主張していた。

ブッシュ政権の新しい核ドクトリンの柱となる三つの新しい政策には、すべて「国家公共政策研究所」のこのレポートが反映している。

まずその一つ目は、潜在的な核攻撃の対象となるターゲットを増やしたことだ。ペンタゴンはブッシュ政権から、「潜在的に敵対する可能性がある国と〝偶発的な事態〟が発生した場合に備え、相手国が核兵器を所有していようがいまいが、その国に対して核兵器を使用する作戦計画を立てるよう」指示された。新たに対象となった国には、もともとリストに入っていた中国とロシアのほかに、新たにイラン、イラク、リビア、北朝鮮、シリアなどが追加された。その点に関して、「国家公共政策研究所」のレポートは、地域的な軍事強国が大量破壊兵器を使用した場合に、それらの国に対して核兵器を使用することを推奨していた。その主張は、イラン、イラク、北朝鮮を念頭に置いたものだ。

ブッシュの核兵器政策の二つ目は、核兵器使用の敷居を低くしたことだ。これは同研究所のレポートに書かれていたこととまったく同じだ。それまでのアメリカ政府の政策では、「核兵器の使用が考慮される状況」とは、「アメリカの国家としての生存が脅かされた状況」だけだった。だが、それをブッシュは「生物兵器や化学兵器の使用に対する報復」にまで拡張した。具体的には、イラクによるイスラエルやその周辺国に対する攻撃、台湾海峡における中台の衝突、北朝鮮による韓国への攻撃、またはたんに〝予期しない軍備増強〟があげられていた。もちろん、このことはそのような事態が発生したら必ず核兵器を使用するという意味ではないが、潜在的に核兵器を使用する可能性のある状況がこれほどまで拡張され、それが政策に謳われたことはかつてなかったことだった。

そして三つ目は、〝通常兵器による攻撃で破壊できない標的〟に対して使用する小型核兵器の開発を承認したことだ。具体的には、地下に作られて強固に要塞化した施設を念頭に置いており、それも「国家公共政策研究所」のレポートが強調していたのと同じだった。同レポートは、地下に作られた生物兵器製造施設などの強固に守りを固めた目標に対して、精密誘導による低威力核兵器を使用する能力を強く求めていた。このレポートが発表されると、ペンタゴンの「国防科学評議会」〔第１章・訳注26、第８章268ページ参照〕は、さらにもう一つの潜在的な核兵器使用の可能性として、「ミサイル迎撃ミサイルに核弾頭を搭載することが可能か研究する」と発表した。

国防関係のある専門家は、ブッシュのこの新しい政策を要約して、「核兵器を〝最後の手段〟に限定してその重要性を減らしていこうという、これまで20年近くも続いてきた流れを覆すものだ」と述べている〔原注：『ロサンゼルス・タイムズ』紙、2002年3月10日付のウィリアム・アーキンの記事〕。

ブッシュ政権の核兵器に対するこのような新しい姿勢は、ロッキード・マーティンに経済的な意味をもたらした。同社のビジネスはこれら三つのすべてにかかわっていたからだ。

【訳注】

＊18　ブッシュはそのなかで特定の国に対する核兵器の使用に言及したほか、〝悪の枢軸〟という言葉もそのなかで使われた。

＊19　**低威力核**　このグループは、「核兵器は破壊力が大きすぎるから使えないのであり、小型のものを目標に正確に命中させるなら民間人の被害を小さくすることができ、低威力なら核爆発による放射性物資の飛散も少ないので使ってもよい」と主張した。イスラエルとアメリカのネオコンは、おもにイランの地下核開発施設を破壊することを念頭に置いていた。アメリカは自国の研究機関が5キロトン以下の小型核兵器を研究開発することを「通常の戦争で使用される危険性が高い」という理由で禁じており、ブッシュ政権はこれを転換しようとした。

イラク戦争における最大の受益者

ミサイル防衛計画を拡大し、新しい、より攻撃的な核兵器政策を求めてロビー活動をしていた人たちの多くは、「イラクを攻撃せよ」という大合唱に加わっていた人たちと同じ人たちだった。そしてブルース・ジャクソンはその中心にいた。彼はタカ派のさまざまなシンクタンクと幅広いつながりがあり、ある著名なネオコンは「彼は防衛産業とネオコングループの接着剤だ」と言っていた。

　ジャクソンの仕事は、ブッシュ政権がスタートして「新しいアメリカの世紀のためのプロジェクト」の中心メンバーが政策決定者の地位を占めたことで非常にやりやすくなった。つまり、国防長官にラムズフェルドが、国防副長官にウォルフォウィッツが、そしておそらくすべての顔ぶれのなかで最も強い影響力を持つディック・チェイニーが副大統領に就任したということだ。彼らはみなはじめからイラク攻撃を主張しており、軍事介入を正当化するためにアメリカの大衆を誤誘導した者たちだ。

「新しいアメリカの世紀のためのプロジェクト」は、基本的に人脈作りと戦略を考えるためのグループだったが、シンクタンクとしてのレポートと言えるものもいくつか出している。なかでも最も注目されたのが、「アメリカの国防を再建する」と題されたもので、ブッシュが次期大統領に決定するわずか3カ月前の２０００年9月に発表された。[*20] これを作ったのはおなじみのネオコンの顔ぶれをはじめとする作業グループで、執筆したのはかつて下院軍事委員会のスタッフを務めたことのある、防衛関係を専門とするジャーナリストだった。この人物は２００２年〔イラク戦争の前年〕に「新しいアメリカの世紀のためのプロジェクト」を辞めると、ロッキード・マーティンの副社長に就任した。

　この人たちの顔ぶれを見れば驚くにあたらないが、このレポートは軍事予算を5年間におよそ７５０億～１０００億ドル増額することを主張していた。ロッキード・マーティンにとってはありがたかったのは、このレポートが当時すでに予算超過でトラブルになっていたF-22ラプターの予算をさらに増額することを強く認めていたことだ。もっとも、公平さのために正確に言えば、このレポートはなんでも増額しろと言っていたわけではない。彼らはラプターの予算を増やすかわりに、やはりロッキード・マーティンが開発中のF-35を中止するよう求めていた。もしそうなっていれば、短期的にはロッキード・マーティンにとって収益が上がっただろうが、両方を同時に進めるのに比べて長期的に見れば大儲けにはほど遠くなっただろう。

だが結局、心配する必要は何もない状況が訪れた。２００１年９月11日に同時多発テロが起きて、ペンタゴンの軍事支出が急激に膨れあがり、ラプターもF-35もともに生産を続けることになったからだ〔その後のいきさつは第1章に詳述〕。

このレポートで最も注目しなければならないのは、「新しいアメリカの世紀のためのプロジェクト」の中心グループが、将来にわたってアメリカの圧倒的な軍事支配を要求していたことだ。このグループは、冷戦後の世界に平和を築くことにより恩恵を求めるではなく、２００９年にゲイツ元国防長官がラプターに関する議論のなかで漏らしたところによると、「軍事的なライバルがいなくなったことを利用して、一挙に世界を制圧してしまえ」という態度だったという。実際、そのレポートには、「世界規模のライバルがいなくなった今、アメリカはこの有利な地位を可能なかぎり遠い将来まで維持することを大戦略とするべきであり、そのためには地球規模で世界を圧倒できる軍事力が求められる」と書かれている〔原注：「新しいアメリカの世紀のためのプロジェクト」のトーマス・ドネリーによるレポート〝アメリカの国防を再建する〟２００２年〕。そこには、外交や軍備管理や経済統合などの政治的な方法によって国際間の衝突を防ぐことで安全保障を実現しようという姿勢がまったく見られない。

「新しいアメリカの世紀のためのプロジェクト」の活動をさらに拡大する仕事に加え、イラクの政権を取り替えようというジャクソンの努力は、とりわけ「イラク解放委員会」の活動に助けられていた。このグループもジャクソンが設立を手助けしたもので、彼はその最初の活動資金の調達に協力すらしている。そのときの協力者の一人は昔から共和党の支援者で、「NATO拡大のためのアメリカ委員会」でもジャクソンと一緒に仕事をした仲間だ。

イラク攻撃が始まる前の数カ月間、「新しいアメリカの世紀のためのプロジェクト」と「イラク解放委員会」のメンバーはとくに活発に動き、ブッシュ政権が戦争の大儀を確立するのを助けた。ブッシュ政権がサダム・フセインを追放しなければならない理由としてあげた議論の柱は、

1　サダム・フセインは核兵器、生物兵器、化学兵器を急速に開発している。

2　サダム・フセインはアル・カイダにそれらの兵器を供給する可能性がある。

の二つだった。[*21]

しかし、いくら努力しても彼らはイラクとアル・カイダのつながりを証明できなかった。それは当然で、サダム・フセインは世俗主義〔政治や国の統治は宗教から独立していなければならないとする主義〕の社会主義者であり、イスラム主義のアル・カイダと相容れるはずがなかったのだ。ブッシュ政権の主張の支持を得るため元CIA長官ジェームズ・ウールズィー〔クリントン政権1期目に2年間ほどCIA長官を務めたが評判は悪かった〕が2002年に西欧諸国を訪問したが、西欧の高官たちはみなイラクとアル・カイダのつながりを否定し、ウールズィーは手ぶらで帰った

というおまけもある。

アル・カイダとイラクの結びつきが怪しくなってくると、ブッシュ政権は開戦の大儀を今度は大量破壊兵器に切り替えた。のちにポール・ウォルフォウィッツは雑誌のインタビューで、「大量破壊兵器を理由にしたのは、それがアメリカ国民にこの戦争を売り込むいちばんよい方法だと考えられたからだ」と語っている。だが核兵器はもちろん、生物兵器も化学兵器も見つからず、ブッシュ政権は国連の調査官たちがまだ調査を終えていないのに大急ぎで開戦に踏みきった。

そしてバグダッドが陥落し、サダム・フセイン体制が崩壊してブッシュが戦争終結宣言を出し、それから国連の調査隊とアメリカのいわゆる〝イラク査察グループ〟の二つによる徹底的な調査が行なわれたが、ともに大量破壊兵器も大きな開発計画も存在しなかったと結論した。

だがそれにもかかわらず、「新しいアメリカの世紀のためのプロジェクト」はまだ大量破壊兵器の議論にしがみつき、２００５年４月には「イラクに大量破壊兵器はなかったという結論は、当時のサダム・フセイン政権の関係者への聴取をもとに出されており、真偽のほどはわからない」と主張している。しかしそれは正しくない。国連とアメリカ政府の査察は、ともにイラクの関係者への聴取だけでなく、情報機関が疑いを指摘した数限りない場所を専門家が徹底的に調べているのだ。[*22]アメリカの専門家も国連の専門家も、２００３年３月の開戦前に、すでに「何一つ発見していない」と報告していた。

一方、「イラク解放委員会」の中心メンバーの一人だったランディ・シューネマン〔ユダヤ系〕という男は、アハマド・チャラビーという亡命イラク人を、サダム・フセイン政権崩壊後のイラクの指導者に祭りあげようと画策した。この動きには、「新しいアメリカの世紀のためのプロジェクト」の元メンバーであるラムズフェルドやウォルフォウィッツやリチャード・パールも加わっている。だがチャラビーは過去に銀行詐欺事件を起こしたり、サダム・フセインが大量破壊兵器を保有しているという怪しげな情報をＣＩＡに流したりしていたことから、ＣＩＡも国務省もこの男を信用しておらず、ましてイラクのリーダーにするつもりはなかった。だが、ラムズフェルドとウォルフォウィッツは強硬にこの男を支持し、２００３年のイラク攻撃とともにイラクに送り込んだ。

　だがイラクの人々はこの男を支持しなかった。しかもチャラビーはイラクに帰国したのち、秘密情報をイランに流していた疑惑が発覚した。こうして、チャラビーを新しいイラクの指導者に祭りあげようとした「新しいアメリカの世紀のためのプロジェクト」と「イラク解放委員会」の望みはつぶれたのだ。だが、イラク戦争を推進した彼らの努力自体は成功し、さまざまな結果をもたらした。

「イラク解放委員会」のメンバーで、戦争の大義を最も活発に宣伝した一人に、元アメリカ南方軍〔中南米とキューバ、西インド諸島を守備範囲とするアメリカ統合軍〕司令官だったバリー・マカフリー〔アイルランド系〕という退役陸軍大将がいる。マカフリーはイラク戦争が始まる数カ月前にＮＢＣニュースのコンサルタントになり、開戦後も引き続きＮＢＣとそのケーブルテレビ数局の番組に毎日のように登場して、１０００回以上にわたってイラク情勢に関するコメントを述べている。彼のコメントはさまざまなニュースで文字どおり数千回も引用された。

　だが、マカフリーはその一方で、イラク戦争がらみの仕事をもらおうとする軍需企業数社からロビイストとして雇われ、数万ドルを受け取っていた。『ニューヨーク・タイムズ』紙は、「NBCのニュース番組でマカフリーが繰り返してきた発言が、軍需企業の利権に沿ったものだったことは、視聴者にまったく知らされていなかった。彼は冷静な軍事専門家としてテレビに登場し、自分が番組のなかで議論している戦争に関係する仕事をもらおうとしている企業を手伝っていることは微塵《みじん》も見せていない」と書いている〔原注：『ニューヨーク・タイムズ』紙、2008年11月29日付のデービッド・バーストウの記事「ある男の軍産メディア共同体」〕。

マカフリーは、ペンタゴンが組織的に行なった「退役した将軍たちを動員して頻繁にテレビに登場させ、ブッシュ政権のイラク戦争の正しさを視聴者に売り込む」という作戦の中心人物だったのだ。それらの退役将軍の多くは防衛産業とつながっていた。

2007年、マカフリーはある中堅軍需企業と契約を交わしたときに、越えてはならない一線を越えてしまったようだ。彼は、東ヨーロッパのある国が使用している装甲兵員輸送車両をイラクに送る事業を受注できるように、その軍需企業からロビー活動を依頼されたのだ。彼は当時のイラク駐留アメリカ軍司令官デービッド・ペトレイアス〔2011年9月よりCIA長官。オランダ系〕に手紙を送り、「この会社ほど素早く、経済的で、確実なところはない」とこの企業を売り込んでいた。

結局、イラクが大量破壊兵器を所有しているとして歴史を書き替えようとしたネオコンとブッシュ政権の企ては不成功に終わった。イラクに大量破壊兵器はおろかその開発計画すらなかった証拠が浮上すると、ブッシュ政権は大きく信用を失った。だがそれにもかかわらず、2004年の大統領選挙でブッシュは再選され、戦争も続いた。ある専門家の計算によれば、アメリカがイラク戦争にかけた戦費は総額3兆ドルを超えていると言う〔原注：『ファイナンシャル・タイムズ』紙、2008年2月23日付のジョセフ・スティグリッツとリンダ・ビルムスの記事「3兆ドルの戦争」より引用〕。人的被害はさらに大きく、アメリカ軍〔および多国籍軍〕の死者は数千人、負傷者は数万人、そして数十万人に及ぶイラク人が死亡した。

このように他の人たちが苦しむ一方で、ロッキード・マーティンは利益を伸ばした。F-16戦闘機は言うに及ばず、イラクで使われたクラスター弾[*23]を発射する多連装ロケットランチャー（発射機）や、ヘルファイアー空対地ミサイル〔おもに攻撃ヘリコプターに搭載され、戦車や装甲車両への攻撃に使われる〕もロッキード・マーティン製だ。戦争が激しくなるにつれ、ロッキード・マーティンはイラクの米軍基地の通信システム構築の一部も受注した。こうしてロッキード・マーティンは、ハリバートンと並び、イラク戦争最大の受益者の一つとなったのだ。

【訳注】

＊20　大統領選挙は11月だが、票のカウントにいかさまがあった可能性から数えなおしが行なわれ、当選決定は12月にずれ込んだ。

＊21　**イラク戦争の大義**　ブッシュははじめ、同時多発テロの首謀者オサマ・ビン・ラディンの後ろにイラクのサダム・フセインがいる、という理屈でイラク攻撃の正当性を主張した。

＊22　彼らは可能性を指摘されたビルの床下や基礎はおろか、砂漠の土まで重機を使って何千トンも掘り起こして調べた。

＊23　**クラスター弾**　容器状の弾体のなかに小さな子爆弾を多数収納し、空中で子爆弾を放出してばらまくことにより、広範囲にわたって地上に被害を与えることを目的とした爆弾。おもに対人殺傷

用で、不発弾の爆発で民間人に被害が出るケースが多いため、国際条約で禁止しようという動きがあり、100カ国以上が署名し、EUを含む数十カ国が批准しているが、主要使用国は応じていない。航空機から投下する爆弾タイプと、地上の発射機から発射するロケット弾タイプがある。日本は、国の面積に比較して国土防衛で守らねばならない長大な海岸線を持つという特殊な事情があるため保有している。

政権党が代われば乗り換える

共和党のブッシュ政権やイラク戦争のロビーグループと結びつくことで、ロッキード・マーティンはたっぷり儲けたが、彼らは民主党幹部とのコネクションも開拓していた。民主党との接点の中心は、2007年にミシェル・フロアノイ〔女性、フランス系〕とカート・キャンベルという民主党の二人が設立した「新アメリカ安全保障センター」というシンクタンクだ。二人はともに、クリントン政権時代にペンタゴンの高官を務めた官僚で、のちのオバマ政権でフロアノイは政策担当国防次官に就任した。これはペンタゴンのナンバー3の地位だ。キャンベルは国務省に移り、東アジア・太平洋担当国務次官補に就任した。

ロッキード・マーティンは、この「新アメリカ安全保障センター」に資金提供している主要軍需企業十数社の一つである。カート・キャンベルは、国務次官補への就任に必要な承認を得るために出席した上院外交委員会の指名承認公聴会で、「兵器メーカーから継続的に資金援助を受けているのは利益相反行為にあたるのではないか」と質問され、次のように答えている。

「私ども（新アメリカ安全保障センター）のレポートは、ずば抜けて大きな称賛を受けていると思います。レポートのすべてをごらんになってください。そうすればおわかりになると思います。私ども（新アメリカ安全保障センター）は、兵器システムについて論じたりなど絶対にしません。国防システムについても語りません。……確かに、新アメリカ安全保障センターはいくつかの防衛産業の企業から援助を受けておりますが、それらの企業がワシントンの他の組織を援助している額に比べれば、（金額的に）比較にならないレベルです。真実を述べるなら、私が思いますに、それらの他の組織もまた強い国防力に関心があるかもしれませんし、国防を大切にする人たちと密接に連携しあって仕事をしたいと願っているかもしれません。したがいまして、私はこのこと（兵器メーカーから支援を受けていること）にまったく問題はないと思います」

だが、キャンベルが断言した「新アメリカ安全保障センターは、兵器システムについてなど絶対に語らない」という主張は正しくなかったと、のちにわかることになる。彼らは2010年2月に発表したレポートのなかで、「たとえロッキード・マーティンの予算超過の責任を免除してでも、F‐35などのために軍事予算を増加させるべきだ」と主張しているのだ。ロッキード・マーティンから見れば、これ以上素晴らしいシンクタンクの分析はないだろう。そのレポートはキャンベルが同センターを辞めたあとに出されたものだが、なお同センターの姿勢をはっきり示していることに変わりはない。彼らはキャンベルが「絶対にしない」と言ったことをしているのだ。

とはいえ、このことで私は、キャンベルやフロアノイなどの官僚が、ロッキード・マーティンその他の兵器メーカーに囲われていると言っているのではない。しかし、彼らが設立して中心的な役を演じたシンクタンクが兵器メーカーから資金の提供を受けていたということは、間違いなく利益相反行為の光景を作りだしている。ここで少なくとも言えるのは、影響力のあるシンクタンクの機嫌を取ることに関するかぎり、そのシンクタンクが共和党だろうが民主党だろうが、ロッキード・マーティンやその仲間にとってはどうでもよいということだ。

第10章

世界制覇を目指す

ロッキード・マーティンのビジネスの大きな部分は、軍用機やミサイルの開発・生産が占めているものの、90年代に合併によって生まれたこの新しい企業は、たんなる兵器メーカーだった旧ロッキードとは比較にならない広い範囲にまで活動を広げている。その活動の多くは、2001年9月に起きた同時多発テロ以後、急激に膨張したブッシュの〝テロとの闘い〟に関係している。

捕虜・テロ容疑者の尋問ビジネス

ロッキード・マーティンがかかわるさまざまな業務のなかで、おそらく一般に最も知られていなかったのが、イラク国内やキューバのグァンタナモ米軍基地内の収容所で行なわれていた、武装勢力の捕虜やテロ容疑者の取り調べだろう。あの忌まわしいアブグレイブ刑務所のスキャンダルが明るみに出たのに続き、民間企業の社員が捕虜の尋問をしていたことを知って、ほとんどのアメリカ人は愕然となった。人権問題の専門家は、彼らが用いた〝強化尋問法〟の多くは拷問以外の何物でもないと断定した。裸にされた容疑者が軍用犬をけしかけられている写真などがメディアやネット上を駆けめぐったが、事件の責任を問われたのは虐待に直接かかわった下っ端の軍人や職員だけだった。法治国家としてのアメリカの評判は大きく傷ついた。

解明が進むにつれ、それらの事件には「ＣＡＣＩ」と「タイタン・コーポレーション」という二つの軍事会社の社員がかかわっていたことがわかった。陸軍の内部調査で「ＣＡＣＩ」の社員が捕虜を虐待していたことが判明したほか、別の民間人が刑務所に収容されていたイラク人をレイプしたという訴えもあった。その結果、６人の社員が起訴相当として司法省に報告されたが、起訴された者は一人もいなかった。だが２００７年に解明された別の事件では、ＣＩＡに雇われた民間人が、アフガニスタンで捕虜に暴行を加えて死亡させていたことが立証され、懲役８年６カ月の判決が下った。

現地の事情に詳しいジャーナリストによれば、アブグレイブで民間軍事会社の要員は例外どころか〝なくてはならない存在〟で、そこに勤務する20名の通訳はすべて「タイタン」から、情報分析官と尋問官のほぼ半数近くが「ＣＡＣＩ」から派遣されていたという。

ロッキード・マーティンの尋問ビジネスとのかかわりは、同社がこの「タイタン・コーポレーション」を２００３年９月に吸収合併しようとしたことから始まった。そのときロッキード・マーティンの幹部たちは、まもなく自分たちがアブグレイブの拷問スキャンダルの真っただ中に立たされるとは夢にも思わなかった。吸収合併の動きが始まったのは、アブグレイブでの虐待の写真が公表されてタイタンの社員への追及が始まる6カ月前のことだったのだ。

だが2004年はじめになって、「タイタン」が海外で起こした贈賄事件について司法省の捜査を受けていることが明らかになると、合併交渉の雲行きが怪しくなってきた。そのときはまだ同社の社員によるアブグレイブの虐待事件は明らかになっていなかったが、同年5月にそれがわかったのちも、そのことはロッキード・マーティンにとって、「タイタン」を買い取るかどうかの決定に影響しないようだった。同社にとって重要なのは、あくまでも贈賄事件のほうだったのだ。同社自身が過去に賄賂事件でトラブルになった経験があるため、同じ問題を起こした会社を買い取るのには気が進まなくなった。結局、ロッキード・マーティンは「タイタン」の合併を断念し、提示していたオファーを引っ込めた。

2005年3月、ロッキード・マーティンの懸念は正しかったことがわかる。「タイタン」は、アフリカのベナン共和国の大統領選挙で現職大統領が再選されるよう、200万ドルの賄賂を渡した廉《かど》で有罪判決を受け、罰金と懲罰金合わせて2850万ドルを支払った。[*3]

こうして「タイタン」の買い取りではつまずいたが、まもなくロッキード・マーティンは別の二つの会社を吸収することにより、捕虜やテロ容疑者の尋問官と通訳を供給する業務にかかわっていくことになった。

その一つは「サイテックス・コーポレーション」といい、ロッキード・マーティンは2005年にこれを買収した。「サイテックス」はアブグレイブを含むイラクの3カ所の刑務所に尋問官と通訳を派遣していた。その正確な人数はわかっていないが、あるとき「サイテックス」が〝情報分析官〟を一挙に120名も募集したことがあり、その多くに「イラクで尋問と通訳ができる能力が必要」という条件がついていた。

だがその後まもなく、「サイテックス」の尋問官の仕事ぶりに関する深刻な問題がわき起こった。陸軍の監査官が、「アフガニスタンのバグラム基地に勤務するサイテックスの尋問官4名のうち、2名は陸軍の正式な尋問法のトレーニングを受けていない」と報告していたことが判明したのだ。米軍の正式なトレーニングには、ジュネーブ協定で決められた戦争捕虜の扱いに関する指示が含まれており、尋問官がそのトレーニングを受けることは非常に重要なのだ。[*4]

ロッキード・マーティンと尋問ビジネスとのつながりは「サイテックス」だけではない。それより前の2003年にも、同社はもう一つの企業、「アフィリエイティッド・コンピューター・サービス社」（略してACS）の、尋問官と通訳を派遣する部門を買収している〔ACSの本体はIT関係の大企業〕。その部門は、キューバのグァンタナモ基地の収容所に最大で50名の尋問官、通訳、情報分析官を派遣する契約になっていた。ところが2007年にFBIが公表した資料によって、同社の尋問官が政府の職員を指導、監督していたことが明らかになったのだ。民間人が政府の人間を指導、監督するのは違法行為である。また同社の尋問官がアブグレイブの捕虜虐待に加わっていたことも明るみに出た〔原注：『ワシントン・ポスト』紙、2007年1月7日のグリフ・ウィットとリネイ・マールの記事「契約企業が虐待をしていた」より引用〕。ロッキード・マーティンのスポークスマンは、FBIの報告にある出来事が起きたのは同社が買収するより前のことであり、同社が指示してやらせたのではないと釈明した。

だが、ロッキード・マーティンが直接雇った人間が、容疑者を虐待したケースも明るみに出ている。司法省の監査官事務所によれば、アラブ系オーストラリア人が3年間にわたってキューバのグァンタナモ基地の収容所に入れられ、ロッキード・マーティンに雇われた民間人の尋問官から暴行を受けていたという。海軍の犯罪調査局が調査を開始したが、今のところ結果は何も報告されていない〔原注：『ワシントン・ポスト』紙、同前〕。

アメリカのインテリジェンス活動の外部委託に詳しいあるジャーナリストによれば、ロッキード・マーティンは、米軍による捕虜やテロ容疑者の尋問にかかわった最大の業者だったが、おもな活動は2007年に終わったという。その時点で同社はまだ尋問官の募集を行なっていたが、同社のスポークスマンは、その後はもう尋問の仕事にかかわっていないと言っている。

【訳注】

＊1　**グァンタナモ米軍基地**　キューバにあるアメリカ海軍の基地。20世紀はじめより米軍がキューバ政府から租借していたが、60年代はじめにカストロのキューバ革命が成功したのち、キューバ革命政府は基地の存続を認めていないため、米軍が実効支配している。アメリカ領でないことからアメリカの国内法が適用されないことを利用して、ブッシュ政権はテロ容疑者やイラクやアフガニスタンで拘束した捕虜を収容し、その後も多くを起訴も裁判もないまま拘束している。オバマ政権は彼らをアメリカ国内の刑務所に移す（すなわちアメリカの法律が適用されることになり、裁判でも人権が守られる）と公言していたが、その後右派の圧力を受け後退した。

＊2　**アブグレイブ刑務所のスキャンダル**　バグダッド近郊にあるアブグレイブ刑務所で米軍兵士が行なっていた、イラク人捕虜に対する拷問や虐待が明るみに出たスキャンダル。

＊3　**外国政府関係者に対する贈賄で有罪**　現在アメリカには、アメリカの個人や企業が外国の政治家や政府関係者に賄賂を渡すことを禁じる法律があり、対象にはアメリカに上場している外国企業

も含まれる。70年代のロッキード事件のときにはまだその法律がなく、70年代末にこの法案を議会に提出したのは、第4章〜第6章に登場したプロクスマイアー上院議員である。

＊4　**サイテックスの社員**　アフガニスタンのバグラム、イラクのアブグレイブ、キューバのグァンタナモのすべてにおける捕虜の拷問、虐待に加わっていたと言われている。

世界最大のインテリジェンス企業

とはいえ、捕虜やテロ容疑者の取り調べに関係する業務は、ロッキード・マーティンがアメリカのCIA（中央情報局）やNSA（国家安全保障局）やDIA（国防総省情報局）その他のインテリジェンス機関のために行なっている仕事全体から見れば、ごく小さな一部分でしかない。アメリカのインテリジェンス・コミュニティー[＊5]の予算のうち、ほぼ4分の3近くが民間の委託業者に支払われていると言われており、それが年間およそ500億ドルにも及ぶ巨大な市場を作りだしている。前出のジャーナリストによれば、そこにはおよそ100社がひしめいており、ロッキード・マーティンはその最大手なのだという。同社は世界最大の軍需企業であるばかりでなく、世界最大のインテリジェンス企業でもあるのだ。

実際、同社の「インテリジェンスおよび国土安全保障プログラム」のディレクターは、2005年に業界のミーティングでこう言っている。

「人はみな、政府機関の〝あの人たち〟のことを〝インテリジェンス・コミュニティー〟だと言いますが、あなた方（仕事を請け負っている会社の社員）こそ、インテリジェンス・コミュニティーそのものです。実際、おそらくあなた方は、コミュニティーの最大の部分を占めているのです」〔原注：以下の記述の多くはティム・ショロック著『スパイ募集――インテリジェンス業務委託の秘密の世界』Tim Shorrock, *"Spies for Hire: The Secret World of Intelligence Outsourcing"* より引用〕

事情に詳しいジャーナリストによれば、諸外国にあるアメリカ大使館がその国に張りめぐらせているスパイのネットワークの運営も、シギント活動も、秘密作戦も、敵のスパイ容疑者の尋問も、みな民間会社のスタッフが行なっているのだという。[*6] 多くの場合、請け負い業者がそれらの仕事を行なうのを監督する業務もまた、民間の軍需企業が請け負っている。さらに、さまざまな活動に割りふる予算ですら、契約企業のスタッフが予算案を書いている。

ロッキード・マーティンがかかわっている重要なプロジェクトの一つに、上空を飛んでいる戦闘機パイロットや無人偵察機と地上部隊の指揮官や情報アナリストをインターネット経由でつなぐシステムの構築がある。これはインテリジェンスと監視と偵察の三つをすべて一つのワークステーションに統合するもので、地上でターゲットを認識してから上空のパイロットや無人機に正確な攻撃目標とその位置を伝える時間を、以前は数時間かかっていたものを文字どおり数分に短縮できるという。だが、そのように短時間にターゲットを決定することにより、戦闘とは無関係の民間人が巻き添えになる可能性が高まる危険性はもちろんある。

オバマ政権になってから、パキスタンとアフガニスタンで〝プレデター〟無人偵察攻撃機による攻撃が急増しているが、それとともに誤爆による民間人の死傷者も急増しており、現地の反米感情が高まっている。だが、この方法でタリバンやアル・カイダの指導者や指揮官の多くの殺害に成功しているため、オバマ政権は無人機による攻撃をさらに増やす計画だ。

【訳注】

＊5 **インテリジェンス・コミュニティー** 異なる省庁や軍に属するさまざまな情報機関をまとめた総体として呼ぶ言葉。アメリカの場合はCIA、NSA、DIA、FBIなどのほかにも、軍、国土安全保障省、エネルギー省、財務省その他に属する計16の機関がある。

＊6 **シギント** 〝シグナルズ・インテリジェンス〟の略で、おもに電波情報の収集により行なう諜報活動。その世界最大の組織がアメリカのNSAである。

アメリカ国民を監視する

ロッキード・マーティンが請け負ったインテリジェンス業務のなかで最も議論を呼んだのが、アメリカ国民の電話番号やクレジットカード番号などの個人情報を集める仕事だった。この業務はブッシュ政権による〝テロとの闘い〟の一環として始まったものだが、集めた個人情報を国の安全保障以外の目的に使うこともできるため、プライバシー保護団体から非難が集中した。2003年にこの活動の詳細が判明すると、議会はその活動の予算を取り消したが、おそらく今でもその一部をNSAが異なる形態で続けていると思えるフシがある［原注：ティム・ショロック著『スパイ募集――インテリジェンス業務委託の秘密の世界』より］。

ロッキード・マーティンはまた、ペンタゴンの「防諜現場活動」と呼ばれる国内の情報収集活動を行なっている。その任務は、アメリカ国民の個人情報を集め、少しでも疑いのあるものはすべてデータベースに保存するというものだ。だがそれは、「誰かが軍にとって脅威になるかどうかは軍の指揮官が決める」ということだと指摘する人もいる。つまり、彼らの判断でいくらでも容疑者を作りだすことができてしまうことになるのだ〔原注：『ワシントン・ポスト』紙、2005年10月29日付のウィリアム・アーキンの記事「軍情報部による国内の活動が再開」より引用〕。実際、データを集められた人の多くは反戦平和団体のメンバーだった。国内のインテリジェンス活動を監視するある評議会は「国民の個人情報を不適切かつ許可されていない方法で収集している」とペンタゴンを強く非難した。[*7] このプロジェクトでロッキード・マーティンが請け負った仕事には、収集したデータの分析、進行中のインテリジェンス活動のモニターなどのほか、〝将来の脅威の予測〟などという曖昧なものもあった。同社はこの活動の人材を募集するため、2006年に広告を出している。

【訳注】

＊7　**国内の防諜とプライバシー**　このデータベースはラムズフェルドが国防長官のときに作ったもので、辞任後の2008年に廃止された。一方、たとえば中国のスパイに盗まれているアメリカの情報や最新技術は何千億ドル相当にも及ぶと言われており、国内の防諜と国民のプライバシーの問題は解決が難しい大きなジレンマである。

ＮＳＡ（国家安全保障局）との関係

ロッキード・マーティンとＮＳＡの関係は、50年代にＣＩＡの指示でＵ２偵察機を飛ばして得た情報を、ＮＳＡと共有した時代に始まった〔Ｕ２の運用は空軍のスタッフが行なっている〕。ＮＳＡが50億ドルの予算をかけて10年がかりで行なった、同局内の内線電話とコンピューターネットワークの再構築プロジェクトもロッキード・マーティンが請け負った。その工事ではコンピューターがフリーズしたり、電話に雑音が入って何時間も使えなくなるなど数々の技術的なトラブルが発生した。

90年代にロッキード・マーティンは、いわゆる〝エシュロン〟[*8]と呼ばれる、全世界の電話やファックス、Ｅメールなどの通信を傍受して情報収集するシステムの構築・運用に参入した。１９９７年、イギリスにあるＮＳＡの基地に勤める女性が、アメリカの保守派政治家の電話会話をエシュロンが傍受していたことを内部告発し、一騒動持ちあがった。それに関連して、98年には欧州議会〔ＥＵの議会〕が、「アメリカはエシュロンを使って情報を収集し、ヨーロッパの企業からビジネスを奪ってアメリカ企業に与えている」とレポートした。その当時のクリントン政権のＣＩＡ長官だったジェームズ・ウールズィー〔第９章３２９ページに登場〕は、２０００年3月に『ウォールストリート・ジャーナル』紙の「なぜ我々は同盟国をスパイするのか」という記事のなかでその活動を認め、「ヨーロッパの友人たちよ、確かに私たちはあなた方をスパイした。それはなぜか？　それはあなた方が賄賂を使ってビジネスをするからだ」と述べている。[*9]

【訳注】

＊8　**エシュロン**　アメリカをはじめ、イギリス、カナダ、オーストラリア、ニュージーランドのアングロサクソンが建国した5カ国のあいだでシギントを分かちあうことを目的に作られた、NSAが中心になって世界じゅうを漏れなくカバーする情報収集システム。NSAとエシュロンについては、『インテリジェンス　闇の戦争』（ゴードン・トーマス著、玉置悟訳、2010年、講談社刊）にもう少し詳しく、かつ一般書として簡潔に書かれています。興味のある方はご参照ください。

＊9　アメリカの企業は70年代末にできた法律により、それができないことになっている。341ページの訳注3を参照。

パキスタンとアフガニスタンでスパイ組織を運営

だが、最近暴かれた出来事に比べれば、エシュロンが同盟国の通信をスパイしていることなど、直接手を血で汚すことのないきれいな遊びごとのように見える。ロッキード・マーティンはパキスタンとアフガニスタンで、アメリカ陸軍の資金を使ったスパイのネットワークを運営する活動にかかわっていたのだ。2010年5月半ば、『ニューヨーク・タイムズ』紙は、ロッキード・マーティンの指示により同社の下請け数社が、武装集団のメンバーを捜しだして殺害するための情報収集を行なっていたと報道した。同社がその活動にかかわった理由は、パキスタンに駐留できる米軍関係者の数が規則により制限されており、またスパイ活動にかかわる民間会社を陸軍が直接雇うことが規則で禁じられているため、それらの規則をすり抜けるためだった。

ロッキード・マーティンはこの仕事を2200万ドルで請け負い、3社以上の軍事会社を下請けに使った。この活動の中心人物は、元CIA工作員で、80年代にレーガン政権のイラン・コントラ事件*10にかかわった男だ。ロッキード・マーティンはこのスパイ作戦を、「アメリカ特殊作戦軍」〔陸・海・空・海兵4軍の特殊部隊を統合する「アメリカ統合軍」の一つ〕から請け負った。ペンタゴンは、このスパイ作戦は2010年半ばに廃止されたと言っている。

この作戦の陸軍側の窓口は「統合特殊作戦コマンド」〔「アメリカ特殊作戦軍」の下部組織の一つ〕の元司令官で、その人物はその後国務省の対テロ戦略コーディネーターを務めたのち、2009年末近くにロッキード・マーティンの子会社PAE〔後述〕の社長になった。もしかすると、ロッキード・マーティンと「特殊作戦軍」のあいだの橋渡しをしたのはこの男だったのかもしれない。

【訳注】

*10 **イラン・コントラ事件**　レーガン政権時代の80年代、中米のニカラグアでは社会主義政策を進めるサンディニスタ政権が大衆の支持を得て力を増していた。レーガン政権とCIA工作本部はこれを転覆すべく、隣のエルサルバドルやホンジュラスで右翼武装組織「コントラ」を組織してニカラグアに送り込んでいた。だが、アメリカ議会は「コントラ」に武器を与えるための予算を認めなかったため、レーガン政権とCIA工作本部は敵国イランに兵器を売って裏金を作っていた。だが「コントラ」が極悪非道の殺戮《さつりく》を行なっていることがアメリカ国内で報道されるようになると、それを支持しているレーガン政権に対する国民の非難の声が高まり、さらに議会の承認を得ずにイランへの兵器売却という違法行為を行なっていたことが発覚すると、議会の追及が激しくなったが、レーガンは任期満了で逃げきった。この事件は、ニクソンのウォーターゲート事件をもじって「レーガ

ンのイランゲート事件」とも呼ばれる。

ソフトパワー市場へも積極進出

テロ容疑者の取り調べや現地の情報収集や監視業務には最も批判が集中したが、兵器メーカーが普通はやらない業務にロッキード・マーティンがかかわった例はそれだけではない。そのほかにも、警察官や平和維持活動要員の訓練、旧ユーゴスラビアやウクライナでの選挙の監視員のリクルート、海外の米軍基地における施設の建設、内外各地の米軍基地で消防隊を組織、さらにアフガニスタン憲法の作成の支援などというのまである。

２００９年4月、番外がもう一つ加わった。慈善活動として、「アメリカ平和協会」に１００万ドルを寄付すると発表したのだ。その理由は、同社が同協会の任務と合致する仕事をしていることを強調するためということだった。「アメリカ平和協会」というのはレーガン政権時代に議会が作ったもので、政治的に完全に中立な団体として、国際間の問題を暴力的な方法によらずに予防・解決し、平和を推進することを理念にしている〔活動費をアメリカ政府が出していたが、財政悪化のため２０１１年に拠出は中止された〕。同協会によれば、ロッキード・マーティンからの寄付はおもに同協会の重要なイベントである、著名人を招いて講義を依頼する経費に使われるということだった。同協会はロッキード・マーティンを、一連の講義などの教育活動のスポンサーとして、また同協会のパートナー企業として、〝大々的に〟認定すると発表している。

今のところ、ロッキード・マーティンがスポンサーであることが講義の内容に影響するようなことは起きていない。同社が寄付をしたのち、最初に講義をしたのは国務長官ヒラリー・クリントンで、話の内容は、オバマ政権が不退転の態度で臨んでいる核兵器管理についてだった。

ロッキード・マーティンにとって、「アメリカ平和協会」とこのように近しい関係を持ったのは、宣伝活動として明らかに画期的なことだ。これは同社が〝強欲な死の商人〟のように見られるイメージを払拭しようという作戦の一環だった。だが、戦闘機やミサイルやその他の兵器はもとより、核兵器まで作っている会社が、平和を広める活動を行なうNPOから情熱的に認められているなどということに理屈が通るだろうか？

同社のCEOロバート・スティーブンスは、寄付の発表を行なったときにこう述べている。

「わが社には、世界の平和維持や安定をサポートしている数千名もの社員がおり、そのことは、わが社が国際間の衝突を防ぎ、平和を促進する仕事の大切さを理解していることの表われです」

いったい、スティーブンスは何を言っているのか？　実は、彼が言っていることはたくさんあるのだ。

ボスニアで行なわれた総選挙のときの、不正がないように投開票をモニターするボランティアのリクルートから、スーダンに派遣される平和維持グループの駐屯地の建設まで、ロッキード・マーティンはいわゆる〝ソフトパワー〟〔強国が軍事力や経済力で他国を強制的に従わせるのではなく、他の方法で影響力を行使して自分の側に取り込む力〕の分野でけっこう利潤を上げているのだ。ソフトパワーには、外交力、人道的支援、平和維持、破壊された地域の再建、衝突を回避したり未然に防ぐための未開発地域の開発など、さまざまな形がある。

これはかつて「平和・安定化作戦」と呼ばれていたものと同じで、その事業で利潤を上げようとしている軍需企業はロッキード・マーティンだけではない。ソフトパワー関連市場の変化を注視してきた『ウォールストリート・ジャーナル』紙のある記者は、「昨今の財政難を考えればこれは自然の成行きで、アメリカの防衛産業の企業の多くは、艦船や軍用機の製造がこれから減少していくことがわかっている。今後は防衛産業においても、兵器の生産だけでなくサービス業務が増えていくだろう」と言っている〔原注：『ウォールストリート・ジャーナル』紙、2007年9月24日付のオーガスト・コールの記事〕。

現在〔2010〜2011年の時点〕のアメリカの国防予算が、第二次世界大戦以来の最高額になっているのを見れば、彼の発言は驚きかもしれないが、まもなく増加は止まることになっている。そしてその内容においても、ペンタゴンは従来のタイプの兵器を減らしてサービス業務を増やす方向にシフトしてゆく予定だ。それと並行して、オバマ政権は2015年ごろまでに海外援助を年間500億ドルに増やす目標を掲げている。だとすれば、今後成長が見込める分野が何かは明らかだ。ロッキード・マーティンも、はじめはその方面へのアプローチにずいぶん積極的だった。後述するように、彼らの最初の意気込みは2010年半ばごろになると方針が変更されしぼんでいくが、彼らのような巨大軍需企業がビジネスの基盤をこの分野に広げようとしたことは、注目に値する出来事だった。

国連と契約してアフリカで活動

ロッキード・マーティンという巨大組織のなかで、ソフトパワーの分野を受け持ったのは、おもに「PAE全世界サービス」という子会社だった。この会社はロッキード・マーティンに吸収される前から、世界各地の紛争地域で軍事・非軍事のさまざまなサポート業務を行なっていた。2006年にロッキード・マーティンに吸収されるまで、同社は「パシフィック・アーキテクツ・アンド・エンジニアーズ」という名で知られており、アジア太平洋地域における米軍基地の建設とメンテナンスの仕事をしていた。ベトナム戦争の時代にインドシナで基地建設と軍事施設の運営で急成長し、同地域に3万人以上の従業員を持っていたこともある。ロッキード・マーティンに吸収合併された時点で、同社はアメリカ国務省、国防総省、空軍、海軍、それにカナダとニュージーランドの政府の仕事を請け負っていた。

『ウォールストリート・ジャーナル』紙は、PAEはダルフール〔スーダンの西部地区。長らく内戦状態にある〕に駐留する7700人強のアフリカ連合[11]軍の兵站《へいたん》を支える柱だと書いている。この仕事ははじめアメリカ国務省との契約で行なわれていたが、2007年秋にダルフールの作戦がアフリカ連合単独からアフリカ連合と国連の合同管理に移されたのを契機に、PAEの契約先もアメリカ国務省から国連へと替わった。国連との契約によれば、PAEはダルフールにあるアフリカ連合軍の34カ所のベースキャンプを運営し、同軍が使用する車両のメンテナンスと通信業務を請け負っている。

同社はロッキード・マーティンに吸収される前の時代の2002年に、アフリカ連合との契約とは別に、アメリカ国務省からスーダンの人権侵害を調べる仕事を請け負った。仕事の内容は、スーダン各地の地域社会に寄せられる人権侵害の訴えを調査し、独自の報告書を作成することだった。

だが、国際人権団体「ヒューマン・ライツ・ウォッチ」のアフリカ支部は、PAEのような私企業が人権問題のモニターをすることを批判していた。その理由として、PAEがスタッフをどこでどのような方法で集め、どのようなトレーニングを施しているのかが不透明であること、また情報開示が義務づけられている政府機関と異なり、私企業は企業秘密を理由に、とくにスーダンのようなところで行なわれる活動では、自分たちの活動について情報を公開しない傾向が強いためだとしていた。

ロッキード・マーティンがPAEを吸収したのちの2007年末近く、ダルフールにおける国連の平和維持活動を支援する2億5000万ドルの仕事が入札なしにPAEに与えられ、同社はそのことで批判の矢面に立たされた。国連の担当スポークスマンは任務の〝緊急性〟をあげ、「要求の複雑さと、安全保障理事会から義務づけられた時間的に困難なスケジュールを考えれば、PAEは可能性のある唯一の選択肢だった」と説明した。だが入札なしに契約が与えられたことへの疑惑は大きく、国連の内部監査局は2009年1月に「事務総長がとった非常に通常と異なる方法は、アフリカ連合と国連による合同作戦の遂行に効果がなく、国連に財政的および信用上の危険を及ぼした」と結論した［原注：国連総会における国連内部監査局の報告、2009年1月7日］。この言い方は、外交的で遠回しな表現が慣例になっている国連特有の言葉遣いにおいては、非常に厳しい批判である。

国連内部監査局のそのレポートはまた、「入札を行なわず、契約を急いだ結果、PAEに過剰の支払いが行なわれた」と指摘していた。PAEが過剰請求した具体例としては、平和維持軍の部隊に食事が配達されていないのに兵士の食事代が請求されていたり、建設作業の監督費用の請求のなかに、作業が行なわれていなかった期間の分が430万ドルもまぎれ込ませてあったり、土木工事用の重機に通常の2倍以上の価格を請求していたなどがあげられている。

それに対する国連の公式な立場は、「他の企業を選んでいる時間がなかった」「PAE1社で他のいくつもの会社がやるよりはるかに質の高い仕事ができる」というものだった。この理由付けは、2003年にイラク戦争が始まる前に、すでに戦後のイラク復興事業の契約が入札なしでハリバートンに与えられていたことについてのブッシュ政権の言い訳と瓜二つだ。だがPAEのケースでは、同じようないかさまのために多額の無駄な出費を強いられたのは国連加盟国だ〔日本はその大きな部分を拠出している〕。

そのほかにPAEが大規模にかかわった例として、リベリア〔西アフリカ南部にある大西洋に面した小さな国〕のケースがある。同社はそこで軍事基地の建設とメンテナンス、リベリア共和国軍の特殊訓練などにかかわった。「国際危機グループ」という危機監視NPOが2009年に出した報告によれば、PAEはリベリア軍の軍楽隊の結成から看護兵や憲兵隊や工兵隊員のリクルートから採用後の訓練に至るまで、あらゆることにかかわっている。スーダンと同様、PAEはリベリアでも「ダイン・コーポレーション」という会社と一緒に活動しており、「ダイン・コーポレーション」は応募者の背景調査と、およそ2000名の新兵の基礎訓練を受け持っていた。

PAEとダインは、応募者の背景調査と採用後の訓練でだいたいにおいてよい評価を得ているが、

「国際危機グループ」やその他のアナリストは、いくつかの懸念を表明している。やはりいちばん大きな問題は、民間企業であることを理由に、訓練の内容やコストや装備などを公表しないことだ。リベリアの大統領は「多額のカネが費やされたが、何にどう使われたのか我々にはまったくわからない」と述べている。

スーダンとリベリアにおけるＰＡＥの活動には、アメリカ国務省が資金を提供している。ＰＡＥの活動は、国務省の「アフリカ平和維持プログラム」という大きな契約の一部であり、その契約によって、ＰＡＥは国務省がアフリカでやりたいすべてのことを実行する下請けになっているのだ。同プログラムの1回目の契約は5年契約で、予算は5億ドルを上限としており、ＰＡＥとダインがともに似たような契約を獲得した。２００９年9月、ＰＡＥは国務省と同プログラムの2度目の5年契約を3億７５００万ドルの予算で結んだ。そのときは同様の契約が四つあり、それはそのうちの一つだった。

彼らが国務省の「アフリカ平和維持プログラム」で請け負った仕事は、かつてハリバートンがペンタゴンから世界じゅうの米軍基地の仕事を請け負っていたのとよく似ている。ハリバートンとペンタゴンの関係では、はっきり決められた予算の上限がなく、適切な監督が行なわれなかったため、過剰請求やいい加減な仕事が横行した。「アフリカ平和維持プログラム」がそれと同じような腐敗の温床になるかどうか、今後の成行きをよく見守る必要がある。

もっと大きな懸念を表明しているＮＰＯもある。「アフリカ安全保障リサーチ・プロジェクト」というグループが、「国務省のプログラムは結果がほとんど出ていない」と言っているのだ。彼らによれば、「アフリカ平和維持プログラム」で訓練された軍隊が、反政府勢力を討伐したり、国民を恐怖に陥れたり、反対勢力を抑圧するなど、アメリカ国務省が意図しなかった目的に使われているという〔原注：『ビジネスウィーク』誌、2008年10月23日付のローレンス・デレヴィンニュの記事〕。

アメリカ陸軍の「戦略研究所」も、2008年3月に発表した研究で似たようなことを指摘している。それによると、ダイン・コーポレーションとPAEが軍の精鋭を訓練していることに対する多くのリベリア人のイメージはよくないという。なぜなら、過去25年間にわたってリベリアを略奪してきたすべての武装グループは、みなアメリカが訓練した兵士が中核になっているからだ。

PAEはまた、普通あまりない業務をリベリアで行なっていた。それは、同国に新しい司法システムを作るプロジェクトだ。PAEは「国土安全保障会社」〔同時多発テロののちにできた、「国土安全保障省」と同じ名称を持つ民間会社で、株式会社ではない〕と共同で、似たような業務を世界各地で行なうために、警察官、弁護士、裁判官、法律家、矯正官などを定期的に募集していた。リベリアのような混乱と腐敗で知られる国で司法制度を改革しようというのは、とりわけ野心的な試みに見える。

だが、PAEの活動を現地で近くから見てきたライバル会社の社員が言うには、PAEははじめのころ、あまり真剣に努力していなかったという。彼らがやっていたのは、大学の法学部を出たばかりの若い法律家を2、3人置いているだけの小さくてお粗末なプロジェクトだったそうだ。だがリベリアの司法長官は、PAEが来てから状況はめざましく改善したと言っている。きっと、PAEの仕事ぶりは時間とともに改善したのにちがいない……。

一方、「国際危機グループ」の幹部は、「PAEは、新たに親会社になったロッキード・マーティンの指示なしにこの種の仕事を始めたのだろうか」と疑問を呈している。同グループによれば、ロッキード・マーティンに吸収される前のＰＡＥはただの小さな兵站請け負い会社で、現地での評判はよかったという。現地の情報提供者の話では、かつてＰＡＥは倉庫の管理やトラクターのメンテナンスなどをしていたが、ある日突然、司法制度の改革を始めたというのだ。「昔と同じなのは名前だけで、やっていることはまるで別会社のようだ。司法制度改革のためにやって来たスタッフは、リベリアの文化も歴史も何一つわかっていなかった」と彼は言う。

ＰＡＥの仕事は、ロッキード・マーティンの「即応・安定事業部門」という大きな部門が行なっており、その〝戦略的プランニング〟の担当者は、アメリカ国務省の立法担当国務次官補代理と外交安全保障局の上級アドバイザーを5年半ほど務めた男だった。ロッキード・マーティンがアフリカで事業を推し進めていたことを示すさらなる証拠として、２００９年7月にこの「即応・安定事業部門」の社長が、「アフリカ企業協会」という団体の会長に就任したことがあげられる。この協会は、アフリカでビジネスをしているアメリカの企業の集まりで、アメリカとアフリカのあいだの商取引の強化を目的としており、主要メンバー企業には石油メジャーのシェブロンや、大手鉱物資源採掘企業のフリーポート・マクモラン〔金と銅の採掘で世界最大手〕なども名を連ねている。

先ほども述べたように〔348ページ参照〕、その後ＰＡＥの幹部として雇われ、２００９年11月に社長に指名された人物は、アメリカ政府のハードパワー〔ソフトパワーの反対で、軍事力や経済力を使った強制的な活動をする力のこと〕の分野を歩いてきた人間だ。彼はもと国務省の対テロ戦略コーディネーターであり、米軍統合特殊作戦コマンドの司令官でもあった。

ロッキード・マーティンは、本来の業務とまったく違うこれらの仕事を、相手国の利益になるためにやっているのではないことをはっきり認めている。これはすべてビジネスであり、兵器を売ることと無関係ではないのだ。そのころの同社の社報には、「PAEの活動が現地でロッキード・マーティンの名を売り、その国の開発が進むことで、将来その国に情報技術やインフラや防衛システムの市場ができることを期待している」とある。それはつまり、ロッキード・マーティンがPAEを同社の一部分として持ちつづけるかどうかは、PAEの活動が同社にさらに大きなビジネスを作りだすことができるかどうかしだいだったということだ。

また、同社が基地建設、警察や消防の訓練、難民支援、平和維持活動のサポートなどの業務に進出したということは、それらの分野ですでに活動している経験豊富な他の企業と競合することを意味した。たとえば、地域再建、基地の建設やメンテナンス、兵員サポートなどを行なっているハリバートンの子会社や、イラクやアフガニスタンで警察や兵員の訓練を請け負っているダイン・コーポレーションなどがそれにあたる。

ただ、PAEはアメリカ大使館や重要インフラを警護するような、軍事会社がやっているたぐいの業務は避けていた。それは、イラクで民間人に向かって銃を乱射した、悪評高い〝ブラックウォーター〟のような会社と同列に見られたくないためだった。[*12]

【訳注】

*11 **アフリカ連合** 2002年発足。EUをモデルにしており、モロッコ以外のアフリカのすべての独立国が参加している。

＊12　**ブラックウォーター乱射事件**　２００７年９月、バグダッドでブラックウォーターの要員が民間人に向けて銃を乱射し、17人を殺害した事件。その後同社は社名を変更した。ブラックウォーターは傭兵を供給する最大手だったが、ブッシュ政権が終わるとともにイラクから追放され、アメリカの同業者の組合からも除名された。だがアメリカ政府は契約を保持しており、犯人たちは全員不起訴になった。同社は一部のイラク人遺族との示談に応じ、見舞金を支払った。

兵器輸出拡大の最大の受益者

だが、いくら〝ソフトパワー〟を口にしたところで、ロッキード・マーティンが全世界に手を伸ばす最も重要な分野が兵器を輸出することである事実に変わりはない。

ブッシュ政権最後の2年間とオバマ政権の最初の1年は、兵器を輸出する企業にとってよい日々だった。ブッシュ政権時代の２００１年から２００８年のあいだに、アメリカの兵器輸出は2倍以上も増えて総額２８０億ドル以上に膨らみ、それとともに世界の兵器市場にアメリカ製兵器が占める割合も大幅に増加した。ブッシュ政権最後の年である２００８年には、全世界の兵器販売総額の3分の2以上をアメリカ製が占めるに至った。

そしてこの流れの最大の受益者が、ロッキード・マーティンだった。その最も重要な輸出品目の一つがF‐16戦闘機だ。２００６年以降、ルーマニア、モロッコ、パキスタン、トルコと結んだF‐16の販売契約は総額１３０億ドル近くにのぼる。さらに、比較的新しくてさらに儲けが多いのが、いわゆるPAC3と呼ばれるパトリオット・ミサイルの発展型と、「最終高々度ミサイル防衛システム」（略称THAAD）〔第1章・訳注131参照〕などのミサイル防衛システムだ。2007年から2008年にかけて、ロッキード・マーティンはこれらのいずれかを、アラブ首長国連邦、トルコ、ドイツ、日本に販売する総額240億ドルの契約を結んだ。

また現存するC-130軍用輸送機を近代化した発展型のC-130J型軍用輸送機[*13]の受注も順調で、イスラエル、イラク、ノルウェーその他の多くの国が調達する予定になっている[*14]。そのほかにもヘルファイアー空対地ミサイル、各種爆弾、各種誘導装置などをさらに数十億ドル売り上げている。

最近大きな論争の的になったのが、台湾がアメリカから60億ドル以上に及ぶ各種兵器・機材を調達する契約に調印した件だ。そのうちの28億ドルはロッキード・マーティンのPAC3で、台湾はこれを114基調達することになっている。この米台取引に中国は猛反発し、アメリカとの軍事交流の中止や、アメリカが台湾に販売する兵器に関係するアメリカ製機器のメーカーに制裁を加える[*15]と脅している。だがこの原稿を書いている現在の時点では、まだ制裁は行なわれていない。

ロッキード・マーティンは、「兵器の輸出は地域の安定化に寄与する」と主張するかもしれないが、批判者たちは「事実はその正反対で、兵器の輸出は地域の軍備競争を招き、戦争の危険性を高める」と言うだろう。多くの場合、次のような疑問への明確な答えは出ていない。

●いったいルーマニアに45億ドル相当ものF-16が必要なのか？
●パキスタンはロッキード・マーティンから購入するF-16を、アル・カイダやタリバンに対してではなく、インドとの戦争に使う可能性のほうが高いのではないのか？
●アラブ首長国連邦は150億ドル以上もかけてミサイル防衛システムを導入して何から国を守るのか？
●それともそれは、たんにワシントンの機嫌を取るためなのか？
これらの疑問はただの空論だという人もいるかもしれない。だが、輸出された兵器が実際に使われる事態になれば、空論だなどと言ってはいられないだろう。たとえば、トルコではロッキード・マーティンのF-16がクルド人の弾圧に使われている。クルド人の分離独立を主張する「クルド労働者党」のゲリラとのあいだで20年にもわたって続いた戦闘にF-16が投入され、クルド人部落が空爆され、焼き払われて、数万人の人々が死亡しているのだ。強制移住させられた37万5000人以上の人たちはいまだに帰るところがない。

人権侵害が行なわれていることについては、政府側もクルド人側も同じだ。トルコ軍は同国南東部で組織的な焦土作戦を展開し、「クルド労働者党」の支持者を一掃しようとしてきたが、「クルド労働者党」のほうも、暗殺、誘拐、脅迫、破壊を繰り返してきた。もちろん、トルコ軍が使ったのはF-16だけではないし、ロッキード・マーティンだけが兵器を供給したわけではない。トルコは自国領内ばかりでなく、イランやイラク北部にある「クルド労働者党」の聖域と言われる地域に、攻撃ヘリコプターや地上部隊を投入した。

アメリカの「航空宇宙産業協会」というNPOのあるロビイストは、トルコ軍の空爆を擁護して次のように述べている。ロッキード・マーティンはもちろん同協会のメンバーだ。

「私たちは、トルコ人が〝ローリング・サンダー作戦[*16]〟を発明したのではないことを認めなければならない。B-52を使ってベトナムのゲリラを爆撃したのは、私たちアメリカ人だ。ロシア人もアフガニスタンで大型兵器を投入してゲリラを攻撃した。イスラエルは長年にわたって（ヒズボラに）苛立たされつづけた結果、F-16で南レバノンを空爆した。そんなことは起きてほしくなかった、と人は言うかもしれない。居心地のよいオフィスで快適に過ごしながら、人々はこれら4カ国に、『あんたたちはみな間違っている』と言うかもしれない。文化的な国に住んでいてそんなことを言うのは簡単だ。現地でボロボロになっている兵士のことが、あなた方にわかるのか」

90年代末から2000年にかけて、「クルド労働者党」に対するトルコの戦争は大部分が終結した。「クルド労働者党」が平和路線に転換したのは、トルコ軍による武力攻撃の成果だという人もいるかもしれない〔現在は名称も「クルディスタン労働者党」に変更〕。だが、武力による制圧は、クルド人問題を何も解決していない。おそらく最大の悲劇は、もしトルコ政府がはじめからトルコ領内に住むクルド人に柔軟な態度で接していれば、たくさんの人の不必要な死や強制移住など起きることなく、緊張緩和や「クルド労働者党」の暴力を終わらせることができていたかもしれないということだ。

【訳注】

＊13　ＰＡＣ３システム　レイセオン社が開発・生産したパトリオット・ミサイルをベースに、ロッキード・マーティンが全面的に更新してミサイル防衛システムに発展させたもので、短距離迎撃用。

＊14　Ｃ-１３０Ｊ　日本は次期軍用輸送機を国産、ドイツやフランスなどの西欧諸国もエアバス社の新輸送機を配備する方針のため、おもな輸出先はイギリス、カナダ、オーストラリアのアングロサクソン系諸国のほか、イタリア、湾岸産油国、インド、韓国など。

*15　**軍事交流**　偶発的な軍事衝突の発生を防ぐため、相互の信頼関係を醸造するために海軍の艦船をお互いの港に入港させるなどして行なう交流。米中間では何度か計画されているが、そのたびに何かが起きて中国が態度を硬化させ、キャンセルされている。

*16　**ローリング・サンダー作戦**　ベトナム戦争のときにアメリカが行なった集中的な北ベトナム爆撃作戦。

イスラエルが使ったクラスター弾

ロッキード・マーティンの兵器を、軍事行動で実際に使っているもう一つのおもな国はイスラエルだ。最近起きた最もよく知られている例が、２００６年夏のレバノン侵攻である。そのときもロッキード・マーティンのF-16が空爆に使われたが、さらに同社のクラスター弾〔第9章・訳注23参照〕が大量に使われ、多連装ロケットランチャー（発射機）が南レバノン一帯にクラスター弾の雨を降らせた。[*17]

もちろん、ヒズボラ〔イスラム教シーア派の政治・軍事組織〕もイスラエル北部にロケット弾を撃ち込んだことは記しておかねばならないし、それらのなかには子爆弾をばらまく中国製のロケットも１００発以上あった。

だが問題は、イスラエルが行なった攻撃が、それとは比較にならない、けたはずれに大規模なものだったことであり、ヒズボラとは無関係な数多くのレバノンの一般市民を死傷させ、民間の施設やインフラを破壊したことである。イスラエルの攻撃はあまりに大規模でかつ無差別的であり、アムネスティ・インターナショナル〔世界で最も影響力のある人権団体。本部ロンドン〕が〝戦争犯罪行為〟と断定したほどだ。国連の「人権および緊急救援」担当事務次官も、イスラエルの攻撃は国際人権法違反だと非難した［原注：アムネスティ・インターナショナル、2006年8月23日の発表〝民間のインフラを意図的に破壊した証拠〟。およびイギリスBBC放送2006年8月30日のニュース〝国連、イスラエルのクラスター弾使用を非難〟より］。

イスラエルの攻撃を国際社会が激しく非難したのは、まずこのような攻撃全体の規模の大きさだ。イスラエル空軍は約1カ月のあいだに7000回以上もの空爆を行ない、その多くがF-16によるものだった。空爆は道路や橋などのインフラのほか、発電所や民間の国際空港さえ標的にし、1000人以上が殺され、およそ100万人近い人々が家を失った*18［原注：アムネスティ・インターナショナル、2006年8月23日の発表］。

さらにイスラエルは、2008年から2009年にかけてパレスチナのガザ地区を攻撃し、ある統計によれば1400人以上の民間人が殺された。そしてこのときもF-16が空爆に使われた*19［原注：国連の「事実解明使節団」による2010年9月29日の発表］。

レバノンやガザに壊滅的な被害を与えたイスラエルの軍事作戦に関して、国際社会の目はアメリカがイスラエルに供給したクラスター弾に注がれた。クラスター弾は、攻めてくる軍勢の進撃を阻止したり、空港や対空ミサイルのサイトを破壊したりするのに使われる場合が多いが、広範囲にわたってばらまかれることから、戦闘とは無関係な民間人の犠牲者を出す危険性が高い。

またクラスター弾がばらまく子爆弾の多くが不発のまま地上に残るため、あとで子供が拾ったり、畑に落ちていたものが農作業の農具が触れるなどして爆発する出来事があとを絶たない。イスラエルがレバノンを攻撃した34日間にばらまいたクラスター弾の子爆弾は数百万発に及び、そのうちの数十万発が不発弾だった。その後の2、3カ月のあいだに、それらの不発弾の爆発により民間人が20人以上殺され、120人以上が負傷した。

子爆弾はコーラの缶か懐中電灯に使う電池くらいの大きさで、地面に落ちていても一般人にはそれが何だかわからない。まして子供は、好奇心から拾ってしまうことが多いのだ。その結果がどうなるかは考えただけでも恐ろしい。一つだけ例をあげれば、南レバノンのある11歳の少年は、弟と二人で松ぼっくりを拾って集めて手押し車に入れて運んでいたところ、手押し車が落ちていた不発弾に当たり、それが爆発して片腕を失った。

また、南レバノンの畑や果樹園では、クラスター弾の不発弾が無数に落ちているため農夫が入れず、農業が大打撃を受けた。イスラエルのロケット部隊司令官は同国の新聞に、「レバノンへの〝飽和攻撃〟[*20]は、徹底的に行なわれた。我々は南レバノンのすべての村をクラスター弾で埋めつくした」と語っている。[*21]

レバノンに対するこのようなクラスター弾攻撃の、中心的役割を演じたのがロッキード・マーティンの多連装ロケットランチャー（発射機）だ。この発射機は、1台に付き12発のロケットを発射でき、ロケット1発には644発の子爆弾が収納されている。つまり、この発射機1台の1回の発射で、イスラエルは7728発のクラスター子爆弾をレバノンにばらまいたことになる［原注：人権団体「ヒューマン・ライツ・ウォッチ」のレポート〝南レバノンにおけるイスラエルによる2006年7月と8月のクラスター弾の使用〟より］。

このイスラエルのケースは、ひとたび兵器が輸出されれば、輸入した国がその兵器を使用することを止めることがいかに難しいかを物語るよい例である。対人地雷やクラスター弾の使用を禁止する運動を続けているあるNGOが暴露したところによれば、アメリカがイスラエルにクラスター弾を輸出するにあたっては、イスラエルがそれを使用できるのは、「自衛目的のみ」「要塞化された標的に対する攻撃のみ」「2カ国以上のアラブ諸国から攻撃を受けた場合のみ」「主権を持つ独立国の正規軍に対してのみ」に限定するという条件がつけられていたという〔ヒズボラは独立国家の正規軍ではない〕。のちにアメリカ国務省が行なった予備調査では、「イスラエルはアメリカとの誓約に違反した可能性が高い」との結果が出ている。だが最終的な結論は機密扱いになり、公表されなかった。

【訳注】

＊17　**クラスター弾（爆弾）**　空から投下する爆弾タイプのものと、地上から発射するロケット弾タイプのものがあり紛らわしいので、本書ではすべて「クラスター弾」で統一。

＊18　**レバノン民間人の犠牲者**　一説では、イスラエルの攻撃でヒズボラ戦闘員の10倍もの民間人が殺されたとされる。国連の推定によればヒズボラの戦死者は400～500人と言われているので、その説でいけば4000人以上の民間人が殺されたことになる。

＊19　**ガザでのF-16の使用**　普段は攻撃ヘリコプターを使っていたイスラエルが、人口密集地に対してF-16を使って空爆したことには、アメリカ政府内でも〝非常識〟だという非難の声が強かった。

＊20　**レバノンへの〝飽和攻撃〟**　普通〝飽和攻撃〟とは、防御側の対空ミサイルが撃墜できる量を上回る大量の攻撃機や空対地ミサイルで攻撃することを言うが、この場合は、相手が対処しきれないほど圧倒的な大量のクラスター弾を使ったというほどの意味。

＊21　イスラエルは、標的にした一帯がその後も長期的に使用不能になるように、意図的に多くの不発弾をばらまいたという主張もある。

アメリカが使ったクラスター弾

　アメリカ軍もイラクでクラスター弾を大量に使用した。１９９１年の湾岸戦争のとき、米軍はイラクの標的に対し、総計１３００万発の子爆弾の雨を降らせたのだ。その量の多さに、ある戦闘地域では〝鉄の雨が降った〟と表現されている。アメリカ議会の会計監査院は、作戦行動中の米軍兵士22人がクラスター弾の不発弾の爆発で死亡、58人が負傷したとレポートしている。

　２００３年のイラク戦争では、使用されたクラスター弾の数は湾岸戦争のときと比べるとはるかに少なかったが、それでもある村では33人のイラク人が殺され、１０９人が負傷したという記録がある。また不発弾の爆発で死傷した米軍兵士のケースも何件か報告されている。

　だが、湾岸戦争に比べればずっと少なかったとはいえ、『ＵＳＡトゥデイ』紙のレポートによれば、イラク戦争でも１万７８２発のクラスター弾が使われたとされ、その数はアメリカ軍統合参謀本部議長が言っていた数の６倍だ。同紙は、少なくとも８名の米軍兵士が友軍のクラスター弾で死傷したと報道している。

　レバノンとイラクにおけるクラスター弾使用の衝撃は世界じゅうに広がり、クラスター兵器の生産と輸出を禁じる国際条約を制定する動きが生まれた。アメリカはまだその条約に署名していないが、[*22]議会は輸出を事実上禁じる決定を下した。これは一歩前進だ。もしアメリカがクラスター兵器の生産、使用、輸出をすべて禁止すれば、戦闘とは無関係の何万人もの命が救われるだろう。しかも、ロッキード・マーティンのような巨大軍需企業にとっては、クラスター兵器など、売上げ総額から見ればごくわずかにすぎないのだ。こんなものは製造を中止しても経営に影響が出ることはないはずだ。*23

【訳注】
*22 イスラエル、ロシア、中国なども未署名。EUは署名・批准している。第9章・訳注23参照。
*23 アメリカは新しい安全基準を定め、それに満たない旧式のものは2028年までに撤去する予定。

ミサイル防衛システムで大きな役割

軍用機の生産に並び、ミサイル防衛システムと宇宙関係は、ロッキード・マーティンの大きな収入源だ。すでに述べたように、同社はミサイル防衛計画における地上発射型、海上発射型、短距離・中距離・長距離ミサイルのすべてと、大気圏内と大気圏外のミサイル追尾システムのすべてに関係している。

このように、同社はミサイル防衛計画の事実上すべての分野にかかわっているため、オバマ政権が「ポーランドとチェコにミサイル防衛システムを配備する」というブッシュ政権の計画を2009年9月に破棄したことで、ますます立場が有利になった。というのは、その決定で他の企業、たとえばボーイングは、ブッシュ政権の計画のもとでチェコにレーダーシステムを建設することになっていたため、それが中止されて大きな注文を失ったが、ロッキード・マーティンはかえって大きな利益を得る可能性が高くなったのだ。

その意外な成行きのわけはこうだ。オバマ政権はポーランドとチェコに予定していたミサイル防衛システムの建設を中止したが、ヨーロッパにミサイル防衛システムを展開する計画そのものを中止したのではなく、配備のやり方を変えただけなのだ。ブッシュの最初の計画では、チェコにレーダーシステムを建設し、ポーランドに長距離型のミサイル迎撃ミサイルを配備する予定だった。それに対してオバマの決定は、それを破棄して、イージス艦による海上発射型の中距離ミサイルシステムをヨーロッパのより多くの国に配備しようというものだ。イージスシステムはロッキード・マーティンが開発・製造を行なっている。リークされたペンタゴンの資料によれば、このシステムによりヨーロッパに配備されるミサイルの数は、ブッシュの案の4倍になるという〔原注：『ブルームバーグ・ニュース』2010年1月14日付のトニー・カパッチーオの記事〕。

そして、ブッシュの計画を破棄すると発表してからわずか3カ月後、オバマはポーランドにPAC3ミサイル迎撃ミサイルを配備すると発表した〔つまり、長距離迎撃ミサイルをやめて、地上に短距離型、海上に中距離型をたくさん配備するということである〕。PAC3システムもロッキード・マーティンが開発・生産している。さらに2010年2月はじめには、ルーマニアの大統領がPAC3システムを導入することについてオバマ政権と話しあっていると発表した。

この発表は、ルーマニアの大統領が、そのことをアメリカがロシアに伝える前に発表してしまったため、ロシアと一悶着を起こした。ロシア外務省の高官は、「アメリカがルーマニアにミサイル防衛システムを配備することの真の目的について、わが国は重大な疑念を抱いている」と述べた。

ミサイル防衛システム配備の変更でロッキード・マーティンが得をすることになるのは、年間およそ100億ドルにのぼる現在の計画における同社の役割を見ればよくわかる。海上配備のミサイル防衛システムのためのイージス艦のイージスシステム、地上配備のPAC3システム、前述の最終高々度ミサイル防衛システム（略称THAAD）、人工衛星を使って敵のICBM発射を探知する「宇宙配備赤外線センサーシステム」などは、みなロッキード・マーティンが主契約者になっている。また同社は、ジャンボジェットの機首に大型レーザー発射機を搭載し、空中から強力なレーザー光線を照射して敵の弾道ミサイルを上昇中に破壊する「エアボーン・レーザー計画」にも加わっていた。だが、これは実験機が1機作られてテストを行なっただけで、2009年はじめに当時のゲイツ国防長官が2機目の実験機の発注をキャンセルし、のちにこの計画は中止された。スケジュールが8年も遅れたうえ40億ドルも予算超過になっていたからだ。だがキャンセルされて最も打撃を受けたのはロッキード・マーティンではなくボーイングだった。

宇宙開発でも大きなシェア

ロッキード・マーティンとボーイングは、合弁による「ユナイテッド・ローンチ・アライアンス」という企業体により、アメリカの軍事および商業衛星の打ち上げを行なっている。また第8章でも触れたように、やはり両社の共同出資による「ユナイテッド・スペース・アライアンス」がNASAの主契約者となってスペースシャトルの打ち上げを行なってきた。

　スペースシャトル終了後も、「ユナイテッド・スペース・アライアンス」は引き続きシャトルの後継として、国際宇宙ステーションへの往復や、将来の月や火星着陸も視野に入れた有人宇宙機を開発する「コンステレーション計画」にかかわった。その後、オバマ政権は経費削減のため、国際宇宙ステーションへの往復に使う宇宙機の開発は民間に行なわせることに方針を転換し、「コンステレーション計画」はキャンセルされたが、ロッキード・マーティンは同計画で使われる予定だった「オライオン」宇宙船の開発を続けており、同社はそれを将来の月着陸やその他の宇宙探査に使うことも提案している。

　また、「オライオン」を小型化して、国際宇宙ステーションの緊急脱出用の〝救命ボート〟として使用する案もある。そうなれば、さらに追加の数十億ドルが「オライオン」に注ぎ込まれることになるが、それは納税者のカネの使い道としてあまり賢明ではないかもしれない。NASAのグリフィン前長官は、「ずいぶん高い買い物のように見える。ロシアのソユーズを使えばバーゲン価格ですむ」と言っている。だがそこでも、「オライオン」を製造する予定だった施設があるコロラド州選出の議員たちが、「オライオン」を使えと言って息巻いている。なお、国際宇宙ステーションに電源を供給する巨大な太陽電池パネルもロッキード・マーティン製だ。

　さらに、2008年5月に火星への軟着陸に成功して水や炭素を含む物質の探索を行なった「フェニックス」探査機、2004年に火星に着陸した「スピリット」と「オポチュニティ」の二つの探査車、2001年に火星の周回軌道に入って観測を続けたのち、スピリットとオポチュニティの通信を地球に送る中継をした「マーズ・オデッセイ」探査機、それよりさらに前の1997年に火星の周回軌道に入り、火星の地図を作るための観測を行なった「マーズ・グローバル・サーベイヤー」、彗星《すいせい》に接近して尾から資料を往復7年がかりで地球に持ち帰った「スターダスト」宇宙探査機を製作したのもみなロッキード・マーティンだ。

沿岸警備隊の再建では大失敗

このように、ロッキード・マーティンにとってペンタゴンやNASAや外国政府を相手にするビジネスは相変わらずさかんだが、今後の成長が最も見込める分野は国土安全保障関係かもしれない。だが同社はその市場に急接近したものの、仕事ぶりは問題山積だ。そのよい例が、最近大失敗をしでかした沿岸警備隊の再建である。

同時多発テロから数カ月、アメリカ政府と議会は国土安全保障省を発足させたのを筆頭に、本土防衛の政策と方法を確立しようと躍起になったが、その努力の一つが沿岸警備隊のグレードアップだった。それまで沿岸警備隊は、陸海空軍の派手な最新兵器の調達の陰に隠れて、ほとんど注目されていなかったのだ。イラク戦争のように、ニセ情報をもとに膨大な戦費をかけて戦争を始めたのとは違い、沿岸警備隊を近代化して増強するというのは理にかなっていた。将来テロリストがアメリカに攻撃を仕掛けてくるとするなら、海から来る可能性が高いからだ。沿岸部の都市が、いわゆる〝ダーティ爆弾〟と呼ばれる放射性物資をまき散らす爆弾や、生物化学兵器で攻撃される可能性が考えられた。

こうして沿岸警備隊をグレードアップする「ディープウォーター計画」がスタートした。最初の計画では、170億ドルをかけて90隻以上の巡視船と124隻の警備艇を建造し、200機近い新型の無人機を導入して、監視と組織内の通信を統合した新しいシステムを構築する予定だった。これはちょっとした海軍並みの規模だ。『ニューヨーク・タイムズ』紙は、「新しい艦船と機材の導入により、沿岸警備隊は接近する船を沿岸部から遠く離れた位置で停船させ、情報機関のデータベースを使って乗組員と積み荷を瞬時に割りだし、生物・化学兵器や放射性物資の有無を調べることができるようになる」と書いた。

だが残念ながら、「ディープウォーター計画」は最初の段階で、事実上それらのほぼすべての分野で失敗し、沿岸警備隊を以前よりさらに貧弱で能力の低いものにしてしまったのだ。

この計画の契約を勝ち取ったのは、ロッキード・マーティンとノースロップ・グラマンの2社だった。そして両社はそれぞれ自社の製品を製造するだけでなく、パートナーを組んで、沿岸警備隊に代わって「ディープウォーター計画」を統括し、プロジェクトに参加するすべての企業を監督することになったのだ。この〝革新的な〟方法により、「〝お役所仕事〟を排除することができるので、沿岸警備隊がみずからプロジェクトを進めるよりはるかに効率よく事が進む」という大々的なふれ込みだった。

だが蓋を開けてみれば、彼らは役所がやるよりはるかに非効率であることが明らかになった。あるベテラン技術者は、「これは国からカネをだまし取るためのいかさまだ。私は海軍の仕事を20年以上してきたが、こんなプロジェクトは見たことがない」と憤った［原注：この項の記述の大部分は『ニユーヨーク・タイムズ』紙、２００６年6月26日付のエリック・リプトンの記事より引用」。
はじめ、沿岸警備隊がプロジェクトの主導権をノースロップ・グラマンとロッキード・マーティンに渡したのは、そのほうが議会対策がうまくいき、予算がたくさん取れると考えたからだった。彼らは軍需企業のロビイスト軍団の力を当てにしたのだ。

ロッキード・マーティンとノースロップ・グラマンが沿岸警備隊と契約を結んだのは、２００２年6月のことで、そのときの緊急の課題は、できるかぎり早く、新しい艦船と航空機を装備することだった。だが、トラブルは最初の段階から始まった。まずはじめは、現存する8隻の警備艇〔１７０トン級〕を1億ドルかけて１１０フィートから１２３フィートに大型化するプロジェクトだった〔沿岸警備隊は、使用する船の大きさをトン数ではなく、ヨットやクルーザーなどと同じように長さで呼ぶ〕。ところが改造した船は、試運転で船体に亀裂が生じるというとんでもない事態が発生したうえ、エンジンも予定どおり作動せず、使い物にならなくなってしまったのだ。沿岸警備隊の技術者たちは設計ミスを指摘していたが、聞き入れられなかった。ある技術者は、「へたをしたら、船が構造的に歪んでしまうところだった」と述べた。

8隻の改造が進むにつれ、事態は喜劇的とも言える様相を呈しはじめた。『ニューヨーク・タイムズ』紙の記者によれば、1隻目の船体に亀裂が生じたのち、造船所は「まるで巨大なバンドエイドのような」鋼鉄のベルトで船の側面を補強したが、効果がないばかりか、別の問題を引き起こしたというのだ。こうして8隻すべてが使い物にならなくなり、全艇が退役する結果となった。

警備艇の改造計画が惨憺《さんたん》たる結果に終わったため、両社はそれより少し大きい「即応巡視船」と呼ばれる１４７フィート〔３５０トン級〕の船の建造を急ぐことになった。だがまもなく、この船も設計と経費の両面でトラブルに見舞われた。予算をオーバーしたうえ、完成した1隻目がテストに不合格となったため、この巡視船の建造は一時停止されてプロジェクト全体が大きく遅れることになったのだ。

このトラブルの最大の原因は、ノースロップ・グラマンの利己的なやり方にあったようだ。当時ノースロップ・グラマンは、船体に鋼鉄ではなく複合材〔繊維強化プラスチック〕を使う方法をさかんに提唱しており、この巡視船にもその技術を使うことになっていた。だが、このサイズの大きな船に複合材が用いられたことはまだなかったのだ。のちにノースロップ・グラマンの元重役が語った話では、同社は当時、ミシシッピー州のメキシコ湾岸の町に複合材の最新式の製造工場を建てたばかりで、そこに仕事を回したかったのだという。

そして最後が、大型の「国家安全保障警備艦」と呼ばれる船〔４０００トン級の巡視船〕の建造だった。1号艦は５億６４００万ドルの予算で建造が始まったが、沿岸警備隊の技術者たちはこのときも「船体に亀裂が入るか、最悪の場合は船体が文字どおり折れるのではないか」と心配していた。沿岸警備隊の制服組高官は「ディープウォーター計画」プロジェクトの担当ディレクターに手紙を送り、この船は「設計に構造的な無理があり、船体の安全性と耐久性がないがしろにされている」と指摘している。

船体設計上の問題に加えてトラブルを大きくしたのが、ロッキード・マーティンが製作した、すべての機能をコンピューター化して統合した最新式の操船コンソール（制御盤）だった。それは、もともと空母の艦橋にある司令室に設置するよう設計されたものを流用したものだったため、大きすぎて警備艦の司令室に収まらず、結局すべて取りはずして廃棄する羽目になった。またもや納税者のカネが無駄に使われて、ドブに捨てられたのだ。

次々に発生するトラブルは、ついに議会が注目するところとなり、2005年5月、「ディープウォーター計画」は下院歳出委員会によって予算を半分にカットされてしまった。そしてそのことが、ロビイストの力を当てにして沿岸警備隊がロッキード・マーティンとノースロップ・グラマンに契約を与えた作戦が効果を出すことにつながった。

両社はただちにロビー活動を全開させた。議会には、民主党、共和党合わせて75人以上もの〝沿岸警備隊族〟議員がいる。そのなかには、地元に「ディープウォーター計画」関連の生産施設がある有力議員もいた。たとえば、ニュージャージー州選出のある議員の選挙区には、沿岸警備隊の訓練センターがあり、そのすぐ隣には「ディープウォーター計画」のためのロッキード・マーティンのテスト場があった。この議員は、同社が最も多額の政治献金をしている議員の一人だ。

さらに両社は新聞に広告を打って一般大衆の注意を引き、また、引退した海軍の将校・下士官から成る〝海軍リーグ〟〔空軍協会や陸軍協会と同じような民間NPO〕も議会に圧力をかけた。このNPOには、ロッキード・マーティンもノースロップ・グラマンも活動資金を提供している。

こうして「ディープウォーター計画」は、削られた予算を回復したばかりか、なんと1年に付き1億ドルの増額を勝ち取ったのだ。総予算は、最初の予定の170億ドルから240億ドルへと増加した。

もっとも、その後まもなく、ロッキード・マーティンとノースロップ・グラマンは面目を失うことになった。２００７年４月、両社は「ディープウォーター計画」を監督する役からはずされ、沿岸警備隊が直接指揮を執る従来の形に戻されたのだ。この変更により、沿岸警備隊は両社が提案して進めていた〝画期的な〟設計ではなく、長らく使われて実用性が証明されている保守的な設計による従来型の船を造ることになった。この変更による最初の船は２０１１年にようやく就航したが、それまでに同時多発テロからすでに10年の月日が流れていた。［原注：『ディフェンス・ニュース』誌、２００９年９月30日号のクリストファー・キャバスの記事より］

だが、ロッキード・マーティンは、もう一つの艦船建造計画によって面目を挽回できる機会を得ている。それが「沿岸海域戦闘艦」と呼ばれる、新しい概念による海軍の軍艦だ。この新しい戦闘艦は、沿岸海域での海賊や麻薬密輸船やテロリストなどの小型船舶との戦闘に任務を特化したものだ。

だがここでもまた、毎度おなじみの問題が起きている。最初に決められた予算の３倍以上に経費が膨れあがったため、ペンタゴンは計画のやり直しに迫られているのだ。今のところ、ロッキード・マーティンによる最初の艦と、ジェネラル・ダイナミックスによる２番目の艦が完成して就役しているが、議会の攻防が続いており、後続の艦がどうなるか最終決定はまだ出ていない。いずれにせよ、契約を勝ち取ったメーカーには70億ドルから１００億ドルの収入になる見込みだ。

拡大しつづける他分野のプロジェクト

ロッキード・マーティンは軍事以外のプロジェクトにも大きく手を広げているが、それらもすべて、国の省庁や自治体などとの契約により進められるものである。以下におもなものを列挙してみよう。

■空港の保安検査

ロッキード・マーティンが国土安全保障省と契約している最大のプロジェクトは、空港で搭乗前の乗客などに行なう保安検査だ。危険物を発見する探知機の開発・製造・配備から、探知機を操作する係員のリクルート、雇用、訓練、そしてその係員の背景調査までのすべてを7年間に12億ドルの契約で請け負っている。だが、現存する空港職員にやらせず民間から新たに雇うことや、職員の背景調査まで行なうことに、空港職員が所属する公務員組合は猛反発した。ちょうど大統領選挙の年だったこともあり、オバマ候補も反対を表明した。

だが、国土安全保障省にはロッキード・マーティンとの契約を撤回すべしと言う者は誰もおらず、この原稿を書いている時点では同社の業務として継続中だ。

■FBIのバイオメトリック機器

ロッキード・マーティンが請け負ったさまざまなプロジェクトのなかで、最も論争の的になったものの一つが、ＦＢＩのためのバイオメトリック技術の開発だ。バイオメトリックとは、たとえば目の虹彩のパターンや顔つきを光学的に読み取ったり、指紋やＤＮＡを採取するハイテク装置によって、個人を認証する新技術である。同社は「空港での保安検査が速くなる」「犯罪予防に役立つ」「個人の背景チェックが素早くできる」「テロ容疑者の発見に有効である」など、ポジティブな面だけを強調しているが、「すべての人の個人データが集められて管理され、プライバシーが侵害される」というネガティブな面についてはまったく口をつぐんでいる。同社は、「バイオメトリック技術の進歩のおかげで、もうパスワードを忘れたり身分証明書をなくしたりしても心配いりません」と宣伝している。

宇宙開発やミサイル防衛の場合と同じで、ロッキード・マーティンはこの分野でもいくつかのプロジェクトを同時進行させている。たとえば、海運関係の仕事をしている人が港湾施設に入るときの本人確認システム、警察や消防や医療関係者の身分確認システム、関係者や特定の人たちが空港にスムーズに出入りできるようにするための本人確認システム、ＦＢＩが所有する５５００万人分の指紋のデータベースの管理などだ。

■国税庁のコンピューターシステム

ロッキード・マーティンはアメリカ国民の指紋を管理するだけでなく、国民の納税申告書類も管理している。国税庁関係でロッキード・マーティンが行なっている業務の例をあげれば、①国税庁が納税者に送る各種通知を自動化するシステムの開発、②すべての納税者が国税庁とのあいだで行なったすべてのやり取りのデータ（提出した申告書類から電話や窓口で直接行なった会話に至るすべて）を管理するシステムの開発、③納税者がネットを通じて行なう納税システムの開発・運営、④税理士と会計士のあいだのやり取りをコンピューター化して促進する支援、⑤納税者が記入する申告用紙やその記入説明書を国税庁が作成する作業に協力、⑥それらの件で国税庁職員をサポートするための技術者の派遣、などだ。

さらに2009年3月、同社は国税庁から「顧客統合コミュニケーション環境」なるシステムの開発契約を勝ち取った。カッコイイ大仰な名称がつけられているが、要は新しい自動電話サービスのことだ。同社は「このシステムにより、納税者のみなさんは国税庁職員と直接話をすることなく、税務関係のさまざまな情報にアクセスできるようになります」と宣伝している。だがある評論家は、「ロッキード・マーティンは、納税者と決して直接話をしたがらない国税庁職員の誇り高き歴史を維持するのを手伝っているわけだ」と皮肉っている。

国税庁の時代遅れのシステムを更新しなければならないことは疑う余地がない。だが問題は、納税に関するそのようにたくさんの個人情報を、一つの民間企業に扱わせてよいのか、ということだ。

■国勢調査

ロッキード・マーティンは2000年のアメリカの国勢調査に技術協力したが、2005年に、国勢調査局との関係を6年間5億ドルの契約に拡大した。新しく開発することになったのは、調査を受ける人がインターネットを通じて質問に答えられるようにするだけでなく、それを従来のように用紙に書き込んだり電話で答えたりしたデータとも統合できるシステムだ。このシステムによる業務は、メリーランド州ボルチモアとアリゾナ州フェニックスにあるロッキード・マーティンの二つの施設と、インディアナ州ジェファーソンビルにある国税庁の施設の合計3カ所で行なわれている。

一つの企業がすべての調査結果をまとめて整理するのはこれが初めてのことで、ロッキード・マーティンはアメリカだけでなくイギリスとカナダの国勢調査でも似たようなデータ処理の仕事を請け負っている。

同社は、国民に国勢調査への協力を促すためのビデオまで作っている。ビデオには同社の社員が登場して宣伝文句を述べたあと、ロッキード・マーティン社のロゴマークが、「私たちは、誰のために働いているのか忘れたことはありません」という同社のモットーとともにフェイドインして終わる。だが、世界最大の兵器メーカーが国勢調査のようなことをしてもよいのだろうか、という疑問の声は、議会からも政府からも聞こえてこない。*24

【訳注】

*24　アメリカの国勢調査は10年に1度行なわれ、地域ごとの人口の変動をもとに、各州の下院議員の定数や連邦政府の予算の割り当て率が変更される。

■郵便公社

ロッキード・マーティンは郵便事業にも手を貸している。1995年から米国郵便公社が使っている自動処理システムは、ニューヨーク州にある同社の「分配テクノロジー部門」が製作したものだ。同部門は2006年からバーコードだけでなくアドレスの文字を読み取るスキャナの供給を始めた。手仕事をさらに省いて作業を自動化する計画の一環である。

だが、同社が郵便公社と結んでいた最大の、18年間にわたって30億から60億ドルの予算であらゆる音声、データ、ワイヤレスのサービスを供給するという契約が、2006年半ばにキャンセルされた。そもそも、その契約が同社に与えられたこと自体、その4年前に同社が通信事業部門を売却していたことを考えれば驚きだったのだ。

なぜロッキード・マーティンをこの大きな契約からはずしたのかについて、郵便公社は質問をかわしてはっきり答えないが、事情をよく知る業界アナリストによれば、ロッキード・マーティンは通信事業で「明らかにしくじった」のだと言う。おそらく、彼らはアメリカ政府のあらゆる分野に手を広げようとして戦線を拡大しすぎたのだろう。

■ニューヨーク地下鉄の防犯カメラでは失敗

ロッキード・マーティンがしくじったもう一つの例は、ニューヨーク地下鉄の防犯カメラ網の構築だ。2億1200万ドルの予算で、1000台の防犯カメラと、人の動きを感知する3000台のセンサーをすべての駅に設置することになっていたが、4年かかってもカメラの設置が終わらず、しかも設置されたカメラは計画どおり作動しなかった。とくに、駅に置き去りにされた不審物（持ち主が不明のバッグや包み）を感知するはずの機能がうまく働かなかった。２００９年６月、ついにニューヨーク市交通局は契約をキャンセルした。

ロッキード・マーティンは、設置工事に欠かせないトンネルに同社のエンジニアが入ることを同交通局が認めなかったために工事ができなかったとして、１億３７００万ドルの損害賠償を求めて同交通局を訴えた。それに対して同交通局は、工事の遅れは全面的にロッキード・マーティンの責任であるとして同社を訴え返した。この泥仕合はまだ続いており、この原稿を書いている時点ではまだ決着はついていない。

政府機能へのコミット

ロッキード・マーティンがアメリカ政府のさまざまな省庁から請け負っている仕事について細かく書いていけば、それだけで数冊の本になるだろう。一言で言えば、ロッキード・マーティンは人殺しと破壊のための道具を作ることから、税金を集めること、スパイのリクルートに至るまで、アメリカ政府が行なうほぼすべてに近いことに、少なくともなんらかのレベルでかかわっている。加えて、州や都市などの地方自治体はもとより、多くの外国政府や、国連でさえクライアントにしている。契約を一つや二つ失ったところで、総体としてのロッキード・マーティンという企業にはほとんど響くことがない。たとえば第1章で取りあげたように、F-22ラプター戦闘機のような大プロジェクトが中止になっても、一時的な後退でしかないのだ。ロッキード・マーティンの特徴を一言で言えば、「何度へこんでも復活する」ということに尽きる。

その復活力の一部は、同社の持つ「絶え間なく状況に合わせていく能力」にある。彼らは常に新しく生まれてくる戦略にビジネスを適合させるとともに、必要ならただちに撤退することもできる。そのよい例が、２０１０年に発表したＰＡＥ部門の切り離しだ。ＰＡＥは、アフリカやその他の地域における〝ソフトパワー〟業務の中心となる部門だった。だが同社の発表によれば、ＰＡＥはそれらの地域で他の種類のビジネスを発展させる〝入口〟になるはずだったが、そうならなかったというのだ。彼らが狙っていたのは、とくにＩＴ関連事業とシステム・インテグレーションだった。[*25] 基地を建設したり、他国の軍隊を訓練したり、その国が司法制度を整備するのを支援するといったＰＡＥのおもな業務は、その結果その国がロッキード・マーティンの他の製品〔つまり兵器システムなど〕を買うようにならないかぎり、充分儲かる業務とは見なされなかったのだ。

ロッキード・マーティンがＰＡＥを切り離したもう一つの理由には、やはりペンタゴンとよりを戻して、同社の中核となるビジネス〔航空宇宙関係〕に集中する必要があったにちがいない。ペンタゴンはＦ-35戦闘機に関する同社のやり方に、以前にも増して疑問を呈している〔第1章参照〕。

とはいえ、だからといってロッキード・マーティンがまた昔のように、戦闘機や輸送機や長距離ミサイルを製造するだけの日々に戻るということではない。その証拠に、同社はＰＡＥを切り離してからまもなく、アフガニスタンをはじめ世界各地で作戦を行なっているアメリカ陸軍特殊部隊のための兵站業務を、50億ドルの契約で請け負うと発表した。この新しい業務は、ＰＡＥ部門を売却したことで手放したすべてのビジネスを埋め合わせて余りある。

さらに、無人機の分野でも同社は将来への足がかりを築いている。その一つが、カメラとセンサーを備えた無人飛行船だ。これは監視対象地区の上空に長時間滞空して監視を続ける任務に適している。そしてもう一つが、ＲＱ‐１７０と呼ばれる無人偵察機だ。[*26] この最新型無人偵察機は、アフガニスタンのカンダハルで目撃されたほかは詳細が謎に包まれており、〝カンダハルの野獣〟と呼ばれている。

【訳注】

＊25　システム・インテグレーション　情報システムや軍隊などのように、多様な要素が複雑に結びつくことで機能するシステムを統合する新しいビジネス。

＊26　ＲＱ‐１７０　Ｂ‐２爆撃機と似た形をした全翼機（第２章・訳注11参照）で、レーダーに捕捉されにくいステルス能力を追求した初めての無人偵察機。２０１１年12月にイラン領内で捕獲され、最高機密の技術が奪われて中国やロシアに渡った可能性も疑われている。イランは、誘導電波を妨害してハッキングによりコントロールを奪って操縦し、着陸させたと主張しているが、航空工学の専門家は、全翼機特有の姿勢制御の難しさから操縦不能（スピンから回復できなくなる）に陥った可能性を指摘している。ジャック・ノースロップが生涯をかけて研究した全翼機は、飛行中の姿勢制御が困難で、コンピューター制御が完成するまで実用化できなかった。実験機がスピンから回復できなくなって墜落し、ベテランテストパイロットが死亡する事故も起きている。だが、もしＲＱ‐１７０が姿勢を崩して高空から墜落したのなら大きくクラッシュしているはずだが、イランが発表した写真を見るとほとんど無傷であり、アメリカ当局もその写真が本物であることを認めている。イランの主張が事実である可能性も大きいかもしれない。

ロッキード・マーティンが〝ビッグ・ブラザー〟になる日

本章で述べてきたことを要約すれば、どういうことになるだろうか？　その一つは、本書に列挙したようなすべての権力や影響力を、一つの企業を信頼して与えてしまってよいのだろうか、ということにちがいない。その疑問に対する答えは、最終的にはアメリカの国民と議会が決めることだが、それを決めるにあたっては、ロッキード・マーティンのＣＥＯロバート・スティーブンスが２００４年に『ニューヨーク・タイムズ』紙のインタビューに答えて述べた、次の言葉を考慮する必要がある。彼の考えは、控えめと言うにはほど遠い。

「私はそのことを軽く考えてはおりません。私たち航空宇宙産業は、人類に変革をもたらすことに貢献してきたのですから」

だが、彼が言う〝人類にもたらした変革〟の、良い方向に変わった面と悪い方向に変わった面のバランスがどうなのかは、彼らの広範囲にわたる活動を今後も引き続き注意深く監視していかなくてはわからない。かつて「軍産複合体」という言葉を初めて使ったアイゼンハワー大統領は、こう言った。

「軍産複合体の横暴に対抗する唯一の方法は、一般市民が警戒を怠らずに問題と関わりつづける社会の力以外にない」

軍産複合体が情報化時代に突入した今日、アイゼンハワーのこの言葉は以前にも増して真実を伝えている。これまで戦争のための兵器を作るだけだった防衛産業が、今や監視やサービス業務においても、それと同じくらいの規模にまで拡大するかもしれない状況が訪れているのだ。あるベテランジャーナリストはこう言っている。

「もし私が、将来〝ビッグ・ブラザー〟[*27]になりそうなのは誰かと訊かれたら、私は迷わず〝ロッキード・マーティン〟と答える」

もし、アイゼンハワーが力説した「一般市民の関わりと自覚」が必要なときがあるとすれば、今ほどそれが必要なときはない。本書が綴った〝ロッキード・マーティン物語〟が、そのことを明確に示している。

【訳注】

＊27　**ビッグ・ブラザー**　ジョージ・オーウェルの小説『１９８４年』に登場する、社会を支配するエリート集団の頂点に君臨して国民を監視し、絶対権力を振るう姿の見えない独裁者。オーウェルは旧ソ連のスターリンをモデルにしたとされるが、現在この言葉は世界を裏から支配して動かす権力者（や組織）の意味で使われる。

訳者あとがき

今から25年ほど前、アメリカ東北部マサチューセッツ州のノースハンプトンという田舎町に住んでいたことがある。そのあたりは17世紀なかばに開拓民が入植した古い歴史があり、現代のアメリカ社会から切り離されたような、のどかな田園地帯だった。

そのころの一時期、南隣のコネチカット州の高校で日本語を教えていたことがあった。教室で教えるのは毎朝2時間だけだったが、それでは申し訳ないからとさらに1時間分の給料を追加してくれた。それでお返しに数学の成績の悪い生徒を教員室で教えるのを手伝ったりした。リベラルな勢力が強いマサチューセッツと異なり、コネチカットはアメリカのエスタブリッシュメントの中心がいろいろあり保守的な色彩が強い。その高校のすぐ南、州都ハートフォードは大手保険会社や各種ファンドの中心地で、そのとなりのイースト・ハートフォードは本書にも登場するジェットエンジンメーカー、プラット・アンド・ホイットニーの本拠地だ。圧倒的に白人中産階級が多く住み、教育水準が高く、選択科目で日本語をとる生徒には優秀な者が多かった。

時代はちょうどレーガンのスターウォーズ計画や、B-1爆撃機の生産計画復活やイラン・コントラ事件が起きてまもないころで、学校がとっている新聞（ボストン・グローブ）を教員室で読むのが日課だった。ある日、その新聞に、同州グロトン市にあるジェネラル・ダイナミックスの原潜造船所の記事が出ていた。かなり大きな特集で、建造現場に記者が入って作業の様子を細かくレポートしていた。たしかこんな書き出しだった。

「朝早く、造船所正門のゲートが開くと、薄暗いうちから外で待ち受けていた労働者たちが大声を上げながらだれ込んできた。入れ墨をした荒くれ男たちが、手に弁当箱をさげて我先にと現場に向かう……」

最高機密とハイテク技術のかたまりであるミサイル原潜を造っているのが、そのような労働者だとは奇異に聞こえるかもしれないが、作動部や搭載しているものは別として、船体そのものはただの巨大な鋼鉄の構造物である。設計するのは高給取りの技術者だが、現場で働く人の多くは他の造船所と同じブルーカラーの人たちだ。普通の造船所と違うのは、作業を監督するインスペクターの監督と指示が厳重なことで、彼らは図面を見ながらつきっきりで作業を細かくチェックするのだという。一例として、溶接箇所の表面を作業員がグラインダーで削るのをインスペクターが細かく指示している様子がレポートされていた。その他の細かな内容は忘れてしまったが、原潜の建造が終了すれば彼らの仕事がなくなってしまうというくだりが印象に残った。

その高校に行くときに通るフリーウェイの近くには空軍予備役（州兵空軍）の基地があり、C-5Aが時々鈍重な姿を空に浮かべて離着陸の訓練をしているのが見えた。住民の話によれば、パイロットは1週間か2週間に一度訓練に参加するだけで、普段はほかの仕事をしているという。大多数のC-5Aは予備役に編入され、日々の貨物運搬には使われていないようだった。そのころ米空軍のMAC（空輸軍団）が改組され、統合軍の一つに編成替えになったのは、C-5Aが役に立たなかったことも理由の一つなのだ。

ある日、マサチューセッツの地元の人と話していたら、親が兵器メーカーで働いている人がいた。それで生活している人はたくさんいるのだという。有名大学に進学できるエリートは別として、そういう土地に生まれ育った労働者階級の多くは、それらの企業で働く以外に生活のすべがない。ある地方都市が特定の企業の生産活動に経済を依存しているという状況はどのような産業にもあるが、アメリカには軍需産業に依存している町がたくさんあるのだ。その状態は一朝一夕に変われるものではない。

あるアメリカ人ジャーナリストは、「この国には、普通私たちが考える〝アメリカ〟という国と、それとはまったく異なる〝軍〟という、二つの〝国家〟がある」と言った。その人がいみじくも言ったとおり、軍関係の人と一般のアメリカ人とではまるで別の国の国民ほどの違いがあり、住むところも違えば行動半径も違い、お互いの交流もない。

日本で「軍産複合体」という言葉をよく耳にするようになったのは、ベトナム戦争がピークを迎えた60年代末のことだ。そのころアメリカでは、戦争が激しくなるとともに反戦運動も激しくなり、全米で大学キャンパスを中心に騒乱が広がっていた。日本やヨーロッパでも大学紛争が激しかった時代だが、アメリカの若者にとって、戦争は直接自分の命にかかわることだった。当時のアメリカにはまだ徴兵制度があったので、18歳から22歳くらいの若者は徴兵されてベトナムに送られたのだ。本書に登場する内部告発者や民間の監視団体などが活躍できたのも、そういう時代の背景があったからだ。ジャーナリストの多くも戦争に反対しており、さまざまな内情を暴露する本も数多く出版された。「軍産複合体」という言葉はその流れのなかでよく語られた。今のようにインターネットのある時代と違い、またたくまに情報が世界じゅうに拡散することはなかったが、単行本からアングラ新聞に至るさまざまな紙媒体に情報はあふれていた。日本で「軍産複合体」について語られるようになったのも、そういう書物を通じて情報がアメリカから入ってきたからだ。

だが、2003年のイラク戦争におけるメディアの報道ぶりは、ベトナム戦争のときとは大違いだった。ブッシュ政権は、大手マスコミはもとより地方新聞やミュージシャンに至るまで、戦争に反対するすべての動きを強圧的に抑え込み、メディアはブッシュの戦争をまったく批判しなかった。「同時多発テロを行なった者たちへの報復」や、「アメリカを標的にするテロリストの攻撃からアメリカを守るため」という錦の御旗は効果絶大だった。たとえそれに疑問を抱き、戦争に反対でも、そのことを声に出して言うのはきわめて難しい状況が作られていた。しかも、ベトナム戦争時代の反戦運動の最大の理由となった徴兵制度はすでになく、兵士たちはみな自分の意思で軍隊に就職した人たちだ。そのうえ民間軍事会社まである時代になっていた。

こうして、アメリカの軍産複合体について語る人もあまりいない状態が長らく続いていたが、ようやくウィリアム・ハートゥングが本書を書いた。ニューアメリカ財団の上級リサーチフェローであるハートゥングは、以前から反核兵器と軍備管理を主張していることで知られる論客だ。この最新作は期待にたがわぬ力作だった。日本でもアメリカの政策を批判する言論が数を増しているが、それを語る人たちのほとんどは情報を自分で直接集めているのではなく、アメリカ人が発信する情報を拝借していることを忘れるべきではない。

アメリカに軍産複合体が生まれた原因は、第二次世界大戦中に膨張した兵器産業そのものにある。急激に135倍にも膨張した航空機産業が、終戦で需要がなくなったからといって、百数十分の一にまで規模を縮小することは不可能だ。そこで彼らは何が何でも需要を喚起する必要があった。どのような産業でも、生産のアウトプットを吸収する市場がなければ産業は潰れてしまう。とくに航空機製造のように裾野が広い産業の動向は、国の産業界全体に大きく影響する。だが彼らにとって幸いなことに、米ソ冷戦が始まった。

世界の現実を見れば、軍備がまったく不要だという人はほとんどいないだろう。国が産業基盤を維持する必要性も否定はできないだろう。問題は、「強欲資本主義」のために、ハートゥングが言うように「適度なレベルでそれを維持する」ことができないということだ。軍需企業の役員が何千万ドルもの報酬を受け取ったり、人類を何回も全滅させられるほど大量の核兵器を保有するために国民の税金を使うことが正当化できるわけがない。

産業界は、生産した製品の寿命がきたり、より便利なあるいは高性能な新製品が発売されて、使用者が買い替えることにより、消費と生産が循環することで成り立っている。家電製品などのように、まだ充分使えるのに廃棄される無駄もあるが、メーカーは次々と新製品を出して消費者に買い替えてもらわなければ経営が成り立たないので、それもある程度やむを得ないのかもしれない。だがその商品が、テレビや洗濯機ではなく兵器だったらどうなるか。最も極端な例が爆弾である。航空機などの兵器の場合は、日々の訓練で使っているだけでも消耗して古くなっていくし、いくらメンテナンスを念入りにやっても寿命はくる。しかも新型機の開発競争により世代交替がある。だが爆弾は、多少古くなったからといって性能が劣化するわけではない。デザインを変えた爆弾を新発売して買い替えてもらうわけにもいかないし、そもそも何百万発もあるものを古くなったものから一つずつ解体して廃棄するのは容易ではない。そこで、10年に一度くらい、戦争が起きたら在庫一掃の大チャンス、どんどん落として爆発させてしまうのが一番手っ取り早い。さもなければ、爆弾メーカーは生産を続けられないのだ（核爆弾／核弾頭の場合は爆発させてしまうわけにはいかないので解体している）。

だがもちろん、兵器には金儲けだけではなく、国家の安全保障という重要な目的がある。一朝有事のさいには実際に有効なものでなければならない。そこで、国は本当に必要な兵器を、必要な量だけ、妥当な価格で調達しているのか、ということが重要になる。国と業者との関係につきものの汚職や談合などは論外だが、いま問題になっているのが、日本でも導入が決まったF-35とミサイル防衛システムの、天文学的な価格と有効性に対する疑問である。F-35のような航空機の場合は、実際に飛ばして性能その他をテストすることは難しくない。実戦で使ってみれば一番よくわかるわけだが、実戦でなくても、少なくとも飛行性能や能力や効率などはわかるのだ（ベトナム戦争のとき、アメリカは新型機を実地評価するために次々と送り込み、ベトナムは〝新型機のテスト場〟だと揶揄《やゆ》された。パイロットすら消耗品として扱われたのだ）。だがミサイル防衛システムは、本番が来なければ本当に効果があるものかどうかはわからない。消火器というのは、実際に火事にならなければ使われることがないものだと言う人がいる。そういう意味で、ミサイル防衛システムとは消火器のようなものだと言う人がいる。そして、そうなる可能性はきわめて低い。以前、それを悪用して役に立たない消火器を売っていた詐欺商法が摘発されたことがあった。そこで、現在のミサイル防衛システムは、国防のためというより生産して配備すること自体が目的なのではないのかと疑う人がいる。

迎撃戦闘機の場合は、実際に戦闘を行なわなくても、領空に接近する偵察機や哨戒機にスクランブルをかけるだけで抑止力として機能する。また飛来する偵察機や哨戒機のほうも、相手国の防空レーダーや上がってくる迎撃機の能力を調べることが目的なので、お互いがそういう関係にあることでゲームが成り立っている。だがミサイル防衛システムの場合は、それにどれくらい迎撃能力があるか調べるために、試しにミサイルを一発発射してみよう、というわけにはいかないのだ。だが、現在のミサイル防衛システムのレベルが実戦に役立つにはほど遠いことはペンタゴンも認めており、〝防衛能力は限定的〟だとはっきり言っている。1年に1回やる程度の実験で、1発の標的に命中させるのに一苦労している程度のものが、数十発の弾道ミサイルが発射されたときに実用になると考えるほうがどうかしている。

では、その程度の能力しかないものにロシアはなぜ大騒ぎするのか。本文の第9章にあるように、アメリカはブッシュ（子）政権の時代に、〝ならず者国家〟の弾道ミサイルの脅威があるとしてミサイル防衛計画にカネを注ぎ込んで軍需企業を儲けさせたが、オバマ政権になると、それらの脅威はラムズフェルドが言っていたほどのものでないことが明らかになったとして、ヨーロッパに段階的に配備する方針に変更した。そしてそのことがロシアとのあいだに緊張を作りだした。ロシアの言い分は、もし弾道ミサイルの迎撃が可能になれば、ロシアの弾道ミサイルの効果が相対的に低下するので、力のバランスが崩れてしまうということだ。西側の報道によれば、現在のロシアにミサイル迎撃ミサイルの技術がないこともロシアが反対する要因の一つだという。そこでロシアは、アメリカのミサイル防衛システムが配備される場所、ミサイルの数、そしてミサイルの燃料が燃焼しきったときのミサイルの速度に関する協定を結ぶことを要求しているが、アメリカは共和党がその要求に強く反対している。実はロシアが心配しているのは今のミサイル防衛システムではなく、10年後のことなのだ。

ロシアの強硬な要求に、アメリカ国務省は奇妙なことを言いだした。「ヨーロッパに配備するミサイル防衛システムは、ロシアのミサイルを念頭に置いたものではない」というのだ。それならどこのミサイルを念頭に置いているのか、と誰しも思うことだろう。ロシアは「もしそうなのなら、そのことを明文化して法律化せよ」と要求したが、アメリカは拒否した。アメリカはミサイル防衛システムをポーランド、ルーマニア、北海に配備しようとしており、その位置を見れば対象はロシアのミサイル以外にあり得ない。

だが、オバマ政権はさらに奇妙なことを言っている。「ヨーロッパに配備するミサイル防衛システムはロシアの弾道ミサイルを対象にしたものではないので、このシステムの配備にロシアも参加してはどうか」と呼びかけているのだ。ワシントンの中道・リベラル系シンクタンク、ブルッキングス研究所は、「アルメニアとアゼルバイジャンにあるロシアのレーダーシステムと追尾システムでイランの弾道ミサイルの発射を探知・追尾して、データをヨーロッパ配備のミサイル防衛システムに送れば、トルコにあるアメリカのシステムがそれをやるより速くて効率がよい」と言っている。だがイランのミサイルはまだ実用化されておらず、しかもイランがヨーロッパのどこかの国に向けて弾道ミサイルを発射するという仮説は説得力がない。

現在のミサイル防衛計画とは壮大な虚構なのではないかと言う人がいるのは、これらのことが理由になっている。だが、同計画がこれから先もずっと怪しげな話でありつづけるかというと、そうでもないかもしれない。ロシアがアメリカのミサイル迎撃ミサイルの「燃料が燃焼しきったときのミサイルの速度」に神経質になっているのは、その速度によってはミサイル防衛システムが将来、真に実用的なものになる可能性があるからだ。現在のミサイル迎撃ミサイルのその速度（対空砲の砲弾にたとえれば、撃ちだすときの初速に相当する）は秒速約3キロメートルだが、アメリカは2020年までにそれを秒速5キロメートル以上にまで高める目標を立てている。

速度がそこまでになると、中距離弾道ミサイルや一部のＩＣＢＭまで迎撃が（理論上は）可能になるのだ（命中するかどうかはまた別問題だが）。そこで、そんなものを配備されたら、ロシアのＩＣＢＭの抑止力が相対的に低下し、ロシアの「力の均衡政策」がゆらぐというわけだ。

軍産複合体についての議論を突きつめれば、アメリカの実体経済を引っ張っていく産業にはそんなことしかないのか、ということになるに違いない。アメリカでも最近ようやく、政権が民主党か共和党のどちらに転んでも国防予算を減らそうという動きが出始めているが、それは経済的な理由で大きな軍隊を維持できなくなってきているからにすぎない。今や米ロに中国も加わった軍拡競争は、宇宙空間やサイバー空間にまで広がりつつある。

人間は、常に闘っていなければいられない動物に違いない。実際に砲弾やミサイルを撃ちあって物理的に破壊しあい殺しあうのが戦争なら、カネやモノや規則などで勢力争いをして抽象的な殺しあいをするのが非暴力的で文化的な闘いということになっている。平和を求める人ですら、戦争をしたがる人たちと闘って勝たねばならないという矛盾からは出られない。そのような現実を見るなら、大国同士が軍事力のバランスを取ること以外、今の人類のレベルでは名案がないように見える。

心配なのは、日本にはこの問題について知識を持ち、本気で国の進む道を考えている政治家がどれほどいるのかということだ。国を動かしている中央の官僚はどう考えているのか。米中冷戦の主戦場となっている今の日本が取れる独自の道はあるのか。何よりも、国民一人ひとりがこの問題を真剣に、現実的に考え、平和ボケから目を覚まさねばならない時が来ている。

本書の翻訳出版にあたっては、草思社の碇高明氏に大変お世話になりました。この場を借りて深くお礼申し上げます。

２０１２年７月

玉置　悟

337,372,377
B－1爆撃機　243
C－5A　118-125,127-136,139-145,148-155,157,160-167,177,228-233,235-241
C－5B　231,239-244,247,248
C－130軍用輸送機　40,41,122,202,204,209,360
CIA（中央情報局）　102,104-106,108,188,205,220,296,331,338,342,346,348
DC-10　149,181,184,185,187
DIA（国防総省情報局）　342
F－1飛行艇　55-57,59
F－15戦闘機　16,33
F－16戦闘機　284,285,303-306,319,333,359-364
F－22ラプター　7-20,22-33,38,40-42,45,46,48,49,97,155,269,298,328,383
F－35戦闘機　7,19,21,22,26,27,31-34,36-41,328,335,384
F－104　190,191,195-197,199
GHQ（連合国軍最高司令官総司令部）　188,189
GE（ジェネラル・エレクトリック）　44,76,113,123,132,173,176,181,185,221,244,264,266
ICBM（大陸間弾道弾）　111,221,224,252,254,256,370
JSF（統合打撃戦闘機）計画　19,21,31-34,36
MIT（マサチューセッツ工科大学）　299
MXミサイル　224,254
NASA（航空宇宙局）　48,102,295,371,372
NATO拡大のためのアメリカ委員会　301,302,307,309,329
NSA（国家安全保障局）　342,344,346
P－3C（対潜哨戒機）　135,200-202,230,232
PAC3　360,369,370
PAE全世界サービス　348,352-358,384
RQ-170（無人偵察機）　385
U－2偵察機　102-109,113,114
VH71ヘリコプター　42,46,47

【マ行】

マカフリー，バリー　331,332
マクダネル・ダグラス　33,34,121,127,180-182,184,185,187,189,240,260
マクナマラ，ロバート　118,125,127,128,164
マクファーレン，ロバート　253-255,259
マケイン，ジョン　23-27,29,30,42,43
マーサ，ジョン　12,13,16,19,45
マーティン，グレン　94,261
マーティン社　55
丸紅　189,191,193
三木武夫　214
ミサイル・ギャップ　109,221
ミサイル防衛計画（システム）　29,46,249,255-257,259,269,299,309-313,315-317,319,326,360,361,368-370,379
ミューザー，フレッド　197-199,201
ムーアヘッド，ウィリアム　118,131,132,137,139,143,161,162,164
モデルG　54,55
モンゴメリー　52,53

【ヤ行】

ヤング，アンドリュー　242
融資保証　147,149,156,157,159,160,163,173,174,176-178,181,187,218,268,286
誘導被覆実験（HOE）　248,249,256,257
ユナイテッド・スペース・アライアンス　298,370,371

【ラ行】

ライト兄弟　51,53
ラソー，ディナ　226-229,232,234-236,240,242,243
ラッセル，リチャード　118,122-124,126,131
ラムズフェルド委員会　311-316
ラムズフェルド，ドナルド　311,312,315,318,324,327,331
利益相反行為　272,335,336
陸軍協会　268
リノ，ジャネット　280,281
リバーズ，メンデル　118,123,124,131,134,135,144,172
リンドバーグ　61,62
ルイス，ジェリー　12,13,16,19
ルーズベルト，フランクリン　68,69,80
レイセオン社　23,280
レヴィン，カール　23-25,27,244,312
レーガン，ロナルド　135,218-221,223-225,235,239,242,243,248-252,254-256,259,261,262,264,265,274,275,309,310,315,322,323,348,349
ログヘッド　51
ロジャーズ，ウィリアム　213
ロストウ，ユージーン　219,251,322
ロッキード，ヴィクター　52,53
ロッキード兄弟（アラン／マルコム）　51-57,59-61,63-66,82
ロッキード航空機株式会社　60
ロッキード飛行機製造会社　51,55,59
ロールス・ロイス　172-174,176,177
ローレンス・リバモア国立研究所　322

【ワ行】

ワインバーガー，キャスパー　223-226,229,230,252
湾岸戦争　299,367

【数字／A-Z】

9・11同時多発テロ　17,31,32,295,328,

ディープウォーター計画　373,375-377
鉄の三角形　246,248
ドイッチ，ジョン　267,272,273
トータルパッケージ契約　127-129,150,164-166
トライスター　149,153-156,159,160,172-174,176-178,180-182,184,185,187-193,214
トライデント　223,224,251,289
トルーマン，ハリー　93,94,99

【ナ行】

ナイ委員会　75-78
ナイ，ジェラルド　75,76,78
ニクソン，リチャード　119,136,138,139,150,157,162,165,175,176,178,179,182-184,186,192,208,213,216,218-220,312
ニューディール政策　68,69
ノースロップ，ジャック　55,56,59-62,91,94
ノースロップ・グラマン　32,34,44,201,210,260,279,282,295,310,373-376

【ハ行】

バイ・イン　15,329
パウエル，コリン　264,308
爆撃機ギャップ　106
パッカード，デービッド　162,174
ハドソン軽爆撃機　82,86
パトリオット・ミサイル　299,360
ハリバートン　170,319,333,354,355,358
パール，リチャード　251,331
パワーズ，ゲーリー　108,109
ヒース，エドワード　191
ヒトラー　81-83
檜山廣　189,191,193
フィッツジェラルド，アーネスト　118,125,127,130-139,142,145,149,153,154,160,226,227,229,233,236,237,247
フォッカー，アントニー　78,79
フォード，ジェラルド・R　214,218,219
福田太郎　189
ブッシュ，ジョージ・H・W（父）　220,259,267,297,302,323
ブッシュ，ジョージ・W（子）　17,18,21,26,44,170,220,261,262,289,291-293,307,308,310,318-327,329,330,332,334,337,344,354,359,368,369
フードスタンプ　289,291,294
プラット・アンド・ホイットニー　10,21,176,226,227
フルシチョフ　109
ブルッキングス研究所　275
フルブライト，ウィリアム　120,141
ブレア，トニー　44
プレデター無人偵察攻撃機　18,19,343
フロアノイ，ミシェル　334,335
プロクスマイアー，ウィリアム　118,131,132,136,146,148,150-154,156-158,162,171,179,182,184,192,193,238,239
ベイカー，ジェームズ　251,302
ベガ　60-62,65,72
ベトナム戦争　119,120,127,167,175,202,218,238,352
ペリー，ウィリアム　265,267,272
ベル社　298
ベルンハルト殿下　199-201,215
ペロー，ロス　290,291,294
ボーイング　10,17,31,33-35,68,75,83,97,121,122,125,126,149,151,153,187,189,236,241,244,260,262,271,280, 287,298,310,368,370
ボーイング747（ジャンボ）　149,151,187,236,241,370
ホーキンズ，ウィリス　170-172
ホートン，ダニエル　118,124,146,147,157,163-165,172,177,178,180,192, 193,204,212-214,216
ポラリス（計画）　101-115

40,42,46,47,328,370
ケネディ，ジョン・F　107,109,115,118,127,175,220
ケネディ，テッド　23
ケリー，ジョン　23,31
現存する危険を考える委員会　219,221
コーエン，ウィリアム　281,282,297
国際機械工組合　13,21,70,181
国際危機グループ　354-356
国防科学評議会　47,268
コストプラス方式　58,84
児玉誉士夫　188-192,209,214
コーチャン，カール　167,188,189,191,193,202-204,212,216,217
国家公共政策研究所　301,321-325
コナリー，ジョン　175,176,182
コフマン，ヴァンス　13,282
コブラ攻撃ヘリコプター　168
ゴールドウォーター，バリー（父）169,182-184
ゴールドウォーター・ジュニア，バリー（子）169,182
ゴルバチョフ，ミハイル　302
コンステレーション旅客機　87,91,92

【サ行】

最終高々度ミサイル防衛システム（THAAD）　29,360,370
サイテックス・コーポレーション　339,340
サダム・フセイン　262,263,309,329-331
サンダース，バーニー　276-278
サンディア国立研究所　40,312
シコルスキー航空機製造会社　43-47
シャイアン攻撃ヘリコプター　160,167-172
社会福祉改革法　288,291
ジャクソン，ブルース　286,287,302,303,307-311,318,320-322,327,329
ジャクソン，マイケル　319,320
シャルツ，ジョージ　219,249,256
シュトラウス，フランツ・ヨーゼフ　196,197
シュレジンジャー，ジェームズ　219
証券取引委員会　140,213
ジョンソン，クラレンス（ケリー）103-105
ジョンソン，リンドン　118,122,123,126,175,219
新アメリカ安全保障センター　301,334,335
垂直統合　281
スカンク・ワークス　102-105
スターウォーズ計画　220,248,249,252,254-256,259
スティーブンス，ロバート　20,350,386
スーパー・エレクトラ　72,74,82
スミス，ロジャー　200,202
全日空　188,191,193,214

【タ行】

タイタン・コーポレーション　338,339
ダグラス　60,63,68,69,75,77,83,84,87,121,149,153,263
ダグラス，ドナルド　55,91,94
田中角栄　189,191,214,215
ダーハム，ヘンリー　119,145-148,177,236
多連装ロケットランチャー　333,363,365
チェイニー，ディック　170,297,318,319,327
チェイニー，リン　318,319
チームB　220,313
チャーチ委員会（多国籍企業小委員会）199,200,203,205,210,213
チャーチ，フランク　200
チャールズ，ロバート　118,127,128,132,150,151
朝鮮戦争　100,101

❖索　引❖

【ア行】

アイゼンハワー，ドワイト・D　30,43,102,106-109,111,157,213,386,387
アグスタ・ウェストランド　43,45,47
アーサー・ヤング会計事務所　136
新しいアメリカの世紀のためのプロジェクト　301,309,318,327-331
アフガニスタン戦争　8,26
アブグレイブ刑務所　337-340
アメリカ平和協会　349,350
アル・カイダ　17,329,330,344,360
安全保障政策センター　301,309-311,315,322
イージス艦（システム）　299,369,370
イノウエ，ダニエル　28,29,41
イラク解放委員会　301,307,329-331
イラク戦争　8,26,44,262,302,307,308,324,326,331-334,354,367,372
ウェルドン，カート　311,313
ウォルフォウィッツ，ポール　220,318,327,330,331
ウールズィー，ジェームズ　329,346
エシュロン　346,347
エレクトラ　67,68,70-72,74,77,78,80,103,114,115
オーガスティン，ノーマン（ノーム）33,260-288,295,297-300,303
小佐野賢治　191
オスプレイ（V-22）　297,298
オバマ，バラク　10,18,21,23-26,29,30,42,43,334,343,344,350,351,359,368,369,371,378
オームズビー，ロバート　233,234,238

【カ行】

海軍リーグ　376
会計監査院　38,236,238,239,247,257,258,267
回転ドア　95,170,171,261,292,320
価格再設定（方式）　129,132,150, 165,166
核情勢レビュー　322
カショギ，アドナン　207-212,216
カーター，ジミー　218,221,223,243,256
カーティス複葉機　53,56,57
ガフニー，フランク　309
岸信介　189-191
キッシンジャー，ヘンリー　213,214
キッチン，ローレンス　231,246
金正日（キムジョンイル）　314
キャンベル，カート　334,335
ギングリッチ，ニュート　243,269,285,309,313
金メッキ　15,32
グァンタナモ米軍基地　49,337,340,341
空軍協会　20
クッパーマン，チャールズ　310,322
クラスター弾　333,363-367
クランストン，アラン　177,178,181,182,185
クリントン，ヒラリー　44,350
クリントン，ビル　16,18,259,261,264,265,267-269,271,276,283,286,291, 294,297,302,307,309,312,316,318,320,323, 334,346
グロウス，コートランド　66,67,78
グロウス，ロバート　65-67,69-74,78,81,82,84,86-98,100,101,200
軍産議会複合体　29,30
軍産複合体　16,30,105,125,131,171,218,261,262,286,386,387
ゲイツ，ロバート　8,18-22,24-26,31,38,

著者略歴――――

ウィリアム・D・ハートゥング William D. Hartung

ニューヨークの世界政策研究所武器情報センター長を15年務めた後、ワシントンのシンクタンク「ニューアメリカ財団」で武器及び安全保障研究プロジェクトのディレクターを経て、現在同財団アメリカ戦略プログラム上級リサーチフェロー。ニューヨーク・タイムズ、ワシントン・ポストほか多くの媒体に寄稿多数。邦訳された著書に『ブッシュの戦争株式会社』(阪急コミュニケーションズ)がある。

訳者略歴――――

玉置悟 たまき・さとる

1949年生まれ。東京都立大学工学部卒業。音楽業界で活躍後、1978年より米国在住。駐在員、リサーチ会社勤務などを経て翻訳家。主な訳書に『不幸にする親』『「三つの帝国」の時代』『インテリジェンス 闇の戦争』(以上、講談社)、『毒になる親』(講談社+α文庫)、『社会悪のルーツ』『木々の恵み』(以上、毎日新聞社)などがある。

ロッキード・マーティン
巨大軍需企業の内幕

2012年9月20日 第1刷発行

著者	ウィリアム・D・ハートゥング
訳者	玉置 悟
装幀	Malpu Design(清水良洋)
発行者	藤田 博
発行所	株式会社 草思社 〒160-0022 東京都新宿区新宿5-3-15 電話 営業 03(4580)7676 編集 03(4580)7680 振替 00170-9-23552
DTP	一企画
印刷	株式会社三陽社
カバー	株式会社栗田印刷
製本	加藤製本株式会社

ISBN978-4-7942-1923-7 Printed in Japan 検印省略

http://www.soshisha.com/